大学计算机基础教育特色教材系列

"国家级一流本科课程"主讲教材
"高等教育国家级教学成果奖"配套教材

大学计算机基础

詹 涛 段俊花 姜学锋 编著

清华大学出版社
北京

内 容 简 介

计算机科学作为一门科学学科,继承和发展着科学的研究方法与思维模式。其蓬勃发展和日新月异的知识,正在加速各学科的变革,推动学科交叉与融合,也已成为其他许多领域进步的必要动力。能够理解、领会和综合应用计算机技术也已是新时代人才必备的基础素质与能力。

本书立足于全面培养学生的计算思维和信息素养,贯彻国家立德树人的教育方针,从科学、技术、交叉、素养4方面组织内容和编写,实现知识、能力、素质的有机融合。在计算思维核心知识的学习中,融入科学素养、信息素养和创新交叉能力的培养,体现课程的高阶性和育人特点;开展思维训练、强调"抽象"理论的背景和应用,不仅介绍知识,也介绍知识的"来龙"和"去脉",重视培养学习者的自主知识建构能力,让学生在学习技术知识的同时增强人文关怀,培养具有科学精神和社会责任感的新一代人才。

书中采用简洁明了的语言,使用大量示例与图解,内容切合实际,既适用于课堂教学,也适用于自学。全书共分为4篇11章,系统地介绍计算机科学中的基础知识和原理、前沿技术和交叉知识、信息素养等。以本书为基础,可以帮助大学生打下扎实的计算机基础,为进一步学习计算机后续课程和应用计算机相关技术奠定基础。

图书在版编目(CIP)数据

大学计算机基础/詹涛,段俊花,姜学锋编著.—北京:清华大学出版社,2023.7(2024.9重印)
大学计算机基础教育特色教材系列
ISBN 978-7-302-64091-2

Ⅰ.①大… Ⅱ.①詹… ②段… ③姜… Ⅲ.①电子计算机-高等学校-教材 Ⅳ.①TP3

中国国家版本馆 CIP 数据核字(2023)第 130500 号

责任编辑:张 民 薛 阳
封面设计:何凤霞
责任校对:韩天竹
责任印制:刘 菲

出版发行:清华大学出版社
  网 址:https://www.tup.com.cn,https://www.wqxuetang.com
  地 址:北京清华大学学研大厦 A 座   邮 编:100084
  社 总 机:010-83470000   邮 购:010-62786544
  投稿与读者服务:010-62776969,c-service@tup.tsinghua.edu.cn
  质量反馈:010-62772015,zhiliang@tup.tsinghua.edu.cn
  课件下载:https://www.tup.com.cn,010-83470236
印 装 者:三河市龙大印装有限公司
经 销:全国新华书店
开 本:185mm×260mm   印 张:15.25   字 数:356 千字
版 次:2023 年 8 月第 1 版   印 次:2024 年 9 月第 2 次印刷
定 价:49.90 元

产品编号:098786-01

本书是国家级线上一流本科课程"计算机科学基础"的主讲教材。

　　人类社会发展的历程是不断探索自然和改造自然的过程。计算机科学属于科学范畴,是一门系统的学科,它继承了科学的研究方法和逻辑思维,内容涵盖各种计算和信息处理的主题,从抽象的算法分析、形式化语法到更具体的编程语言、程序设计、软件和硬件等。

　　近年来,计算机科学发展极为迅速,知识日新月异,促使人类社会进入网络化与智能化时代,计算机技术正在加速人类社会的变革与发展。计算机科学的发展使得新的研究方法和手段层出不穷,极大地促进和拓展了其他学科的发展,日益成为其他学科研究的必要工具,尤其是在高科技领域,如航空航天等国民基础领域,这一趋势尤其明显。计算机知识和技能的掌握,不再仅仅是信息类专业学生的需求,而是新一代人才必备的基本能力和素质。

　　教育部高等学校大学计算机课程教学指导委员会于2015年制定了《大学计算机基础课程教学基本要求》,提出以计算思维为导向的改革方向。近年全国高校的大学计算机基础课程教学内容改革主要方向从以往的计算机应用技术为主,转为以培养计算思维为核心,提升课程的内涵。为了适应我国的发展现状,国家和教育部对高校育人提出了新的要求。2018年教育部发布的《教育部关于一流本科课程建设的实施意见》中指出要落实立德树人根本目标,提升课程高阶性、突出创新性原则等。教育部高等学校大学计算机课程教学指导委员会和教育部的文件为本书的编写提供了理论基础和指导方向。

　　本书的特色在于,立足于计算思维培养,从科学、技术、交叉和素养4方面组织和编写内容,介绍计算机科学的核心知识和技术,帮助学习者实现将信息技术与学习者原有的知识体系进行融合,通过批判性思考和问题解决达到创新和突破的目标。

　　本书内容总体上分为4篇,如图0-1所示。科学篇,从科学和计算机科学的关联和发展角度出发,从科学发展史、逻辑学角度出发介绍现代计算机诞生中的基础原理、让学生深刻了解计算机科学的概念和核心理论,掌握知识的来龙去脉;技术篇,通过介绍计算机中计算思维的应用和解决问题的方式,促进学生批判思考、达到创新和突破的目标;交叉篇,介绍计算技术和多领域、多学科交叉的成果和应用,引导学生融合运用专业技能和计算机信息技术,提升创新交叉能力;素养篇,从现代信息素养的内涵和概念入手,介绍相关知识,旨在提高数字公民素养。

　　本书语言通俗易懂,素材丰富多样,通过全面的介绍让学生在较短时间内认识和了解计算思维的本质,达到理解并能有意识在学习和实践中进行融合和应用,并且强调培养学

① 科学
介绍计算机科学理论、计算机核心基础知识，揭示"计算思维"的基本内涵

② 技术
计算思维的应用基本方法，逐步提高计算机应用能力

③ 交叉
扩展学生思维，介绍前沿技术、计算机技术与其他学科融合案例，交叉方法，启发创新通力

④ 素养
一方面沿着计算机科技产生的历史背景、学科发展过程，揭示人类探索科学，勇于进取、改造世界的精神；另一方面从现代信息素养的内涵和概念入手，介绍相关知识，旨在提高数字公民素养

图 0-1 科学、技术、交叉、素养的含义

生道德情操，增强人文关怀与社会责任感、创新精神和社会担当的素质。

首先，本书适合作为高等教育阶段的公共基础课教材使用。本书立足于培养学生的计算思维与信息素养，为各专业学生打下共同的知识与能力基础，帮助学生构建计算机科学的基本知识框架，培养运用信息技术的基本能力。这些都是高等教育阶段学生必备的知识与素质。其次，本书也非常适合作为想要全面了解计算机技术知识的学生的自学参考用书。

本书第 1～4 章和第 6～8 章由詹涛编写，第 5 章、第 9 章和第 10 章由段俊花编写，第 11 章由姜学锋、詹涛、段俊花编写，全书由詹涛主编并统稿，姜学锋老师对本书的编写提出许多宝贵的建议。在书稿的编写过程中，得到多位专家的关心和支持。在此，对所有鼓励、支持和帮助过本书编写的领导、专家、同事和广大读者表示真挚的谢意！

由于时间紧迫以及作者水平有限，书中难免有错误，疏漏之处，恳请读者批判指正。

编 者
2023 年 3 月

目 录

大 学计算机基础

第1部分 科 学 篇

第 2 部分 技 术 篇

第 3 部分　交　叉　篇

第4部分 素 养 篇

第 1 部分

科　学　篇

第1章

计算机发展历史

人类的历史就是不断发明工具和创造工具的历史。每一项重大发明,不仅把人类从繁重的劳动中解放出来,也使人类的思想得到了极大的解放。在这样的历程中,一些人也开始思考创造能够像人类一样思考和推理的机器,将人类从繁重的计算任务中解放出来,而去从事更有创造性的工作。

尽管计算机的出现还不到一个世纪,但人们对它的探索和研究已经有了几百年的历史。起初,这些探索和研究大多不是为了创造计算机而进行的,而只是一种无意识的铺垫。了解这样的过程有助于人们理解某种东西是如何被创造出来的,以及它背后的科学是如何运作的,这让人们不仅可以表达对科学家工作的钦佩,还可以深入了解他们的原始思维过程,跨越时空近距离交流,也有助于了解我们自己应该如何思考问题,创造性地提出自己的想法。

1.1 逻辑学和计算

1.1.1 莱布尼茨的奇思妙想

计算机不像空气、水和泥土一样是自然界中存在的东西,它是人类发明创造的产物。人们经常会谈论计算机和数学之间的关系。现在的计算机科学已经成为一门独立学科,作为一门非常年轻的学科(和物理、化学等传统学科相比),它是如何从数学中发展出来的呢?严格来讲,最初的计算机科学是从数学家们的逻辑研究中发展出来的一门科学。

戈特弗里德·威廉·莱布尼茨(见图 1-1),德国哲学家、数学家,出生于 1646 年 7 月 1 日。他是二进制的发明者,并且和牛顿分别独立创建了微积分。莱布尼茨受到亚里士多德在两千年前提出的逻辑系统的启发,产生了一种奇思妙想:"寻求这样一张特殊的字母表,其元素表示的不是声音而是概念。有了这样一个符号系统,我们就可以发展出一种语言,我们仅凭符号演算,就可以确定用这种语言写成的哪些句子为真,以及它们之间存在着

图 1-1　戈特弗里德·威廉·莱
布尼茨(1646—1716),
德国哲学家、数学家

什么样的逻辑关系。"在莱布尼茨的想法中,当有了这样的一套符号系统后,如果一个语句可以通过该系统被表示出来,人们通过符号演算就可以判断出来该语句的真假,以及各语句之间的逻辑关系。这个想法后来形成了一个计划,包括:"一套涵盖人类知识全部范围的纲要或百科全书",然后基于此对其中关键观念进行选择,形成概念;普遍符号(universal characteristic),可以认为是一张特殊的字母表,这个字母表上的元素是一个个符号,分别代表关键知识概念,即"一个不仅真实,而且包含人类全部思想领域的符号系统";对这些符号操作定义一套演绎规则的"推理演算",今天或可被称为一种符号逻辑。

图 1-2　莱布尼茨乘法器概念图

莱布尼茨在 1673 年发明和展示了一台能够进行四种算术基本运算的计算机模型,如图 1-2 所示,这是历史上第一个可以进行乘除运算的机器。其中的一个部件"莱布尼茨轮"用逐步加法实现了乘法,直到 1948 年以前,机械计算机的制造中都还在采用此类分级的圆柱体,如国际商用机器公司(IBM)所制造的手摇计算器。

莱布尼茨一直都在为他的"奇思妙想"努力,虽然他没有研究出"符号系统",但是在符号演算方面的想法已经超出了他的时代。虽然他的机器只能做普通的算术运算,但是却展现了机器演算的更深层含义。莱布尼茨的工作指出了将人类推理的过程变成一种演算,并最终用机器来完成这些演算的发展目标。

1.1.2　把逻辑变成代数的布尔

用符号运算来表达人类思考的过程,这个贡献是由**乔治·布尔**(见图 1-3)来完成的,他是 19 世纪初英国数学家、哲学家、数理逻辑学的先驱。1854 年,布尔发表了一部关于逻辑作为数学一种形式的著作《思维的规律》(*The Laws of Thought*),在这本书里,布尔介绍了现在以他名字命名的布尔代数。布尔的逻辑代数已经发展成为数学的一个主要分支。由于他在符号逻辑运算中的特殊贡献,很多计算机语言中将逻辑运算称为布尔运算,将逻辑运算的结果称为布尔值。

在布尔代数之前,流行的是亚里士多德的古典逻辑,它用如下类似的句子来反映事物之间的客观关系,例如:

　　所有的生物都是有生命的

　　没有河马是聪明的

　　有些人说法语。

图 1-3　乔治·布尔(1815—1864),
英国数学家和哲学家

布尔从中发现,可以用字母来代表这些句子中的一类事物,例如,河马、有生命的生物等。不仅如此,这种类的推理过程也可以用一种关于这些类的代数来表示,例如,用 x 表示"白的东西"、y 表示"绵羊",则 xy 表示既在 x 中又在 y 中的事物,即"白的绵羊"。布尔把这种类的运算定义为类似数的乘法运算。

在上述发现的基础上,布尔建立了一个逻辑代数系统,其基础是将类 x 的可能取值限定为两个值,即 0 和 1,0 被定义为不包含任何元素的类,1 表示全体类。这样,逻辑代数就变成了一个普通的代数。然后,布尔定义了逻辑运算,即类之间的运算规则如下:

$x-y$:定义为所有包含的元素属于类 x 但是不属于类 y 的类,即如果 x 代表"所有的人"这个类,y 代表"所有的孩子"这个类,$x-y$ 代表"所有的成年人"。

$x+y$:定义为由所有 x 中的元素和 y 中元素构成的类(集合),即如果 x 代表"所有的孩子",y 代表"所有的成年人",则 $x+y$ 代表"所有人"。

xy:定义为所有既在 x 中又在 y 中的元素构成的类(集合)。

按照布尔代数定义,x 乘以 x 的结果即 xx 的结果应该等于 x,表达的语义类似"白羊类乘以白羊类的结果还是白羊类",而按照数学定义 xx 可以写作 x^2,即可以用公式表示如下。

$$x^2=x \quad 或者 \quad x-x^2=0$$

根据通常的代数规则,可以对这个公式进行因式分解,得到:

$$x(1-x)=0$$

这个公式得出来以后,应用布尔代数中符号对应的现实中的含义来解释这个推导结果应用规则 0 代表元素个数为 0 的空集合和布尔代数乘法含义,那么这个公式可以解释为:"没有任何一个元素可以既属于一个类 x 又不属于一个类 x"。这是布尔代数的一个应用,这个应用的结论正好推导出了亚里士多德说的一切哲学的基本公理"矛盾律"。

布尔代数的另外一个重要的应用是可以证明三段论是有效的。三段论是亚里士多德所研究的逻辑推理方法。在布尔的时代,人们普遍认为,只有三段论推理构成了逻辑的全部。布尔代数可以从它的系统中推导出在当时已经被人们认可的逻辑学上的结论,这本身就是对布尔代数正确性的一个验证。布尔提出的逻辑体系不仅包含出亚里士多德的逻辑,而且还远远超出了它,因为许多日常的逻辑推理过程都不属于三段论模式。

例如,如果推理过程中有大量的二级命题,即代表其他命题之间关系的命题,这种命题结构,以"如果……,那么……"这种表达为代表,例如,如果今天下雨,那么我们会带一把伞。这些命题不能简单地归结为三段论。

布尔代数还可以表示人们日常生活中经常用到的一个推理范式"如果 x,那么 y",这个语义的表达可以用如下方程来表示:

$$x(1-y)=0$$

在这个方程中,根据代数规则,当 x 等于 1 时,y 只能等于 1,所以满足了要表达的语义。

总之,布尔代数的出现将过去只能用人类语言进行的逻辑推理变成了和代数一样的运算过程,为计算机提供了逻辑处理的基础,推动了计算机科学和技术的发展。

1.1.3 弗雷格的谓词逻辑

弗里德里希·路德维希·戈特洛布·弗雷格(见图 1-4),19 世纪德国数学家、逻辑学家和哲学家,他是数理逻辑和分析哲学的先驱之一。他是《概念演算一种按算术语言构成

图1-4　戈特洛布·弗雷格(1848—1925),德国数学家、逻辑学家和哲学家

的思维符号语言》一书的作者。弗雷格发现,连接命题的关系也可以用来分析命题的结果,这些关系成为他逻辑学的基础。

弗雷格想以布尔逻辑为基础,把代数构造出来。为了避免混乱,引入自己的特殊符号来表示逻辑关系。布尔逻辑中的简单命题符号被扩展为一种带有量词的谓词语言,以提高逻辑的表达能力,这就是一阶逻辑。一阶逻辑是一个用于数学、哲学、语言学和计算机科学的形式系统。在过去的一百年里,一阶逻辑以许多名字出现,包括:一阶断言算法、低端断言算法、量子理论或谓词逻辑,一阶逻辑是数学基础的一个非常重要的部分。

弗雷格会用逻辑关系如果……,那么……来分析句子,这个关系用符号⊃表示,则有以下的例子。

例1:如果x是一匹马,那么x是哺乳动物。用如下形式表示这个句子:

$$(\forall x)(x \text{ 是一匹马} \supset x \text{ 是一个哺乳动物})$$

符号$\forall$,表示"所有",称为全称量词。

例2:有些马是纯种的。

用符号$\exists$表示"存在",称为存在量词。把……且……记为符号$\wedge$,利用这些符号,例2的句子语义就可以用如下形式表示。

$$(\exists x)(x \text{ 是一匹马} \wedge x \text{ 是纯种的})$$

弗雷格是一位数学家,所以他在研究逻辑学时,一方面考虑到数学问题,另一方面在数学领域留下了他的逻辑学研究成果的印记。

弗雷格的逻辑学比布尔的逻辑学向前迈进了一大步,他提出的谓词逻辑为计算机科学和人工智能领域提供了一种形式化的推理和知识表示框架,使得计算机能够进行逻辑推理、语义理解和知识表示,推动了计算机科学的发展,并为人工智能的研究和应用奠定了基础。

1.1.4　希尔伯特计划

最早的数学定理是用自然语言写成的,但随着数学的内涵越来越丰富,自然语言在表达数学概念时变得越来越烦琐,比如要描述一个物体的运动过程,千言万语的文字肯定不如一个公式来得简洁直观。为了简化表达,数学家们开始使用越来越多的符号来表达数学概念,这种情况发展到极致后,自然语言被完全抛弃,数学被完全符号化,这种语言被称为形式语言。后来,数学家们发现,人类的推理过程可以看成是符号化的转换,但经过一系列的变化后如何证明从这个形式系统中推导出的结论是正确的呢?进一步,如何证明这个形式系统的正确性呢?

德国数学家大卫·希尔伯特(见图1-5)在1920年提出了一个关于古典数学基础的新建议,这是一个数学计划,该建议被称为希尔伯特计划。它是一个关于公理系统相容性的严谨证明的一项计划。它要求以公理形式对所有数学进行形式化,同时证明这种数学的公理化是一致的。

这个计划的主要目标是为整个数学领域提供一个安全的理论基础。具体来说,这个基础应包括:

（1）所有数学的形式化。所有的数学都应该采用统一的、严格的形式化语言,并按照一套严格的规则来使用。

（2）完备性。任意一个符合这个形式系统语法的句子,也就是一个命题,都能证明或证伪。

（3）一致性。这个系统不会同时推出一个命题和它的否定,即不存在悖论。

（4）保守性。如果某个关于"实际物"的结论用到了"理想对象"（如不可数集合）来证明,那么

图 1-5　大卫·希尔伯特（1862—1943）,德国数学家,是 19 世纪末和 20 世纪前期最具影响力的数学家之一

不用"理想对象"的话依然可以证明同样的结论。即证明可以不依赖"理想对象"。

（5）可判定性。如果给定任意定理,可以用算法在有限步内判定真伪。

20 世纪 20 年代,在保罗·伯纳斯、威廉·阿克曼、约翰·冯·诺依曼和雅克·赫布兰德等逻辑学家的贡献下,该计划的工作取得了重大进展。它对库尔特·哥德尔的影响也很大,他在不完备性定理方面的工作是由希尔伯特的计划激发的,哥德尔的工作通常被认为是表明希尔伯特计划不能被执行。

1.1.5　图灵和图灵机

1. 理论上的计算机模型

哥德尔在 1931 年证明并发表了两条定理,即哥德尔不完备定理,结论是包含算术的形式系统不可能完备,而且这个系统本身的一致性不能在系统内被证明,即任何一个逻辑系统,或者是一致的,或者是完备的,不能两者兼有。这两个定理直接戳破了希尔伯特的梦想。

图 1-6　艾伦·图灵（1912—1954）,英国数学家、逻辑学家

尽管哥德尔的工作揭示了逻辑系统的缺陷,但它对一个人来说是一个极大的启示,在逻辑学中发起了一场新的、更实用的革命,这个人就是英国数学家、逻辑学家**艾伦·图灵**（见图 1-6）。

莱布尼茨曾梦想着能够将人类的理性还原为算术,并拥有能够进行这些算术的强大机器。弗雷格首次给出了一套似乎可以解释所有人类演绎推理的规则体系。哥德尔在他 1930 年的博士论文中表明,弗雷格的规则系统是完备的,算是回答了希尔伯特计划中的一个问题。而解决希尔伯特计划中的可判定性问题的

关键是要把人类的演绎推理简化为一个算法,这是一个更广泛的算法,这将实现莱布尼茨的梦想。

算法通常由一套规则来说明,让人们可以以精确的机械方式来遵循这个说明,就像遵循乐谱进行演奏一样。图灵关注于人们在执行算法时的实际操作,他想找到一台机器来代替人执行这些基本操作,从而证明一台仅执行那些基本操作的机器不可能判定一个给定的结论,进而证明希尔伯特问题不成立。

1936年,23岁的图灵提出了图灵机模型,这并不是一台真正的机器,而是图灵在论文中描述的一种可以协助数学研究的机器。虽然图灵机非常简单,但它们可以用来模拟任何算法。图灵机的设计模型抽象了人们用纸和笔进行数学计算的过程,更抽象的意义为一种计算模型,让机器代替人类进行数学计算。

艾伦·图灵被认为是计算机科学和人工智能领域的奠基人之一,他的贡献不仅在于他提出的图灵机模型,还在于他的许多其他研究,例如图灵测试。他的著作和研究在计算机科学和人工智能领域产生了深远的影响。这些研究奠定了计算机科学和人工智能的基础。

图灵测试是一种旨在确定一台机器是否具有智能的测试方法,其目的是测试计算机是否能够通过与人类的交互来表现出与人类相似的智能水平。

这项测试最初由艾伦·图灵在1950年提出。在这个测试中,一个人通过一个终端与一个计算机程序和一个真正的人进行交互,但是这个人不知道他们正在与哪一个交互。测试者的任务是通过对话来确定哪一个是机器,哪一个是真正的人。如果测试者无法分辨出哪一个是机器,那么这个计算机程序就通过了测试。

尽管图灵测试被广泛使用来评估计算机程序的智能水平,但它也引发了一些争议。有些人认为这种测试不是一个真正的测试智能的方式,因为它只测试计算机的模拟能力,而不是其真正的智能水平。此外,也有人质疑这种测试的适用性,因为一个计算机程序可以通过欺骗和伪装来使人误以为它是一个人。

为了纪念图灵,ACM(Association for Computing Machinery,计算机协会)自1966年设立了图灵奖,每年颁发一次,旨在表彰对计算机科学和计算机工程领域做出重要贡献的个人或团体。获得图灵奖被认为是计算机科学领域最高荣誉之一,代表着对计算机科学领域做出突出贡献的认可和肯定,对于获奖者和整个计算机界来说,都具有非常重要的意义。

2. 图灵机的组成

图灵机主要由以下四个部分组成。

(1) 一条无限长的纸带。纸带被划分为一个个小格子,小格子里边可以写入一些符号,如字母、0和1、空(NULL)等。纸带可以比作是传统计算机中的内存。

(2) 一个读写头。它可以做到以下三种操作。

① 从一个小格子里读出符号。

② 清除一个小格子里的内容,或者直接写入新的符号覆盖原有的数据。

③ 向左(右)移动。

（3）一套控制规则。它根据当前机器所处的状态以及当前读写头所指的格子上的符号来确定读写头下一步的动作，并改变状态寄存器的值，令机器进入一个新的状态，按照以下顺序告知图灵机命令。

① 写入（替换）或擦除当前符号。

② 移动读写头，"L"表示向左移动，"R"表示向右移动，或者"N"表示不移动。

③ 保持当前状态或者转移到另一状态。

（4）一个状态寄存器。它用来保存图灵机当前所处的状态。图灵机的所有可能状态的数目是有限的，并且有一个特殊的状态，称为停机状态。

对于任何图灵机来说，由于它的描述是有限的，是为特定的任务而设计的，因此总可以用某种方式被编码为字符串。可以构造出一个特殊的图灵机，它接受任何图灵机的编码，然后模拟其操作，这样的图灵机被称为通用图灵机。现代电子计算机的计算模型实际上就是这样一台通用图灵机，它接受描述其他一些图灵机的程序，并运行该程序来实现该程序所描述的算法。

3. 图灵机的定义

图灵机的数学定义可以用一个五元组 (K,Σ,δ,s,H) 来描述，其中：

K 是有穷个状态的集合：即图灵机所有的状态集合。

Σ 是字母表：符号的集合，即纸带上可以出现的符号的集合。

$s\in K$ 是初始状态，即图灵机的开始状态。

$H\in K$ 是停机状态的集合，当控制器内部状态为停机状态时图灵机结束计算。

δ 是转移函数，即控制器的规则集合。图灵机会根据当前状态，正在读的纸带上的符号，按照这个转移函数，决定下一步动作。

下面用一个例子来看一下这个图灵机是如何进行计算的。

例如，构造一个图灵机来实现二进制"$X+1$"的计算，要求当计算完成时，读写头要回归原位。

解答：根据题目要求，图灵机各个元素设计如下。

图灵机状态集合 K：｛start，add，carry，noncarry，overflow，return，halt｝，即设计 7 个状态。

字母表 Σ：｛0，1，＊｝。

初始状态 start。

停机状态集合 H：｛halt｝。

实现功能的规则集合的设计，规则集合 δ 如表 1-1 所示。

表 1-1 中每一条规则也可以用一个五元组表示，例如，第一条规则可以写成如下形式：

```
(start, *, *, left, add)
```

表示初始状态为 start，读写头读到当前符号为 ＊ 时执行：将当前符号改为 ＊，读写头移动方向为向左边移动一格，并且读写头状态从 start 变为 add。

表 1-1　实现"$X+1$"的图灵机规则集

编号	输入		动作		
	当前状态	读取的纸带上单元格中符号	写入的符号	读写头移动	新状态
1	start	*	*	left	add
2	add	0	1	left	noncarry
3	add	1	0	left	carry
4	add	*	*	right	halt
5	carry	0	1	left	noncarry
6	carry	1	0	left	carry
7	carry	*	1	left	overflow
8	noncarry	0	0	left	noncarry
9	noncarry	1	1	left	noncarry
10	noncarry	*	*	right	return
11	overflow	0 或 1	*	right	return
12	return	0	0	right	return
13	return	1	1	right	return
14	return	*	*	stay	halt

带入一个实际的数字设 $X=5$，下面看看上面定义的图灵机模型如何计算 $5+1$。图灵机的计算过程如下。

（1）开始计算，见图 1-7，将数字 5 的二进制数据写到带子上，数据两边分别有一个符号 *，读写头状态设为初始状态 start，读写头从右边第一个 * 开始读，因此首先读入 *，符合规则 1(start，*，*，left，add)，按照规则 1，读写头的动作应该是向左移动一格，状态变为 add，进入第（2）步。

（2）见图 1-8，当前读写头状态 add，读入所指当前单元格的符号为 1，因此符合规则 3 (add，1，0，left，carry)。执行规则 3，读写头将纸带上当前读到的格中符号 1 改为 0，读写头继续左移，状态变为 carry。

图 1-7　第一步示意图　　　　　图 1-8　第二步示意图

（3）见图 1-9，当前读写头状态 carry，读入单元格符号为 0，符合规则 5(carry，0，1，left，noncarry)。执行规则，将带上当前读到的格中符号 0 改为 1，读写头继续左移，状态变为 noncarry。如第（4）步所示带子上数据为执行后结果，实现了二进制的加 1 计算。

（4）见图 1-10，当前读写头状态 noncarry，读入数据 1，适应规则 9（noncarry，1，1，left，noncarry）。执行规则，带上当前读到的格中符号 1 仍为 1，读写头继续左移，状态不变。

图 1-9　第三步示意图　　　　　　　图 1-10　第四步示意图

（5）见图 1-11，当前读写头状态 noncarry，读入数据 ∗，适应规则 10（noncarry，∗，∗，right，return）。执行规则，带上当前读到的格中符号 ∗ 仍为 ∗，读写头右移，状态变成新状态 return。

（6）见图 1-12，状态 return，适应规则（return，0/1，0/1，right，return）集合，读写头一直右移，直到读入符号 ∗。

图 1-11　第五步示意图　　　　　　　图 1-12　第六步示意图

（7）见图 1-13，按照规则（return，∗，∗，stay，halt），当读写头状态为 return 时读入 ∗，则进入了停机状态。计算结束。

停机状态

图 1-13　第七步示意图

纸带上最后的数据是二进制的数 110，对应十进制数是 6，因此计算出来当 X 等于 5 时，$X+1$ 的结果是 6，和十进制数学计算结果一致。

图灵机的意义在于，它可以模拟任何计算过程，因此可以视为一种通用的计算机。它可以在理论上描述计算过程的实现，并为计算机科学提供了理论基础。

图灵机的思想也对其他领域产生了影响，例如，它被广泛应用于计算复杂性理论、计算机程序设计语言、编译器设计等领域。因此，图灵机是计算机科学史上最重要的理论之一，对当前和未来的计算机科学和技术发展具有深远的影响。

艾伦·图灵被认为是计算机科学和人工智能领域的奠基人之一。

1.2　机械式计算机的发展

1.2.1　机械式计算机发展概述

制作帮助人类进行计算的工具是一项伟大的探索。早期计算设备的祖先包括中国的算盘、西方的计算尺等。和现代电子计算机比较接近的计算工具应该属于机械式计算机。机械式计算机由杠杆和齿轮等机械部件组成，而不是电子部件，可以是使用光滑机制（如弧形板或计算尺）进行计算的模拟计算机，或者是使用齿轮的数字计算机。机械计算机自出现之后,在 20 世纪 60 年代还在继续使用,但很快被 20 世纪 60 年代中期出现的使用阴极射线管输出的电子计算器所取代。这一演变在 20 世纪 70 年代随着手持式电子计算器的出现达到了高潮。它们在 20 世纪 70 年代逐渐消失,并在 20 世纪 80 年代绝迹。

有许多科学家为机械计算机的创造和发展做出了贡献,部分工作列举如下。

(1) 1614 年:苏格兰人约翰·纳皮尔(1550—1617)发表了一篇论文,其中他发明了一个巧妙的装置,可以进行四则运算和方根运算。

(2) 1623 年:契克卡德(1592—1635)创造了一个"计算钟",可以进行最多 6 位数的加减运算,并通过铃声输出答案。该装置是通过转动齿轮来操作的。

(3) 1625 年:英国人威廉·奥特雷德(1575—1660)发明了计算尺,见图 1-14,不仅可以进行加、减、乘、除、乘方和开方运算,还能计算三角函数、指数函数和对数函数。

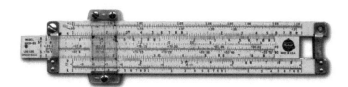

图 1-14　Pickett N600-ES 型计算尺

(4) 1642 年:法国数学家帕斯卡发明机械式计算器"帕斯卡计算器",可以进行十进制的加法运算,通过特殊处理也可以完成减法运算。

(5) 1668 年:英国人塞缪尔·莫尔(1625—1695)制造了一个非十进制的加法装置,适用于计算钱币。

(6) 1671 年:德国数学家莱布尼茨设计了一种计算工具,可以进行乘法运算,里面用到了二进制,最终答案长度为 16b。

(7) 1801 年:法国丝绸织工兼发明家约瑟夫·雅卡尔开发了一台能用穿孔卡片控制的自动织布机。穿孔卡片在早期电子计算机中被用作数据输入和输出设备,见图 1-15。

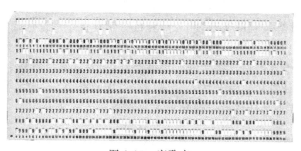

图 1-15　穿孔卡

(8) 1834 年:巴贝奇设想了一种通用分析器,将程序和数据存储在只读存储器(穿孔卡片)中。在 1840 年将操作位数增加到 40 位,基本实现了控制中心(CPU)和存储程序的想法,可以根据条件跳转,在几秒钟内进行一般计算。当时可以在几秒钟内做出一般的加法,在几分钟内做出乘法和除法。

(9) 1848 年:英国数学家乔治·布尔创立了二进制代数,提前近一个世纪为现代二进制计算机的发展铺平了道路。

(10) 1890 年：美国人口普查部门想要一台机器来帮助提高人口普查的效率，德裔美籍的统计学家和发明家赫尔曼·何乐礼借鉴巴贝奇的发明，设计了一台在穿孔卡片（见图 1-14）上存储数据的机器。其结果是在短短 6 周内获得了准确的人口普查数据（如果用人工方法，则需要 10 年左右）。1896 年，他创办了 IBM 公司的前身。

由于当时的技术水平，几代科学家在制造可以帮助人们计算的机器方面的大多数实验性创造都以失败告终，但后人可以从他们的努力中学习并继续前进。

1.2.2　帕斯卡的计算器

1. 帕斯卡发明机械式计算器

布莱兹·帕斯卡（1623—1662），法国科学家，在多个领域都有贡献，有哲学家、数学家、物理学家、化学家等多个称号。帕斯卡早期进行自然和应用科学的研究，对机械计算器的制造和流体的研究做出重要贡献，扩展前人的工作，澄清了压强和真空的概念。数学上，帕斯卡促成了两个重要的新研究领域。他 16 岁写出一篇题为《射影几何》的论文，1654 年开始与皮埃尔·德·费马通信，讨论概率论，深刻影响了现代经济学和社会科学的发展。

1642 年，帕斯卡发明了一个机械计算器，后来被称为帕斯卡计算器（如图 1-16 所示）。当时，他的父亲是法国西北部一个城市的税务专员。为了减轻他父亲无休止地重复计算税款收付的负担，还不到 19 岁的帕斯卡努力创造了一个可以运行加减法的计算器，可以直接对两个数字进行十进制的加减运算，并可以通过重复加减运算进行乘除运算。见图 1-16，它的外观有 6 个轮子，分别代表个、十、百、千、万和十万。只要顺时针拨动轮子就可以进行加法运算。到 1652 年，帕斯卡声称已经生产了大约五十台原型机，并售出了十几台机器，但帕斯卡机的成本和复杂性，再加上它只能做加法和减法，而后者又很难做，成为进一步销售的障碍，因此在这一年停止了生产。有些人认为帕斯卡机器是第一台机械式计算机。

图 1-16　帕斯卡设计的计算器

2. 帕斯卡机器的原理

帕斯卡计算器又称滚轮式加法器，是 1642 年由布莱兹·帕斯卡发明的一种机械计算器。

计算器有辐条式金属轮盘,最初外观上有 5 个轮盘,后来的产品最多有 10 个轮盘,可计算数据最大到 9 999 999 999。每个轮盘的圆周上都有 0～9 的数字显示。要输入一个数字,用户将手写笔放在辐条之间的相应位置,然后转动表盘,直到到达底部的金属挡板,类似于旋转电话表盘的使用方式。然后,人们可以简单地重拨第二个要加的数字,使两个数字的总和出现在顶部的方框中,这样就完成了加法运算。

由于计算器的齿轮只向一个方向旋转,即只能做加法运算,所以不能直接做减法。机器中使用的是十进制数字,为了实现减法,采用求减数的数字 9 的补码的方法,将减法运算转换为加法运算。假如有一个数字 1423,这个数的 9 的补码,就是 9999－1423＝8576。为了帮助用户,在帕斯卡计算机器中,当一个数字被输入时,它的数字 9 的补码就会出现在含有原始输入值的盒子上面,减去一个数变成加上一个数的补码就可以实现真正的减法运算了。

下面通过一个例子来看一下这个减法的操作。

求 841－329＝ ? 和 841－983＝?

情况 1:当被减数的值比减数值大的时候。下列的左边运算是一般减法的过程,右边是使用了 9 的补码的加法运算过程。

$$
\begin{array}{r|r}
841 & 841 \\
-329 & +670 \ \longleftarrow \text{数字329的补码} \\
\hline
512 & ①511 \\
& +\quad1 \\
\hline
& 512
\end{array}
$$

为了进行对比,在情况 1 里列出正常减法的运算过程和帕斯卡机器中减法的运算过程。上面的右边运算中应用了求减数 9 的补码的方法。被减数加上减数的 9 的补码,加后的结果有进位,所以在后面把这个进位加到前面算出来的加法结果上,得出的最终结果和左边正常算出来的减法结果一致。

情况 2:当被减数的值比减数小的时候。将被减数的值和减数的补码值加起来,结果没有进位,表示这个结果数是负数,需要将结果的 9 的补码求出。下面的左边运算是一般减法的过程,右边是使用了 9 的补码的加法运算过程,最终运算结果和左边得出的一样。

$$
\begin{array}{r|r}
841 & 841 \\
-983 & +016 \ \longleftarrow \text{数983的补码} \\
\hline
-142 & 857 \\
& +\quad \\
\hline
& -142 \quad \text{加法结果的补码}
\end{array}
$$

因此,虽然在帕斯卡机器中只设计完成了加法运算,但是通过数学转换也可以进行减法运算。在现代电子计算机中使用的是二进制,但采用了同样原理,用二进制的补码实现了将减法运算通过数学转换,最终用加法运算器来完成,这样就可以简化硬件电路设计。

1.2.3　查尔斯·巴贝奇的发明

1. 差分机

查尔斯·巴贝奇(1791—1871)是一名博学的英国机械工程师(见图 1-17),他最早提出了可编程的计算机概念,由于发明了差分机(见图 1-18)和设计了分析机,被视为计算机先驱之一。

图 1-17　查尔斯·巴贝奇(1791—1871),英国数学家、发明家和机械工程师

图 1-18　后人制造的差分机

他在 19 世纪初提出并发明了一种机械计算机,即差分机。采用十进制计算,由蒸汽机驱动大量的齿轮机构。它可以处理 3 个不同的 5 位数,计算精度为小数点后 6 位。在计算机结构方面,巴贝奇给出了现代计算机的基本结构:堆栈、处理器和控制器。这台计算机也是第一台需要软件来控制的计算机,他的助手**阿达·奥古斯塔**,为这台计算机编写了人类历史上第一个软件程序。阿达和巴贝奇为现代计算机的诞生奠定了坚实的基础,他们关于计算机结构的想法领先于他们的时代一个世纪。堆栈、处理器、控制器和软件的概念一直沿用到今天。

2. 分析机的特点

分析机是由查尔斯·巴贝奇设计的一种机械式通用计算机。从 1837 年首次提出这种机器的设计,一直到他去世的 1871 年,由于种种原因,这种机器并没有被真正地制造出来。但它本身的设计逻辑却十分先进,是大约一百年后电子通用计算机的先驱。

分析机由蒸汽机驱动,大约有 30m 长、10m 宽。它的输入由程序和数据组成,并使用打孔卡输入,这种输入方法被当时的织布机广泛采用。分析机通过一台打印机、一个弯曲的绘图仪和一个铃铛输出,也可以在纸上打孔以便日后读取。它具有如下特性。

(1) 采取十进制定点记数法。

(2) 它的"内存"大约可以存储 1000 个 40 位的十进制数(共约 16.2KB)。

(3) 有一个算术逻辑单元可以进行四则运算、比较和求平方根操作。与现代计算机的中央处理器(CPU)类似,其算术逻辑单元使用的微程序存储在被称为"桶"的滚筒上的支柱中,这为用户指定更加复杂的运算提供了便利。

（4）使用的编程语言与今天的汇编语言类似，支持循环语句和条件分支，因此这门语言被认为是图灵完备的。

（5）采用三种不同的打孔卡和读卡器来区分算术运算、数字常量和存储的指令，以此实现了数字在存储器和运算单元之间的加载和存储操作。

巴比奇还为分析机写了几十个可以计算多项式、迭代公式、高斯消元法和伯努利数的程序。从分析机的特性不难看出，它的一些设计理念和现代计算机非常相似。

巴贝奇没有完成分析机的主要原因是由于他的设计日益复杂，比他同时代的人先进太多，受到当时科技发展水平和人们的认识水平的限制而最终没能实现。

1.3　电子计算机的发展

电子计算机也称为电脑，是利用数字电子技术，根据一系列指令指示并能自动执行算术或逻辑操作序列的设备。通用计算机因有能遵循被称为"程序"的一般操作集的能力而使得它们能够执行极其广泛的任务。

电子计算机的发展由几个路径组成：一是计算机的基础物理器件的发展，这是随着电子技术的发展而进步的；二是计算机理论的发展，包括计算机的数学模型、硬件电路实现基本运算和逻辑功能上的探索；三是软件的发展，即计算机编程语言的发展，以及系统软件和应用软件的发展等。这三条发展线交织在一起，相互影响，共同推动了计算机的发展。

1.3.1　电子计算机发展概述

在以机械方式运行的计算器诞生百年之后，随着电子技术的突飞猛进，计算机开始了真正意义上的由机械向电子时代的过渡，电子器件逐渐演变成为计算机的主体，而机械部件则逐渐处于从属位置。当两者地位发生转换的时候，计算机也正式开始了由量变到质变，从而导致电子计算机正式问世。

任何技术的进步，都是有迹可循的。下面列举了电子计算机出现之前、诞生、和之后大约发展 20 年中的一些关键事件，从中可以看到计算机科学的先驱们在创造能够代替人类进行计算和思考的机器的时候是如何不懈地努力，为现在的信息时代的到来打开了大门。

（1）1904 年：英国物理学家约翰·弗莱明发明了第一个电子管，即真空二极管。真空二极管被视作开启电子时代的鼻祖。

（2）1906 年：美国人李·德富雷斯特在二极管的基础上发明了真空三极管，他被称为"电子管之父"。真空三极管在检波和整流功能之外，还具有放大和震荡功能。真空管的发明使电子管成为一种实用的电子元件，促进了无线电和其他电子工业的发展，也为电子计算机的发展奠定了基础。

（3）1937 年：英国的艾尔·图灵发表论文，提出了一个被称为"图灵机"的计算机理论模型。

（4）1937 年：贝尔实验的乔治·斯蒂比茨展示了一个由继电器代表的二进制设备。

虽然仅仅是个展示品,但却是第一台二进制电子计算机。

(5) 1937 年:年仅 21 岁的麻省理工学院研究生克劳德·香农发表了他的论文《继电器和开关电路中的符号分析》,其中首次提到了数字电子技术的应用。他展示了如何用开关来实现逻辑和数学运算,标志着二进制电子电路设计和逻辑门应用的开始。

(6) 1938 年:德国人康拉德·祖思(Konrad Zuse)和其他人在柏林完成了一台二进制形式的机械式可编程计算机,其理论基础是布尔代数。它使用类似电影胶片的东西作为存储介质,可以用键盘输入数字,用灯泡显示结果,可以运算 7 位指数和 16 位小数。

(7) 1939 年:美国人阿塔纳索夫和他的学生 Clifford Berry 完成了一台 16 位的加法器,这是第一个真空管计算机。

(8) 1940 年:贝尔实验室的 Samuel William 和 Stibitz 建造了一台能够进行复杂计算的计算机,大量使用了继电器。

(9) 1941 年:阿塔纳索夫(John V. Atannasoff)等人完成了一台能够解线性代数方程的计算机,即"ABC"(阿塔纳索夫-贝里计算机),使用电容器作为存储器,穿孔卡作为辅助存储器。时钟频率为 60Hz,完成一次加法运算需要 1s。

(10) 1941 年:德国人康拉德·祖思(Konrad Zuse)完成了 Z3 计算机的开发。这是第一台可编程的电子计算机。可处理 7 位指数和 14 位小数。使用了大量的真空管。它每秒可以做 3~4 次加法运算。一个乘法运算需要 3~5s。

(11) 1946 年:美国宾夕法尼亚大学的 John Mauchly 和 J. Presper Eckert 领导制造了**世界上第一台电子通用计算机 ENIAC**,标志了电子计算机时代的到来。

(12) 1947 年:美国贝尔实验室的肖克利、巴丁和布拉顿组成的研究小组,研制出一种点接触型的锗晶体管。这标志着晶体管的问世。晶体管出现后,人们就能用一个小巧的、消耗功率低的电子器件,来代替体积大、功率消耗大的电子管了。晶体管的发明又为后来集成电路的诞生吹响了号角。

(13) 1950 年:东京帝国大学的中松义郎(Yoshiro Nakamats)发明软盘。其销售权被 IBM 收购。一个新的存储时代被开创。

(14) 1950 年:英国数学家和计算机先驱艾尔·图灵,提出了图灵测试,奠定了人工智能的基本理论。

(15) 1951 年:格雷斯·默里·霍珀(Grace Murray Hopper)完成了高级语言编译器,并且写了第一个编译器。

(16) 1952 年:EDVAC 研制成功,由冯·诺依曼领导设计并完成,在这台计算机的研制中,冯·诺依曼提出了现代计算机的体系结构,被称为冯·诺依曼体系。

(17) 1956 年:第一次人工智能会议在达特茅斯学院举行。

(18) 1957 年:IBM 的 John Backus 等开发研制成功了高级编程语言 FORTRAN,这是一种适合科学研究使用的计算机高级语言,FORTRAN 成为第一种被广泛使用的高级语言。

(19) 1958 年:在仙童半导体的罗伯特·诺伊斯(Robert Noye)的领导下,发明了集成电路,他是未来 Intel 公司的联合创始人。集成电路的出现极大地促进了计算机的发展。

（20）1960 年：第一个结构化程序设计语言 ALGOL 语言问世。后面的编程语言包括 BASIC、Simula、Pascal、C、Java、C♯ 都受到了 ALGOL 语言的影响。

（21）1964 年：IBM 360 系列兼容机问世，这是 IBM 历史上最成功的机型之一。它标志着第三代计算机——集成电路计算机的全面亮相，是世界上第一台指令集兼容的计算机，开创了计算机兼容的时代，可以支持产品线和其他公司各种产品型号的协作运行。

（22）1965 年：摩尔定律发表。摩尔定律预测处理器的性能将每年提高一倍。后来摩尔对其内容又做了修正。

（23）1965 年：道格拉斯·恩格勒巴特（Douglas Englebart）提出鼠标的设想，但没有进一步研究，直到 1983 年被苹果公司在自己的计算机上作为输入设备大量使用。

由于篇幅所限，1965 年后的重要历史事件在这里就不列出了。在后面的章节中随着章节的内容也会有相关介绍。

总之，随着半导体技术的发展，电子计算机在 20 世纪 50～60 年代迅速普及，并在数据处理、科学计算和商业应用等领域取得了重要的成就。随着微处理器技术的出现和普及，在 20 世纪 70～80 年代计算机又进入了个人计算机时代。英特尔公司推出的微处理器成为个人计算机的核心元件，并带动了个人计算机的普及。到了 21 世纪，随着互联网和移动通信技术的发展，电子计算机逐渐演变成了现代人类生活中不可或缺的重要工具。

1.3.2 电子计算机的诞生

1. 第一台电子通用计算机 ENIAC

ENIAC（Electronic Numerical Integrator and Computer）是世界上第一台电子通用计算机，见图 1-19。ENIAC 是数字计算机，可以重编程来解决众多类型的计算问题。承担开发任务的人员主要是宾夕法尼亚大学的工程师埃克特（J. Presper Eckert）、莫希利（John Mauchly）、戈尔斯坦以及华人科学家**朱传榘**。

图 1-19　第一台电子数字计算机 ENIAC

任职宾夕法尼亚大学摩尔电气工程学院的莫希利于 1942 年提出了试制第一台电子计算机的初始设想——“高速电子管计算装置的使用”，期望用电子管代替继电器以提高机器的计算速度。

1946 年 2 月 14 日 ENIAC 宣布研制成功,并于次日在宾夕法尼亚大学正式投入使用。为了翻新和升级存储器,ENIAC 在 1946 年 11 月 9 日关闭,并在 1947 年转移到了马里兰州的阿伯丁实验场。1947 年 7 月,它在那里重新启动,继续工作到 1955 年 10 月。

ENIAC 的指标:长 30.48m,宽 6m,高 2.4m,占地面积约 170m^2,30 个操作台,重达 30 吨,耗电量 150kW,造价 48 万美元。它包含 17 468 根真空管(电子管),计算速度是每秒 5000 次十进制加法或 400 次乘法,是使用继电器运转的机电式计算机的 1000 倍、手工计算的 20 万倍。

从计算机后面的发展来看,ENIAC 最主要的缺点是它没有采用当时已经存在的“存储程序原理”的设计思想。因此,当 ENIAC 要执行另外一个处理任务时,需要通过在硬件上重新连线进行编程。

2. 冯·诺依曼和 EDVAC

约翰·冯·诺依曼(John von Neumann,1903—1957),见图 1-20,美籍匈牙利数学家、计算机科学家、物理学家,是 20 世纪最重要的数学家之一。

冯·诺依曼对世界上第一台电子计算机 ENIAC(电子数字积分计算机)的设计提出过建议。在第一台计算机尚未研制成功的时候,第二台电子计算机的建造已经开始构思。1945 年 3 月,冯·诺依曼在共同讨论的基础上起草了一个全新的报告,

图 1-20   冯·诺依曼(1903—1957),
美籍匈牙利数学家、计算机
科学家、物理学家

“EDVAC 报告书一号草稿”(*First Draft of a Report on the EDVAC*),对世界上第二台电子计算机 EDVAC(Electronic Discrete Variable Automatic Computer)的逻辑结构进行了设计。这份报告是计算机发展史上一个划时代的文献,对后来计算机的设计有决定性的影响,至今仍为电子计算机设计者所遵循。

1.3.3   计算机的发展阶段

1. 以物理元器件进行划分

自从 1946 年第一台电子计算机问世以来,计算机科学与技术已成为 21 世纪发展最快的一门学科,尤其是微型计算机的出现和计算机网络的发展,使计算机的应用渗透到社会的各个领域,有力地推动了信息社会的发展。多年来,人们以计算机物理器件的变革作为标志,把计算机的发展划分为四代。

1) 第一代(1946—1958)

电子管计算机时代,计算机使用的主要逻辑元件是电子管,也称电子管时代。主存储器先采用延迟线,后采用磁鼓磁芯,外存储器使用磁带。软件方面,用机器语言和汇编语言编写程序。这个时期计算机的特点是:体积庞大、运算速度低(一般每秒几千次到几万次)、成本高、可靠性差、内存容量小。这个时期的计算机主要用于科学计算,从事军事和科学研究方面的工作。其代表机型有:ENIAC,IBM 650(小型计算机)、IBM 709(大型计

算机)等。

2) 第二代(1959—1964)

晶体管计算机时代,这个时期计算机使用的主要逻辑元件是晶体管,也称晶体管时代。主存储器采用磁芯,外存储器使用磁带和磁盘。软件方面开始使用管理程序,后期使用操作系统并出现了 FORTRAN、COBOL、ALGOL 等一系列高级程序设计语言。这个时期计算机的应用扩展到数据处理、自动控制等方面。计算机的运行速度已提高到每秒几十万次,体积已大大减小,可靠性和内存容量也有较大的提高。其代表机型有:IBM 7090、IBM 7094、CDC 7600 等。

3) 第三代(1965—1970)

以集成电路计算机为代表,这个时期的计算机用中小规模集成电路代替了分立元件,用半导体存储器代替了磁芯存储器,外存储器使用磁盘。软件方面,操作系统进一步完善,高级语言数量增多,出现了并行处理机、多处理机、虚拟存储系统以及面向用户的应用软件。计算机的运行速度也提高到每秒几十万次到几百万次,可靠性和存储容量进一步提高,外部设备种类繁多,计算机和通信密切结合起来,广泛地应用到科学计算、数据处理、事务管理、工业控制等领域。其代表机器有:IBM 360 系列、富士通 F230 系列等。

4) 第四代(1971 年以后)

大规模和超大规模集成电路计算机时代。人们不断研究集成电路的制造工艺,光刻技术、微刻技术到现在的纳刻技术,使得集成电路的规模越来越大,集成电路的发展就像 Intel 创始人摩尔提出的**摩尔定律**一样:

"当价格不变时,集成电路上可容纳的晶体管数目大约每隔 18 个月会增加 1 倍,其性能也将提升 1 倍。"

这个时期的计算机主要逻辑元件是大规模和超大规模集成电路,一般称为大规模集成电路时代。存储器采用半导体存储器,外存储器采用大容量的软、硬磁盘,并开始引入光盘。软件方面,操作系统不断发展和完善,同时发展了数据库管理系统、通信软件等。计算机的发展进入了以计算机网络为特征的时代。计算机的运行速度可达每秒上千万次到万亿次,计算机的存储容量和可靠性又有了很大提高,功能更加完备。这个时期计算机的类型除小型、中型、大型计算机外,开始向巨型计算机和微型计算机(个人计算机)两个方面发展,计算机开始进入办公室、学校和家庭。

2. 以软件发展进行的划分

软件是指程序、程序运行所需要的数据和开发、使用和维护这些程序以及控制和管理计算机硬件系统的一系列文档的集合。程序是按照事先设计好的功能和性能要求进行执行的指令序列。强大的计算机硬件系统是软件系统运行的基础,软件系统可以将硬件系统的功能和性能进行扩展。

1) 第一代软件(1946—1953)

早期的编写程序需要以计算机硬件能够直接执行的"指令"编写,即使用机器语言编写程序。机器语言是计算机能够直接识别和执行的语言,由 0/1 编码的指令和规则构成。但是机器语言的缺点也是显而易见的,程序员必须记住二进制编码的指令,看懂并编写二进制的数据。而且,不同的计算机使用不同的机器语言。因此,只有少数专业人员能够使用计算机,大大限制了计算机的推广。在这个时代末期出现了汇编语言,它使用助记符(采用简单单词缩写来表示指令)表示每条机器语言指令,例如,ADD 表示加法,SUB 表示减法等。相对机器语言,用汇编语言编写的程序就容易多了。例如,计算 2＋3 的汇编语言指令如下。

```
MOV AL, 2
ADD AL, 3
MOV #4, AL
```

由于只有机器语言程序才能被计算机直接执行,所以即使汇编语言程序中的指令和机器语言的指令可以一一对应,也需要"翻译"成机器语言程序。这个翻译的过程可由软件自动进行。

2) 第二代软件(1954—1964)

这个时候的计算机硬件已经变得更强大了,因此需要更强大的软件工具使得计算机的功能能够有效发挥。虽然汇编语言已经前进了一大步,但是由于和机器语言指令一一对应,可移植性也不好,程序员还是必须记住很多汇编指令,这个时候就出现了高级程序设计语言,如 FORTRAN、LISP、BASIC 语言。高级语言的指令形式类似自然语言和数学语言,容易学习,方便编程,降低了编写程序的难度,提高了程序的可读性。

用高级语言编写的程序称为源程序,源程序不能直接被计算机执行,需要通过翻译程序(称作编译器)翻译成机器指令程序。每种高级语言都有配套的翻译程序,翻译的形式分为两种：编译方式和解释方式。使用高级语言编写程序的人员不需要懂得机器语言和汇编语言,这就降低了对应用开发人员的要求,因此,有更多的技术人员进入计算机应用领域的程序开发,扩大了计算机使用范围。但是,由于汇编语言和机器语言可以利用计算机的硬件特性并针对硬件直接编程,因此运行效率较高,所以在实时控制、实时检测等领域的许多应用程序仍然使用汇编语言和机器语言编写。

3) 第三代软件(1965—1979)

这个时期计算机硬件上已经用集成电路代替了晶体管,处理器的运算速度也得到了很大提升,可以支持多个作业同时运行,这个时期出现的最重要的软件就是操作系统,它统一管理计算机的所有资源,根据当前系统状态来为运行的作业分配资源。操作系统出现后,应用程序就不再直接运行在计算机硬件之上,而是运行在操作系统之上,在操作系统的支持下使用计算机中的软硬件资源。

在这个时期,第一个下棋程序被发明(A.L.Samuel,1967),开始了人工智能的研究。1968 年,荷兰计算机科学家狄杰斯特拉发表了论文《GOTO 语句的害处》,支持调试和修改程序的困难和程序中包含 GOTO 语句的数量成正比,从此,各种结构化程序设计理念逐渐建立。

4) 第四代软件(1979—1989)

20 世纪 70 年代出现了结构化程序设计技术,Pascal 语言和 Modula-2 语言都是采用结构化程序设计规则制定的语言。BASIC 这种为第三代计算机设计的语言也被升级为具有结构化的版本,此外,还出现了灵活且功能强大的 C 语言。更好用、更强大的操作系统被开发了出来。为 IBM PC 开发的 PC-DOS 和为兼容机开发的 MS-DOS 都成了微型计算机的标准操作系统,Macintosh 计算机的操作系统引入了鼠标的概念和点击式的图形界面,彻底改变了人机交互的方式。

20 世纪 80 年代,随着微电子和数字化声像技术的发展,在计算机应用程序中开始使用图像、声音等多媒体信息,出现了多媒体计算机概念。多媒体技术的发展使计算机的应用进入了一个新阶段。这个时期出现了多用途的应用软件,典型的应用软件是电子制表软件、文字处理软件和数据库管理软件等,这些都是面向普通用户开发的应用程序,用户不需要对软件开发和计算机有很深入的了解。Lotus1-2-3 是第一个商用电子制表软件,WordPerfect 是第一个商用文字处理软件,dBase III 是第一个实用的数据库管理软件。

5) 第五代软件(1990 年至今)

计算机软件业具有主导地位的 Microsoft 公司的崛起、面向对象的程序设计方法的出现以及万维网 World Wide Web 的普及是这个时期的著名事件。在这个时期,Microsoft 公司的 Windows 操作系统在 PC 市场占有显著优势,WordPerfect 虽然仍在继续改进,但 Microsoft 公司的 Word 成了最常用的文字处理软件。20 世纪 90 年代中期,Microsoft 公司将文字处理软件 Word、电子制表软件 Excel、数据库管理软件 Access 和其他应用程序绑定在一个程序包中,称为办公自动化软件。

面向对象的程序设计方法最早是在 20 世纪 70 年代开始使用的,当时主要是用在 Smalltalk 语言中。20 世纪 90 年代,面向对象的程序设计逐步代替了结构化程序设计,成为目前最流行的程序设计技术。面向对象程序设计尤其适用于规模较大、具有高度交互性、反映现实世界中动态内容的应用程序。Java、C++、C♯等都是面向对象程序设计语言。

1990 年,英国研究员蒂姆·伯纳斯·李(Tim Berners-Lee)创建了一个全球 Internet 文档中心,并创建了一套技术规则和创建格式化文档的 HTML,以及能让用户访问全世界站点上信息的浏览器,此时的浏览器还很不成熟,只能显示文本。软件体系结构从集中式的主机模式转变为分布式的客户机/服务器模式(C/S)或浏览器/服务器模式(B/S),专家系统和人工智能软件从实验室走出来进入了实际应用,完善的系统软件、丰富的系统开发工具和商品化的应用程序的大量出现,以及通信技术和计算机网络的飞速发展,使得计算机进入了一个大发展的阶段。

1.3.4 微型计算机的发展历史

1. 微处理器与微型计算机的发展

微型计算机出现之前,IBM 公司一直是商用计算机的主要供应商。

1971—1974 年,Intel 公司推出了 4 位和 8 位微处理器 Intel 4004 和 Intel 8008,同时开发了以 4004、8008 为 CPU 的微机,开创了微型计算机时代的先河。

Intel 之后,Zilog 公司和 Motorola 公司分别加入微处理器的开发中。1974—1978 年,采用了 Intel 8080、Z 80、MC 6800 的中、高档微处理器的微型计算机表现了良好的发展态势,原本对微型计算机不太看重的 IBM 公司开始重视微型计算机市场的发展,

1978—1981 年,Intel、Zilog、Motorola 分别推出 16 位微处理器 Intel 8086、Z8000、MC 68000 等,一系列 16 位微型计算机投入了市场。IBM 选择了 Intel 8086 作为微处理器,于 1981 年开发成功了 IBM PC。IBM PC 一经上市,就在计算机业界引起了轰动,并迅速在计算机市场中取得了牢固位置。之后,Intel 推出其 32 位微处理器,PC 的功能越来越强大,可以构成与 20 世纪 70 年代大、中型计算机相匹敌的计算能力,大有取代之势。Intel 公司凭借 PC 市场的成功也迅速在微处理器的制造上形成其垄断地位。此后,Zilog、Motorola 相继放弃了在微处理器上的竞争,在 IBM 成功地开发了 IBM PC 之后,其他计算机公司也开始加入到微型计算机的开发中,分别开发出同 IBM PC 兼容的微型计算机,在计算机市场中微型计算机竞争空前激烈。知名的制造商在全球范围内形成了各自的销售网络,如 IBM、COMPAQ、DELL 等。

在 Intel 8086 之后,Intel 公司逐步推出了 80286、80386、80486、Pentium、Pentium Pro、Pentium MMX、PII 以及最新的 PIII 系列微处理器,AMD 公司推出了与 Intel 指令集兼容的微处理器 5x86、K5、K6、K7,Cyrix 公司也推出了 6x86、M2 等高档 CPU。

2. PC 兼容计算机操作系统的形成

在微型计算机以前,计算机操作系统及各种应用软件产品大多都随同硬件产品捆绑发行,而且价格非常昂贵,软件产品的大众化、市场化非常有限。

1981 年,IBM 公司指定微软公司为其开发 IBM PC 操作系统,微软公司对其命名为 DOS(Disk Operating System),最初的版本为 1.0,在之后的 10 年之中,微软不断对 DOS 系统进行版本升级,其后的 2.0~6.22 版本中加入新技术和对新硬件的支持,DOS 的功能不断完善。微软的 DOS 系统逐步在 PC 操作系统的市场中形成了垄断,MS DOS 系统成为 PC 兼容计算机的必备软件,MS DOS 的装机数量数以亿计。1984 年,微软成功开发了 PC 上的第一个图形化用户界面的操作系统 Windows 1.0 版本,在随后的几年里,微软公司完善了 Windows 系统,Windows 也因其采用图形化用户界面使 PC 的操作变得生动简单而得到迅速普及。Windows 3.1 版本更是加入了对多媒体技术的支持,媒体计算机开始走向家庭。随着计算机硬件功能的不断强大,微软公司在 1995 年推出其全新的 32 位操作系统 Windows 95。Windows 95 产品一上市,在微型计算机市场上就形成了巨大的影响,因其全新的用户界面和强大的应用软件支持而受到了微型计算机用户的青睐,并迅速得到了业界的广泛支持,尽管 IBM 随后也推出了优秀的 PC 图形化操作系统 OS/2,但因其与大量已被广泛使用的 DOS 和 Windows 软件的兼容性不好等原因,在业界的支持率不高,在竞争中始终处于下风。时至今日,Windows XP 及其后续一系列的 Windows 系统在桌面操作系统一级的市场上已基本达到了全球垄断。

1.3.5 计算机应用领域

计算机的应用已渗透到社会的各个领域,正在改变着人们的工作、学习和生活的方式,推动着社会的发展。归纳起来可分为以下几个方面。

1. 科学计算（数值计算）

科学计算也称数值计算。计算机最开始是为解决科学研究和工程设计中遇到的大量数学问题的数值计算而研制的计算工具。随着现代科学技术的进一步发展，数值计算在现代科学研究中的地位不断提高，在尖端科学领域中显得尤为重要。例如，人造卫星轨迹的计算，房屋抗震强度的计算，火箭、宇宙飞船的研究设计都离不开计算机的精确计算。

在工业、农业以及人类社会的各领域中，计算机的应用都取得了许多重大突破，就连人们每天收听收看的天气预报都离不开计算机的科学计算。

2. 数据处理（信息处理）

在科学研究和工程技术中，会得到大量的原始数据，其中包括大量图片、文字、声音等。信息处理就是对数据进行收集、分类、排序、存储、计算、传输、制表等操作。目前计算机的信息处理应用已非常广泛，如人事管理、库存管理、财务管理、图书资料管理、商业数据交流、情报检索、经济管理等。

信息处理已成为当代计算机的主要任务，是现代化管理的基础。据统计，全世界计算机用于数据处理的工作量占全部计算机应用的 80% 以上，这大大提高了工作效率和管理水平。

3. 自动控制

自动控制是指通过计算机对某一过程进行自动操作，它不需要人工干预，能按人预定的目标和预定的状态进行过程控制。过程控制是指对操作数据进行实时采集、检测、处理和判断，按最佳值进行调节的过程，目前被广泛用于操作复杂的钢铁企业、石油化工业、医药工业等生产中。使用计算机进行自动控制可大大提高控制的实时性和准确性，提高劳动效率、产品质量，降低成本，缩短生产周期。计算机自动控制还在国防和航空航天领域中起决定性作用。例如，无人驾驶飞机、导弹、人造卫星和宇宙飞船等飞行器的控制，都是靠计算机实现的。可以说，计算机是现代国防和航空航天领域的神经中枢。

4. 计算机辅助设计和辅助教学

计算机辅助设计（Computer-Aided Design，CAD）和计算机辅助教学（Computer-Aided Instruction，CAI）是计算机应用领域中的两个重要分支，它们的发展历史相对较长，而且一直在不断地发展和演进。如下简要介绍它们的当前发展情况。

1）计算机辅助设计

随着计算机技术的不断发展和计算机硬件、软件的日益完善，CAD 的应用范围和功能不断扩展。当前，CAD 已经广泛应用于制造业、建筑业、电子、航空航天、交通运输等领域，成为这些领域中不可或缺的工具之一。CAD 软件的用户界面也变得更加友好，操作更加简单，用户可以更加方便地进行 3D 建模、工程设计、模拟分析等操作，提高了工作效率和产品质量。

除此之外,随着人工智能、虚拟现实、增强现实等新技术的兴起,CAD 也不断向着更加智能化、交互化、实时化的方向发展,例如,采用机器学习技术实现自动优化设计、采用虚拟现实技术实现实时可视化、采用增强现实技术实现实时指导等。

CAD 已得到各国工程技术人员的高度重视。有些国家已把 CAD 和计算机辅助制造(Computer Aided Manufacturing)、计算机辅助测试(Computer Aided Test)及计算机辅助工程(Computer Aided Engineering)组成一个集成系统,使设计、制造、测试和管理有机地组成为一体,形成高度的自动化系统,因此产生了自动化生产线和"无人工厂"。例如,当前在芯片制造产业,EDA 软件发挥着重要作用。EDA 即电子设计自动化(Electronic Design Automation),是指利用计算机技术和自动化工具来实现电子系统的设计和验证。它是现代电子设计过程中不可或缺的一部分,包括电路设计、电路模拟、布局布线、设计验证和可靠性分析等方面。EDA 技术的发展使得电子设计工程师能够更快、更准确地进行电路设计、测试和验证,减少了设计周期和成本,并且能够提高电路设计的可靠性和稳定性。

2)计算机辅助教学

CAI 是指用计算机来辅助完成教学计划或模拟某个实验过程。计算机可按不同要求,分别提供所需教材内容,还可以个别教学,及时指出该学生在学习中出现的错误,根据测试成绩决定该生的学习从一个阶段进入另一个阶段。CAI 不仅能减轻教师的负担,还能激发学生的学习兴趣,提高教学质量,为培养现代化高质量人才提供了有效方法。

随着计算机技术和网络技术的飞速发展,CAI 也得到了迅速的发展。当前,CAI 已经广泛应用于学校、培训机构、企业等教育领域,成为一种有效的教育手段。CAI 可以通过多媒体技术,包括声音、图像、视频等,提供更加生动、直观、丰富的学习内容,同时也可以根据学生的反馈,实现个性化教学。

除此之外,CAI 还可以采用人工智能技术实现智能教育,例如,采用机器学习技术实现学生学习行为的分析和预测、采用自然语言处理技术实现智能问答等,从而提高教学效果和效率。

5. 人工智能

人工智能(Artificial Intelligence,AI)指计算机模拟人类某些智力行为的理论、技术和应用。人工智能是计算机应用的一个新的领域,这方面的研究和应用正处于发展阶段,在医疗诊断、定理证明、语言翻译、机器人等方面,已有了显著成效。例如,用计算机模拟人脑的部分功能进行思维学习、推理、联想和决策,使计算机具有一定"思维能力"。我国已开发成功一些中医专家诊断系统,可以模拟名医给患者诊病开方。机器人是计算机人工智能的典型例子。机器人的核心是计算机。第一代机器人是机械手;第二代机器人对外界信息能够反馈,有一定的触觉、视觉、听觉;第三代机器人是智能机器人,具有感知和理解周围环境,使用语言、推理、规划和操纵工具的技能,模仿人完成某些动作。机器人不怕疲劳,精确度高,适应力强,现已开始用于搬运、喷漆、焊接、装配等工作中。机器人还能代替人在危险工作中进行繁重的劳动,如在有放射线、污染有毒、高温、低温、高压、水下等环境中工作。

6. 多媒体技术应用

多媒体技术是指将文字、图像、音频、视频等不同形式的信息集成在一起,形成一种新的表达方式和传播形式的技术。随着计算机技术和网络技术的不断发展,多媒体技术的应用范围越来越广泛,多媒体技术在各个领域的应用简单介绍如下。

(1)在广告和宣传中的应用:多媒体技术能够通过视频、音频、图片等形式,吸引人们的眼球,传递产品和服务信息,帮助企业进行品牌推广和宣传。

(2)在教育和培训中的应用:多媒体技术能够将知识以更加形象、生动的形式呈现给学生,提高教学效果和学习兴趣。例如,通过演示软件、视频、音频等形式来进行课程教学和培训。

(3)在艺术和文化中的应用:多媒体技术能够通过数字化的方式保存和展示艺术品和文化遗产,例如,通过数字化展示博物馆中的文物、音乐会的录像、电影的数字版等形式。

(4)在游戏和娱乐中的应用:多媒体技术能够创造出更加真实的游戏和娱乐体验,例如,通过 3D 游戏引擎、虚拟现实技术、动态图像技术等形式,实现游戏玩家与虚拟世界的互动。

(5)在医疗和健康中的应用:多媒体技术能够帮助医生进行病情诊断、手术操作和康复训练等方面,例如,通过虚拟现实技术来进行手术操作的模拟,通过音频和视频技术来进行医疗教育和指导。

(6)在商务和交流中的应用:多媒体技术能够通过视频会议、远程教育、远程工作等方式,实现跨地域、跨时区的商务交流和合作,提高沟通和协作效率。

总的来说,多媒体技术已经深入到各个领域,对于提升工作效率、改善生活质量、丰富文化体验等方面都有很大的作用。

习　　题

1. 简述摩尔定律的概念,并谈谈你对它的看法。

2. 计算机的发展经历了哪几个阶段?请按照物理器件的划分描述。

3. 什么是图灵测试?谈谈你对它的认识和看法。

4. 请根据逻辑学和计算这一节内容,找一找相关课外资料,并简单介绍内容,说说你对它的认识。

5. 简述在你的生活和学习中运用计算机的例子,起了什么作用?

第2章

计算系统

本章是关于如何执行计算任务的基本理解。计算机系统是由硬件和软件组成。它包括计算机硬件、操作系统、编程语言、应用程序和其他外部设备等。

本章首先介绍了计算机中各种信息是如何表示的,然后介绍计算机硬件的基本结构。计算机硬件包括处理器、内存、硬盘和其他外部设备。处理器是计算机的核心,负责处理所有的计算任务。内存存储着计算机正在处理的数据,硬盘则是存储长期数据的地方。特别地本章还介绍了一个如何从基本元件搭建一个简单加法器的过程。最后介绍了编程语言。编程语言是用来编写计算机程序的工具,提供了一种抽象的方式,使得计算机程序员可以与计算机进行交互。

计算机系统是一个复杂的系统,其各个部分相互协作以完成计算任务。通过对计算机系统的理解,我们可以更好地利用计算机解决各种问题。

2.1 0 和 1 的信息表示

2.1.1 信息的符号化

1. 信息的特性

计算机最主要的功能是处理信息,如处理文字、声音、图形和图像等这些外部世界中的各种类型信息。什么是信息呢? 信息从形式上包括音讯、消息、通信系统传输和处理的对象,泛指人类社会传播的一切内容。人通过获得、识别自然界和社会的不同信息来区别不同事物,得以认识和改造世界。学者们从各自的不同领域出发对信息给出科学定义。

信息学奠基人香农(Shannon)在题为"通信的数学理论"的论文中指出"信息是用来消除随机不确定性的东西",这一定义被人们看作信息的经典性定义并加以引用。控制论创始人维纳(Norbert Wiener)认为"信息是人们在适应外部世界,并使这种适应反作用于外部世界的过程中,同外部世界进行互相交换的内容和名称",它也被作为经典性定义加以引用。电子学家、计算机科学家认为"信息是电子线路中传输的以信号作为载体的内容"。

信息定义可以概括如下:信息是对客观世界中各种事物的运动状态和变化的反映,是客观事物之间相互联系和相互作用的表征,表现的是客观事物运动状态和变化的实质内容。

2. 信息的特征

信息具有以下主要特性。

1）依附性

信息的存在必须依托载体。从物理学上来讲,信息与物质是两个不同的概念,信息不是物质,虽然信息的传递需要能量,但是信息本身并不具有能量。信息最显著的特点是不能独立存在。

2）可传递性

没有传递,就无所谓有信息。信息传递的方式有很多,如口头语言、文字、电信号等。

人类传递信息自古就有。在远古时期,人们靠口耳相传,或者借助一些工具将信息远距离地传递出去。例如,1949 年,英国人约翰·卡林顿注意到非洲一些地方用一种鼓声互相传递信息,人们几乎可以用它来说话。他破解了这种鼓语,并把自己的发现写成一本书,书名就叫《非洲会说话的鼓》,这种非洲鼓除了是一种乐器,当地人也通过敲击它发出有规律的鼓声,将要传递的信息告诉远方的人,凡是掌握了这套鼓语的人都可以听懂其中的意思。还有我国古代用烽火将边境上的敌情远距离地传递出去。

3）可存储性

信息可以存储,以备他时或他人使用。存储信息的方法多种多样,如人脑、计算机的记忆、书写、印刷、缩微、录像。

4）可共享性

信息不同于物质资源,它可以转让,大家共享。

5）可处理性

信息如果经过分析和处理,往往会产生新的信息,使信息得到增值。

计算机是人脑的辅助工具。面对人类社会众多的信息处理任务,关键问题是如何将现实世界的众多信息转换为计算机中的信息,然后通过计算机完成信息的存储、处理、传输和共享等。现实世界中存在文字、声音、图形和图像等外部世界中各种不同的信息表示形式。它们必须通过某种方式转换为计算机可以接受和识别的形式,即通过数字化编码后转换为包含特定信息的二进制编码,才可以被存储、处理和传送。

计算机中采用二进制编码的方法对众多不同类型的信息进行表示。**编码方法**就是以若干位数码或符号的不同组合来表示信息的一种方法。编码方法通常包括两个步骤:编码和解码。编码是将信息转换为数字形式,而解码是将数字形式的信息转换回原始信息。

编码方法具有三个主要特征:唯一性、公共性和规律性。唯一性是指每种组合都有确定的唯一含义;公共性指所有相关者都认同、遵守和使用这种编码,例如 SOS,在很多领域它的含义都被广泛接受;规律性是指编码应有一定的规律和一定的编码规则,便于计算机和人识别和使用。

接下来了解一下计算机中信息的表现形式,包括数、文本和图像的表示。

2.1.2　数制的基本概念

1. 计算机中数的表示

计算机内部采用二进制来保存数据和信息。无论是指令还是数据,若想被计算机处理,都必须采用二进制编码形式。二进制数据是用 0 和 1 两个数码来表示的数。它的基数为 2,进位规则是"逢二进一",借位规则是"借一当二",由 18 世纪德国数理哲学大师莱布尼茨发现。当前的计算机系统使用的基本上都是二进制系统。采用二进制的原因如下。

(1) 容易在物理上实现。用来表示数据的物理器件只需要具有两种稳定状态的,就可以表示。

(2) 机器可靠性高。由于电压的高低、电流的有无都是一种变化,两种状态分明,所以以 0 和 1 两个数的传输和处理抗干扰性强,不易出错,鉴别信息的可靠性好。

(3) 规则简单。和十进制相比,二进制的运算规则简单,法则少,使得计算机运算器的硬件结构大大简化,控制也简单得多。

虽然在计算机内部都使用二进制数来表示各种信息,但计算机和人之间的交流仍然采用人们熟悉的外部世界信息表示形式进行,如十进制、文字和图形信息等。在计算机内部必须就这种内外信息的表示形式进行转换。

2. 进位记数制

数制,也称记数制,是用一组固定的符号和统一的规则来表示数值的方法。数制可分为非进位记数制和进位记数制两种。有大小关系的数值通常采用进位制来表达,进位记数制的数码所表示的数值大小与它在数中所处的位置有关,即用数码和带有权值的数位来表示。进位记数制有基数和位权两个要素,它们的定义如下。

1) 基数

在采用进位记数制的系统中,如果只用 R 个基本符号(例如 $0,1,2,\cdots,R-1$)表示数值,则称其 R 进制数,R 称为该数制的基数。如日常生活中常用的十进制,其 R 等于 10,即基本符号为 $0,1,2,\cdots,9$;而二进制基数为 2。

2) 位权 i

每个数字符号在固定位置上的计数单位称为位权。位权是处于某一位上 1 所表示的数值大小。如在十进制中,个位的位权为 10^0,十位的位权是 10^1,小数点向右位权则依次是 $10^{-1},10^{-2},\cdots$。

各种进制的共同点如下。

(1) 每一种进制都有固定符号集合,称为基本符号。例如,十进制,其基本符号为 10 个,分别为 $0,1,\cdots,9$;二进制,其基本符号为 1 和 0;十六进制基本符号为 16 个,分别为 $0,1,2,\cdots,9,A,B,C,D,E,F$。

(2) 采用位置表示,用位权来计数。处于不同位置的数符所代表的值不同,与它所在位置的权值有关。例如,十进制中 23.45 可以表示为:

$$23.45 = 2 \times 10^1 + 3 \times 10^0 + 4 \times 10^{-1} + 5 \times 10^{-2}$$

可以看出,各种进制中的位权的值正好是基数的某次幂。因此,任何一个进制表示的数都可以写出按其权值展开的各项式之和,称为"按权展开式"。如表 2-1 所示列出了计算机中常见的几种进制的基本符号之间的对应关系。

表 2-1　计算机中常用的几种进位制

进位制	二进制	八进制	十进制	十六进制
规则	逢二进一	逢八进一	逢十进一	逢十六进一
基数	2	8	10	16
基本符号	0,1	0,1,…,7	0,1,2,…,9	0,1,2,…,9,A,…,F
权	2^i	8^i	10^i	16^i
表示符号	B	O	D	H

2.1.3　不同数制之间的转换

1. 非十进制转换为十进制

R 进制转换为十进制(这里 R 表示二、八或者十六),采用 R 进制数的位权展开法,即将 R 进制按照"位权"展开形成多项式并求和,得到的结果就是转换结果。

例 2.1　把$(11011.101)_B$转换成十进制数。

解:$(11011.101)_B = 1×2^4 + 1×2^3 + 1×2^1 + 1×2^0 + 1×2^{-1} + 1×2^{-3}$
$= 16 + 8 + 2 + 1 + 0.5 + 0.125 = (27.625)_D$

2. 十进制数转换为非十进制数

即十进制数转换为 R 进制(这里 R 表示二、八或者十六),分为整数部分和小数部分分别转换,然后把结果拼在一起,转换规则如下。

整数部分:"余数法",即除以 R 取余数,直到商为 0。

小数部分:"进位法",即乘以 R 取整数,直到积的小数值为 0,或者达到所要求的精度。

例 2.2　把$(157.6875)_D$转换成二进制,此时 R 就等于 2,其计算过程如图 2-1 所示。

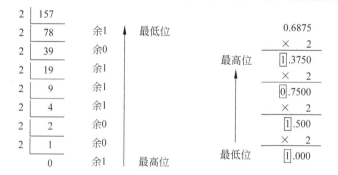

(a) 整数部分转换　　　　　　　　　(b) 小数部分转换

图 2-1　十进制转换为二进制

结果：$(157.6875)_D = (10011101.1011)_B$。

十进制小数不一定能够转换成完全等值的二进制小数，有时需要按照精度要求取近似值。用同样的方法可以将十进制数转换为八进制数和十六进制数，不过 R 要换成 8 或 16。

3. 二进制、八进制和十六进制之间的相互转换

数据在计算机中是用二进制表示的，但是书写起来太冗长，容易出错，因此又引入了八进制和十六进制表示形式。由于二进制、八进制和十六进制之间存在着特殊关系，即 $8 = 2^3$，$16 = 2^4$，因此转换比较容易。其对应关系见表 2-2。

表 2-2　二进制、八进制和十六进制之间的关系

二进制	八进制	二进制	十六进制	二进制	十六进制
000	0	0000	0	1000	8
001	1	0001	1	1001	9
010	2	0010	2	1010	A
011	3	0011	3	1011	B
100	4	0100	4	1100	C
101	5	0101	5	1101	D
110	6	0110	6	1110	E
111	7	0111	7	1111	F

（1）八进制和二进制之间转换。

由于 1 位八进制相当于 3 位二进制，因此八进制转换为二进制，只需要把数中每个八进制数码变成对应的 3 位二进制数即可。而二进制数转换为八进制数，则只需要以小数点为界，整数部分按照从右向左（低位向高位）、小数部分按照从左向右（高位向低位）的顺序每 3 位划分为一组，最后不足 3 位二进制时补 0，然后分别用与其对应的八进制数码来取代即可。

例 2.3　将 $(11001110.01010111)_B$ 转换成八进制数。转换过程如下。

八进制数

结果：$(11001110.01010111)_B = (316.256)_O$。

例 2.4　将 $(574.623)_O$ 转换成二进制数。转换过程如下。

二进制数

结果：$(574.623)_O=(101111100.110010011)_B$。

（2）十六进制和二进制之间转换。

由于 1 位十六进制相当于 4 位二进制，因此十六进制转换为二进制，只需要把数中每个十六进制数码变成对应 4 位二进制数即可。而二进制数转换为十六进制数，则只需要以小数点为界，整数部分按照从右向左(低位向高位)、小数部分按照从左向右(高位向低位)的顺序每 4 位划分为一组，最后不足 4 位二进制时补 0，然后分别用与其对应的十六进制数码来取代即可。

例 2.5 将$(11011\ 1110\ 0011.1001\ 011)_B$转换成十六进制数。其过程如下。

结果：$(11011\ 1110\ 0011.1001\ 011)_B=(1BE3.96)_H$。

2.1.4 数值的表示与计算

计算机中的数据包括数值型和非数值型两类。数值型数据指可以参加算术运算的数据，例如，$(123)_D$ 等。非数值型数据不参加运算。例如，电话号码 029-245678、人的姓名"张三"。下面讨论数值型的二进制的表示形式。

1. 机器数

数学上的数字是有正负的，但是二进制中只有 0 和 1 两个符号，所以计算机中的数值必须能够表示数的符号。通常在计算机中把表示数的二进制编码的最高位定义为符号位，用 0 表示正号，1 表示负号，称为数符，其余位表示数值。把在机器内存放的正、负号数码化地作为一个整体来处理的二进制数串称为机器数，而把机器外部由正、负表示的数称为真值数。通过机器数就解决了数学上的数值符号的问题。

2. 定点表示和浮点表示

现实中的数分为带小数点的数和不带小数点的数，例如，整数和小数。计算机既需要能够表示整数，也需要能够表示带小数点的数。整数的计算机表示比较简单，前面已经介绍了十进制转换为二进制的方法，十进制整数数值可以直接转换为对应的二进制编码。当计算机需要处理的数是实数时，不仅要表示其中的数值，还需要表示出小数点的位置。根据小数点位置是否固定，计算机中的数可分为定点数表示和浮点数表示两种。

1）定点数表示法

小数点在数中的位置固定不变，由于位置固定，因此不需要分配特殊的二进制数来表示小数点信息，隐含在预定位置即可。定点数可以表示整型数和纯小数。通常，对于整型数，小数点固定在数值部分的右端，如图 2-2 所示；对于纯小数，小数点固定在数值部分的左端，如图 2-3 所示。

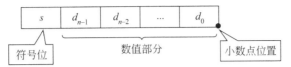

图 2-2　定点整数表示法

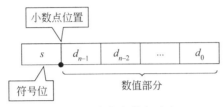

图 2-3　定点小数表示法

例如,定点整数 120 用 8 位二进制数可表示为 01111000,其中最高位 0 表示符号为正。

根据计算机字长不同,如果用 n 个二进制位存放一个定点整数,那么它的表示范围为 $-2^{n-1} \sim 2^{n-1}-1$。此处范围是通过补码表示计算出来的。

定点数用来表示整数或纯小数。但是如果一个数既有整数部分,又有小数部分,那么定点数表示法就不够了。因此,计算机中使用浮点数表示带小数点的数。

2）浮点数表示法

小数点在数中的位置不是固定的,是浮动的,这也是这种表示法名字的由来。一个带小数点的数,如数 $(110.011)_B$ 用类似十进制中的科学记数法表示如下。

例 2.6　二进制数 110.011 在计算机中的浮点数表示。

用类似二进制中的科学记数法格式化:$(110.011)_B = +1.10011 \times 2^{+10}$。

当用科学记数法表示带小数点的数后,该数可以分为三个部分:数符、浮点数的尾数部分、阶码(浮点数中以 2 为底的指数值)。规定尾数部分的小数点固定在第一个不为 0 的数码的右边,则例 2.6 中的数可以被这种形式唯一表示。

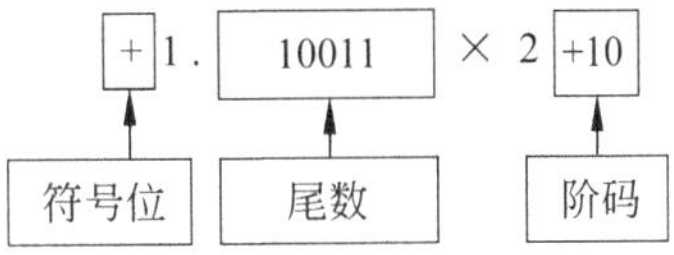

因此,在计算机中存放浮点数时需要表示的信息就是图 2-4 中框中内容,而框外的例如尾数部分中小数点左边的二进制数 1,由于是固定的信息,因此可以不用用额外的存储位数保存它。

图 2-4　存放浮点数格式

1985 年制定的 IEEE 754 浮点数标准是浮点数的主要标准。在标准中规定了浮点数格式包括单精度浮点数(float)和双精度浮点数(double)格式。单精度格式具有 24 位二进制有效数字,加上其他信息位总共占据 32 位;双精度格式具有 53 位二进制有效数字,加上其他需要保存的信息位数总共占据 64 位。阶码部分用移码表示,即单精度在原来阶码上加 127,双精度在原来阶码数值上加 1023,称为移码。这样可以避免处理阶码部分的负数。下面以单精度为例介绍浮点数的表示和存储格式。

按照国际标准 IEEE 754 的规定,浮点数使用下列形式的规格化表示。

$$规格化数 = (-1)^S \times 2^E \times 1.f$$

其中，S 为符号，E 为指数，f 为小数。

单精度浮点数存储时占用 4B，即 32b，每一位的含义如图 2-5 所示。

图 2-5　单精度浮点数存放格式

说明：0～22 位指单精度数的低 23 位小数 f，其中第 0 位为小数部分的最低有效位，第 22 位是最高有效位。在第 22 位和第 23 位之间隐含一位二进制数 1，因为 $1.f$ 这规格化后的数在所有浮点数中小数点左边这一位都是相同的，所以不用格外的二进制存放这一位。第 23 位小数加上隐含的小数点前一位有效数共提供 24 位二进制数精度；第 23～30 位是 8 位 e，是 E 的移码表示，$e = E + 127$，其中，第 23 位是 e 的最低有效位，第 30 位是最高有效位；最高的第 31 位存放符号位 S，0 表示正数，1 表示负数。

例 2.7　求单精度 -2.5 在计算机中的表示。

解：-2.5 格式化表示：$(-10.1)_B = -1.01 \times 2^{+1}$，因此 $S = 1$，$E = 1$，$f = 0.01$，指数 $e = E + 127 = 128 = 10000000_B$。

因此，其单精度存储格式如图 2-6 所示。

图 2-6　单精度浮点数表示形式

3. 带符号数的表示

前面已经讨论过了在计算机中对于数学上的数的符号的表示方法。接下来讨论这些带符号的数值本身在计算机中如何编码表示，这里以整数的机器数的表示为例，机器数可用原码、反码和补码表示，不同的表示方法有不同的计算规则，注意其中的正数的原码、反码和补码的表示形式都一样。

1）原码

数 X 的原码记作 $[X]_原$，如果机器字长为 n，则原码定义为最高位用 0 或者 1 表示符号，剩下的位数存放 X 的值转换后的二进制编码形式。即：原码的最高位为符号位，正数为 0，负数为 1，其余 $n-1$ 位表示数的真值的绝对值的二进制数。其中，0 的原码表示形式有两种：假定 $n = 8$，则 $[+0]_原 = 00000000$，$[-0]_原 = 10000000$。

例如：$[+7]_原 = [+0000111]_原 = 0\ 0000111$

$[-7]_原 = [-0000111]_原 = 1\ 0000111$

原码表示法的优点：简单易懂，与真值转换方便，但是对于加减法运算就较为麻烦，因为当两个同号数相减或两个异号数相加时，必须判断两个数的绝对值大小，用绝对值大的数减去绝对值小的数，而运算结果的符号则应和绝对值大的数相同符号。

2）反码

反码是对负数原码除符号位外逐位取反所得的数，正数的反码则与其原码形式相同。例如，假设 X_1，$-X_1$ 的真值为 $X_1 = +1010110$，$-X_1 = -1010110$，则反码表示形式为：

$$[X_1]_{反}=01010110$$
$$[-X_1]_{反}=10101001$$

同样，按照反码表示方式，可以得出数字 0 有两串编码表示形式：$[+0]_{反}=00000000$，$[-0]_{反}=11111111$。

3）补码

以整数 X 的补码为例，补码记作 $[X]_{补}$，如果机器字长为 n，通常用一个机器字长来表示一个整数。则它的补码定义如下。

$$[X]=\begin{cases} X, & 0\leqslant X<2^{n-1}-1 \\ 2^n-|X|, & -2^{n-1}\leqslant X\leqslant 0 \end{cases}$$

即正数的补码等于其原码；而负数的补码等于 2^n 减去它的绝对值，通常求解过程可以遵循如下过程：首先写出负数的原码，然后对它的原码（符号位除外）的各位按位取反，然后在末位加 1 而得到的一串编码。

例如，求 7 和 −7 的补码，过程如下。

$$[+7]_{补}=[+0000111]_{补}=0\ 0000111$$
$$[-7]_{补}=[[1\ 0000111]_{原}]_{反}+1=1\ 11111001$$

在补码表示法中，0 有唯一的编码：$[+0]=[-0]=00000000$。

补码可以实现将减法运算转换为加法运算，即实现类似数学中 $x-y=x+(-y)$ 的运算。这样可以简化实现的电路，即可以通过一个加法器完成算术加法和减法运算。

2.1.5　计算机文本的编码表示

在计算机系统中，除了处理数字外，还需要把符号、文字等利用二进制表示，这样的二进制数称为字符编码。

1. 英文文本的编码表示

ASCII 码即美国标准信息交换码。这种编码后来被国际标准化组织 ISO 采纳，作为国际通用的字符信息编码方案。ASCII 码用 7 位二进制数的不同编码表示 128 个不同符号，它包含十进制数符 0～9(注意此处指数字符号，请和数学上的 0～9 数码区分)、大小写英文字母及专用符号等 95 种可打印字符，还有 33 种通用控制字符(如回车、换行等)，共 128 个。ASCII 码表如表 2-3 所示，如 A 的 ASCII 码为 1000001。ASCII 码中，每一个编码转换为十进制数的值称为该字符的 ASCII 码值。

表 2-3　7 位 ASCII 代码表

$b_4b_3b_2b_1$	$b_7b_6b_5$							
	000	001	010	011	100	101	110	111
0000	NUL	DLE	SP	0	@	P	、	p
0001	SOH	DC	!	1	A	Q	a	q
0010	STX	DC	"	2	B	R	b	r
0011	ETX	DC	#	3	C	S	c	s

$b_4b_3b_2b_1$	$b_7b_6b_5$							
	000	001	010	011	100	101	110	111
0100	EOT	DC	$	4	D	T	d	t
0101	ENQ	NAK	％	5	E	U	e	u
0110	ACK	SYN	&.	6	F	V	f	v
0111	BEL	ETB	'	7	G	W	g	w
1000	BS	CAN	(	8	H	X	h	x
1001	HT	EM	)	9	I	Y	i	y
1010	LF	SUB	*	:	J	Z	j	z
1011	VT	ESC	+	;	K	[	k	{
1100	FF	FS	,	<	L	\	l	|
1101	CR	GS	-	=	M	]	m	}
1110	SO	RS	.	>	N	^	n	~
1111	SI	US	/	?	O	-	o	DEL

2. 汉字的编码表示

汉字在计算机内也采用二进制的数字化信息编码。由于汉字的数量大,显然汉字编码比 ASCII 码表示要复杂得多,汉字的象形文字的特点,使得不能通过几个基本的符号组合来表示汉字。在一个汉字处理系统中,汉字输入、内部处理、汉字输出对汉字编码的要求不同,所用代码也不相同,因此分为输入码、机内码、地址码、字形码。汉字信息处理系统在处理汉字词语时,要进行输入码、国标码、内码等一系列汉字代码转换。各种代码之间的关系如图 2-7 所示。

图 2-7　各种汉字处理过程中代码之间的关系

1) 国标码

1981 年,我国制定了《中华人民共和国国家标准信息交换汉字编码》(GB2312—1980标准),这种编码称为国标码,是用两个字节表示汉字的编码。在国标码字符集中共收录了汉字和图形符号 7445 个,其中一级汉字 3755 个,二级汉字 3008 个,西文和图形符号682 个。

国标规定,所有的国标中汉字和符号组成一个 94×94 矩阵。在此矩阵中,每一行称为一个区(区号 01~94),每个区内有 94 位(位号 01~94)的汉字字符集。一个汉字所在的区号和位号简单组合在一起就构成了这个汉字的区位码。例如,汉字“啊”处于 16 区的01 位,则其区位码为 1601。国标码采用两个字节表示,它与区位码的关系是:国标码高位字节＝（区号）$_{16}$＋（20）$_{16}$，国标码低位字节＝（位号）$_{16}$＋（20）$_{16}$。

例 2.8   汉字中"熊"的区位码是十进制"4860"，区号是"48"，位号是"60"。转换为国标码后代码是什么？

解答：区号（48）$_{10}$＝（30）$_{16}$ 对应国标码高字节两位：30H＋20H＝50H

位号（60）$_{10}$＝（3C）$_{16}$ 对应国标码低字节两位：3CH＋20H＝5CH

因此转换为国标码为 505CH。

2）机内码

机内码是在计算机内部加工处理、传输而统一使用的表示汉字的代码。汉字机内码和国标码的关系是将国标码中两个字节的高位置为 1，则变成了机内码，这样做的原因是为了和 ASCII 码表示的字符区别开（ASCII 字符占一个字节，最高位为 0）。

例 2.9   例 2.8 中汉字"熊"的国标码转换为机内码是什么？

解答：根据例 2.8，知道该汉字国标码为 505CH。

机内码高字节＝50H＋80H＝D0H

机内码低字节＝5CH＋80H＝DCH

因此，机内码是 D0DCH。

3）其他汉字编码方案

1995 年在 GB2312 基础上扩展了繁体字部分，形成 GBK 编码。GBK 也是常见的汉字编码之一，它与 GB2312 和 ASCII 是兼容的，所以，GB2312 和 GBK 也称为 ASCII 兼容字符集（ANSI），可以通过记事本的"保存"对话框看到 Windows 支持的不同编码。GBK 共收录了 21 004 个汉字（包括简体和繁体），是字库庞大的输入法的首选编码。为了适应计算机的应用发展和和国际标准接轨，后续又发布了多个国家汉字编码标准。

（1）GB18030。分别以单字节、双字节和四字节进行编码，兼容了 GBK 和 GB2312，也支持繁体中文。它是我国继 GB2312—1980 和 GB13000—1993 之后最重要的汉字编码标准，是我国计算机系统必须遵循的基础性标准之一。

目前，GB18030 有两个版本：GB18030—2000 和 GB18030—2005。

GB18030—2000 是 GBK 的取代版本，它的主要特点是在 GBK 的基础上增加了 CJK 统一汉字扩充 A 的汉字，GB18030—2000 编码标准是由信息产业部和国家质量技术监督局在 2000 年 3 月 17 日联合发布的，并且作为一项国家标准在 2001 年 1 月正式强制执行，仅规定了常用非汉字符号和 27 533 个汉字（包括部首、部件等）的编码。

GB18030—2005 的主要特点是在 GB18030—2000 基础上增加了 CJK 统一汉字扩充 B 的汉字。2005 年发布的 GB18030—2005 在 GB18030—2000 的基础上增加了 42 711 个汉字和多种我国少数民族文字的编码，增加的这些内容是推荐性的。原 GB18030—2000 中的内容是强制性的，市场上销售的产品必须符合。故 GB18030—2005 为部分强制性标准，自发布之日起代替 GB18030—2000。因此，GB18030—2005 是容量更大的汉字标准。

世界上许多国家和地区从方便本国和民族应用的角度出发，制定了相应的编码标准和内码体系，如日本的 JISX 0208 和 JIS X 0212、韩国的 KS C 5601 和 KS C 5657 等，这是国际上采用的通行惯例。制定 GB18030 同样符合国际惯例，它全面兼容 GB2312，在字汇上兼容 GB13000.1，可以充分利用已有资源，保证不同系统间的兼容性，最大限度地共享资源,为我国软件产业留有巨大的发展空间。可以相信,GB18030 的实施将有利于国产软件的发展并形成规模,使我国的中文信息技术再上一个台阶。

（2）Big5 码和 Unicode 编码。除了上述国标外,还有其他组织发布的汉字编码标准,例如,Big5 码和 Unicode 码。Big5 即通常说的大五码,是港台地区使用的繁体中文编码规格。

Unicode 也是一种字符编码方法,不过它是由国际组织设计,可以容纳全世界所有语言文字的编码方案。Unicode 的学名是"Universal Multiple-Octet Coded Character Set",简称为 UCS。UCS 可以看作"Unicode Character Set"的缩写。历史上存在两个试图独立设计 Unicode 的组织,即国际标准化组织（ISO）和一个软件制造商的协会（unicode.org）。ISO 开发了 ISO 10646 项目,Unicode 协会开发了 Unicode 项目。1991 年前后,双方都认识到世界上不需要两个不兼容的字符集,于是它们开始合并双方的工作成果,并为创立一个单一编码表而协同工作。从 Unicode 2.0 开始,Unicode 项目采用了与 ISO 10646-1 相同的字库和字码。目前两个项目仍都存在,并独立地公布各自的标准。

4）字形码

汉字字形码用于汉字输出时产生汉字字形。**有两种显示字形的方法：点阵和矢量。**

随着汉字点阵字形和格式的不同,汉字字形码也不同,表现为不同的"字体"。字库中存储了每个汉字的点阵代码,当显示输出时才检索字库,输出字模点阵得到字形。例如,宋体是中文系统的默认字体,如果其他字体对某些字缺少字模,系统会调用宋体来表示出字形。那么点阵字形码是怎么存储汉字字形的呢?

如图 2-8 所示是一个 16×16 点阵的汉字"中",则一个汉字占 16 行,每一行 16 个点,其中每一个点用一个二进制数 0 或 1 表示,"0"表示没有笔形,"1"表示有笔形。16×16 点阵表示的汉字,每一个汉字占 16×16b/8b=32B。除此之外,还可以用 24×24,32×32,48×48 的点阵表示一个汉字。当然,点阵的规模越大,字形描述越精细,但随着汉字所占的字节数越多,将来汉字字库越大。

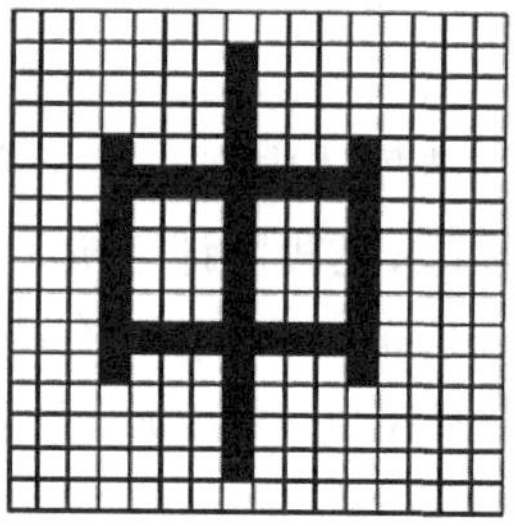

矢量表示方式存储的是描述汉字字形的轮廓特征,当要输出汉字时,根据计算,按照特征输出所需字形。

图 2-8 汉字点阵中的"中"

汉字在显示和打印输出时,是以汉字字形信息表示的,即以点阵的方式形成汉字图形。汉字字形码是指确定一个汉字字形点阵的代码（汉字字模）,一般采用点阵表示字形。如果是一个 16×16 的汉字字模,则要用 32B 来存储一个汉字的字形码。国标码中 6763 个汉字及符号码要用 261 696B 存储。所有汉字字形信息构成的集合为汉字字库。

点阵和矢量表示的区别：点阵形式存储、编码简单,可以不需要转换直接输出,但字形放大会效果差;矢量方式正好相反,由于存放的是字形特征,可以根据需要放大输出,效果好。

5）汉字外码

汉字外码是汉字输入计算机的时候采用的编码。每一个输入码都与对应的输入方案有关。根据不同的输入编码方案不同,一般可分为音码类（如拼音编码）、形码类（如五笔字形)及音形混合码等。近年来,汉字输入又出现了新的方式,例如,语音输入和手写输入等,计算机专家一直在不断研究和发展各种方便的新的输入技术。

2.1.6 计算机中图形和图像的表示

1. 图形和图像

图形是用计算机图形软件绘制的,由点和线等图形元素组成的图片,构成这些图形的元素是一些点、线、矩形、多边形、圆和弧线等,它们都是通过数学公式计算获得的,被称为矢量图形。矢量图形文件中存储的是描述图形中每个图形元素特征的指令,包括元素的位置、大小、形状和颜色。因此,矢量图形文件的优点是能够缩放和移动图形中的各个元素而不失真,而且它们占用的存储空间很小。

图像是通过数字设备从现实世界获取的图像,称为采样图像、点阵图像或位图图像,其颜色连续变化。位图文件存储了描述构成图像的每个像素的亮度、颜色和其他特征的信息。位图文件的大小和分辨率与所用存储格式支持的颜色类型有关。由于存储的信息是构成图像的像素信息,因此位图文件在放大和缩小时可能会失真,通常比矢量文件占用更多的存储空间。用于从现实世界获取数字图像的常见设备包括扫描仪、数码相机、摄像机、照相机、智能手机等。图 2-9 显示了图形和图像。

(a) 位图图像-小狗   (b) 矢量图-喇叭花   (c) 点和线构成的矢量图

图 2-9　图形和图像

现实中的图像需要通过数字图像获取设备获取。数字图像获取设备将现实的景物获取并以图像格式文件的形式存储、输入到计算机内。设备可分为 2D 和 3D 图像获取设备,2D 图像获取设备只能对图片或景物的 2D 投影进行数字化,如扫描仪、数码相机等。3D 图像获取设备能获取包括深度信息在内的 3D 景物的信息,如 3D 扫描仪等。

图像获取和数字化的过程如图 2-10 所示。图像数字化的过程涉及对图像的扫描采样、分色、取样、量化和编码过程。

2. 图像的表示方法和主要参数

从图像获取过程得知,数字化后的图像由 M 行×N 列个取样点组成,每个取样点是组成取样图像的基本单位,称为**像素**。彩色图像的像素是一个矢量值,由多个彩色分量组成,黑白图像的像素只有一个亮度值。单色图像在计算机中用一个矩阵表示,彩色图像在

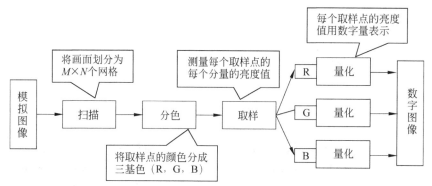

图 2-10　图像获取和数字化的过程

计算机中用一组(一般是 3 个)矩阵表示。矩阵的行数称为图像的**垂直分辨率**,列数称为图像的**水平分辨率**,矩阵中的元素是像素颜色分量的亮度值,使用整数表示,一般是 8～12 位。图像的描述信息可以用图像分辨率、颜色模型、像素深度表示。图像的大小用**图像的分辨率**来表示(垂直分辨率×水平分辨率)。**颜色模型**指彩色图像所使用的颜色描述方法,常用颜色模型有:RGB(红,绿,蓝)、YUV(亮度,色度)等。**像素深度**即像素的所有颜色分量的位数之和,它决定了不同颜色(亮度)的最大数目。那么,记录一幅图像的数据的计算方式如下,单位为 B。

图像数据量＝图像水平分辨率×图像垂直分辨率×像素深度/8

例 2.10　640×480 分辨率的 32 位真彩色的一幅图片的大小怎么计算?

答案: 640×480×4＝1 228 800(B)

1 228 800÷1024÷1024＝1.171 875MB

3. 图像的压缩技术

通过上述例子可以看出,图像不经过压缩数据量是很大的,所以通常图像在传输和存储时是需要压缩的。图像数据压缩可以减少传输和存储的数据量,这种技术也可能实现,主要原因有:数字图像中的数据相关性很强,冗余度大;人眼视觉有一定局限性,即使压缩图像有失真,只要限制在人眼允许的误差范围之内,也是允许的。数据压缩按照复原后有无数据的损失分为无损压缩和有损压缩。无损压缩指重建后图像与原始图像完全相同。有损压缩指重建后的图像与原始图像有一定的数据损失。图像压缩方法有很多,不同的方法适应于不同应用,在计算机中常常是多种压缩方法综合使用,为得到较高的数据压缩比,一般都采用有损压缩。

压缩编码方法优劣的评价参数和常见标准:压缩倍数的大小,即压缩前和压缩后数据量的比例;在有损压缩时**重建图像的质量;压缩算法的复杂程度**,这直接关连到压缩和解压缩的效率。图像压缩常见编码方法如下。

(1) JPEG 标准:ISO 和 IEC 两个国际组织联合制定了一个静止图像数据压缩编码的国际标准,称为 JPEG 标准。它的适用范围广泛,算法复杂度适中,算法软硬件都可以实现,压缩可以控制。还有一个 JPEG-2000 标准,采用了小波分析等先进算法,提供了更好的图像质量和更低的码率,更适合在网上传输时使用,兼容 JPEG。

（2）BMP 图像：是微软公司在 Windows 操作系统下使用的一种标准图像文件格式，属于无损压缩，因此图像数据量比较大。

（3）TIFF（Tagged Image File Format）：用于扫描和桌面出版。

（4）GIF（Graphics Interchange Format）：在网络上广泛使用的图片格式，颜色数目比较少（最多可表示 256 种颜色），文件比较小，适合保存矢量图片，适用于插图、剪贴画等色彩数目不多的图片，并且可以制作出动画效果图，在网页制作中大量使用。

2.2 计算机的系统组成

2.2.1 冯·诺依曼计算机结构

冯·诺依曼计算机指使用冯·诺依曼体系结构的电子数字计算机。1945 年 6 月，冯·诺依曼起草了《EDVAC 报告书一号草稿》（*First Draft of a Report on the EDVAC*），在这个报告中描述了在数字计算机内部的存储器中存放程序的概念（Stored Program Concept），即"冯·诺依曼体系结构"，按这一结构建造的计算机被称为冯·诺依曼计算机。

冯·诺依曼计算机基本构成和特点如下。

（1）五大部分组成，包括运算器、控制器、存储器和输入、输出设备。

（2）程序和数据以二进制代码的形式存放在存储器中。

（3）所有的指令都是由操作码和地址码组成；指令和数据以同等地位存储在存储器中，在其存储过程中按照执行的顺序，按照地址访问。计算机在运行时从存储器中取出指令并加以执行。

冯·诺依曼计算机广泛应用于数据的处理和控制方面，直到今天，大部分计算机的硬件结构仍然使用冯·诺依曼结构。如图 2-11 所示为冯·诺依曼计算机的逻辑结构。

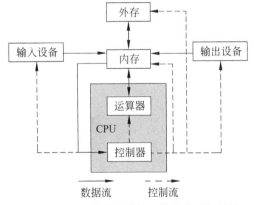

图 2-11 冯·诺依曼计算机的基本逻辑结构

1. 运算器

运算器又称算术逻辑单元（Arithmetic Logic Unit，ALU），是计算机对数据进行加工处理的部件，负责执行逻辑运行和算术运算，它的主要功能是对二进制数码进行加、减、乘、除等算术运算和与、或、非等基本逻辑运算,实现逻辑判断。运算器在控制器的控制下实现其功能,运算结果由控制器指挥送到内存储器中。

2. 控制器

控制器主要由指令寄存器、译码器、程序计数器和操作控制器等组成,控制器是用来控制计算机各部件协调工作,并使整个处理过程有条不紊地进行。它的基本功能就是从内存中取指令和执行指令,即控制器按程序计数器指出的指令地址从内存中取出该指令进行译码,然后根据该指令功能向有关部件发出控制命令,执行该指令。另外,控制器在工作过程中,还要接收各部件反馈回来的信息。**运算器和控制器合称 CPU**,如图 2-12 所示。

图 2-12 CPU

3. 存储器

存储器负责存储数据和指令。存储器具有记忆功能,是可按地址访问的存储信息的部件,用来保存信息,如数据、指令和运算结果等。一般地,存储器由若干个存储单元构成,一个存储单元由若干个存储位构成,一个存储位可以存放一个二进制的 0 或者 1。通常用 8 个存储位构成一个存储单元,称为字节。每个存储单元中的内容通常既可以读出也可以写入。每个存储单元有一个数字编码,称为这个单元的地址。按地址访问存储单元的内容是存储器的基本特性,存储单元的地址按照二进制编码,存储单元中的内容也是二进制表示形式。

存储器可分为两种:内存储器与外存储器。

1) 内存储器

内存储器也称主存储器(简称主存),它直接与 CPU 相连接,特点是:存储容量较小,速度快,用来存放当前运行程序的指令和数据,并直接与 CPU 交换信息。内存储器由许多存储单元组成,每个单元能存放一个二进制数,或一条由二进制编码表示的指令。内存的组成如图 2-13 所示。

内存 {
　RAM(随机存取存储器)
　ROM(只读存储器):通常信息
　只可读出,永久性保存信息

内存条

图 2-13 内存的组成部分和内存条

现在计算机内使用的是模块化的条装内存,简称内存条(见图 2-13),每一条上集成了多块内存电路。相应地,在主板上设计了内存插槽,这样,内存条就可随意拆卸了,或者插入更多的内存条扩展内存容量。内存的维修和扩充都变得非常方便。

RAM(Random Access Memory,随机存取存储器):内存重要构成部分,是与 CPU 直接交换数据的内部存储器。其特点是访问速度快,可以随时读写,不能长期保存数据,断电后数据丢失。

ROM(Read Only Memory,只读存储器):只能读不能写,其内部数据是在制造 ROM 时,就被存入并永久保存。其特点是信息只能读出,一般不能在线写入,计算机即使断电,这些数据也不会丢失。

内存的存储容量(主要是 RAM)指内存条的总容量,以 B 为基本单位,每字节都有自己的数字编号,称为"**地址**"。CPU 可通过数据总线和地址总线对内存进行按地址访问。

为了度量信息存储容量,引入了比比特(bit,b)更大的计数单位。

① 字节。将 8 位二进制码(8b)称为一个字节(Byte,B),即 $1B = 8b$。字节是计算机中数据处理和存储容量的基本单位。比字节更大的单位有:$1KB = 2^{10}B = 1024B$,$1MB = 2^{10}KB = 1024KB$,$1GB = 1024MB$,$1TB = 1024GB$。

② 字和字长。计算机处理数据时,**一次可以运算的数据长度称为一个"字"**。字的长度称为**字长**。一个字可以是一个字节,也可以是多个字节。常用的字长有 8b、16b、32b、64b 等。例如,某一类计算机的字由 4B 组成,则字的长度为 32b,相应的计算机称为 32 位机。

2)外存储器

外存储器(简称外存或辅存)又称辅助存储器,它是内存的扩充。外存存储容量大、价格低,但存储速度较慢,一般用来存放大量的需要长久保存的程序、数据和中间结果,需要时,可成批地和内存储器进行信息交换。常用的外存有磁盘、磁带、光盘等。

4. 输入设备和输出设备

人们通常把内存储器、运算器和控制器合称为计算机主机,而把运算器、控制器作在一个大规模集成电路块上称为**中央处理器**,又称 **CPU**(Central Processing Unit)。也可以说主机是由 CPU 与内存储器组成的,而主机以外的装置称为外部设备,外部设备包括输入/输出设备、外存储器等。

输入/输出设备简称 I/O(Input/Output)设备。用户通过输入设备将程序和数据输入计算机,输出设备将计算机处理的结果(如数字、字母、符号和图形)显示或打印出来。常用的输入设备有:键盘、鼠标、扫描仪、数字化仪等。常用的输出设备有:显示器(见图 2-14)、打印机、绘图仪等。

图 2-14　CRT、LCD 和等离子显示器

2.2.2　多级存储体系

现代的计算机主流仍然是属于冯·诺依曼体系。从 2.2.1 节介绍的计算机结构中可以看出,存储器在整个结构中占据重要的地位。存储程序原理的作用使得访问存储器的操作约占 CPU 时间的 70%。存储管理的好坏影响整体系统效率。现代信息处理技术,如图像处理、数据库、知识库、语音识别等应用需要大量数据进行存储,这些应用对存储系统的要求更高。因此,我们希望拥有一个速度快、容量大,从经济效率上来看还需要成本低的存储系统。

这些目标是不是能够同时满足呢?通常来说,速度快就需要更高级的技术,那么成本显然会增多,需要大容量的存储也会增加整体成本。这三个目标天然上并不是能够同时满足的,那么下面来看一下计算机系统中是如何解决这些问题的。

1. 存储设备的分类

不同存储设备具有不同特性,例如,内存中 RAM 的特点是速度快、容量小,但是外存的磁盘是容量大、速度慢。此外,在数据永久性方面,存储设备的特性也是不同的,如图 2-15 和图 2-16 所示。

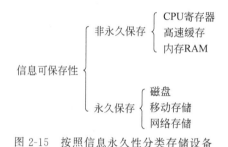

图 2-15　按照信息永久性分类存储设备

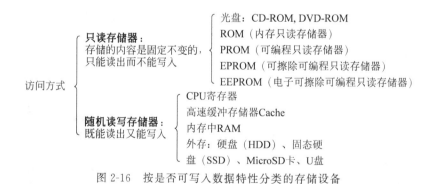

图 2-16　按是否可写入数据特性分类的存储设备

(1) 内存(Memory)。

内存是计算机中的一种重要存储器,功能是存放指令和数据。内存中主要是由 RAM 构成。

它的特点总结如下。

① 快速访问:内存速度比其他存储器快得多,可以帮助计算机处理数据。

② 不能长期保存数据：内存的数据在断电后将不存在，因此需要定期存储到硬盘或其他长期存储设备。

③ 高密度：内存的存储密度比其他存储设备高，因此可以在更小的空间内存储更多的数据。

④ 可扩展性：内存的容量可以通过增加内存模块的数量来扩展。

⑤ 可直接存取：内存可以让 CPU 直接访问，因此可以快速访问数据。

总的来说，内存是计算机系统中不可缺少的一部分，因为它可以提高系统的运行速度和效率。构成内存的单元和部件如下。

① 存储单元：内存中的每个单元都可以存储一个字节（8 位）的数据。

② 地址总线：控制内存访问的总线，通过地址总线告诉内存存储数据的位置。

③ 数据总线：传输内存中的数据，并将数据从内存传输到处理器。

④ 控制器：负责管理内存的读写，并通过地址总线和数据总线与处理器进行通信。

⑤ 接口：将内存插入到计算机系统中，并提供与处理器的连接。

内存可以是 DRAM（动态随机存储器）、SRAM（静态随机存储器）等不同类型的存储器，但它们的构成原理和功能基本相同。

（2）高速缓冲存储器 Cache。

高速缓冲存储器（Cache Memory）是一种高速、高效的存储器，通常位于内存和 CPU 之间。计算机系统中引入 Cache 的**主要目的就是加速 CPU 访问内存的速度**，从而提高系统的性能。高速缓冲存储器是由一些访问速度非常快速的内存单元组成的，例如 SRAM。它通常比主内存存储器快得多，因此可以把经常使用的数据存储在高速缓存存储器中，以避免不必要的主存存储器访问，**其特点是容量较小、速度快、信息不能永久保存**。

高速缓冲存储器现在通常是分层的，可分为 L1、L2 和 L3 缓存。每层缓存都有其自己的容量和速度，L1 缓存通常是最快、最小的，而 L3 缓存通常是最大、最慢的。当 CPU 试图访问内存中的数据时，它首先会检查 L1 缓存，如果找不到数据，它将检查 L2 缓存，以此类推，直到找到数据为止，如图 2-17 所示。

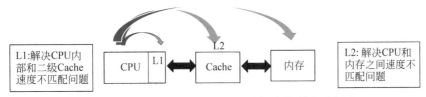

图 2-17　采用两级 Cache 的 CPU 访问内存顺序示意图

为什么在计算机里面可以用 Cache 这种缓存技术，来提高 CPU 访问数据的速度呢？这是因为存在程序访问的局部性原理。

程序访问局部性原理是指程序在执行时呈现出局部性规律，即在一段时间内，整个程序的执行仅限于程序中的某一部分。它包括以下两种类型。

① **时间局部性**：是指如果程序中的某条指令一旦执行，则不久之后该指令可能再次被执行，主要是因为程序中存在循环执行。

② **空间局部性**：是指一旦程序访问了某个存储单元，则不久之后，其附近的存储单元也将被访问。因为指令通常是顺序存放、顺序执行的，数据一般也是以向量、数组等形式簇聚地存储在一起的

例如，编写代码实现存在数组 array 中的所有数求和。

如图 2-18 所示，这是用数组实现计算求 $1+2+\cdots+10$ 的和的程序流程图。

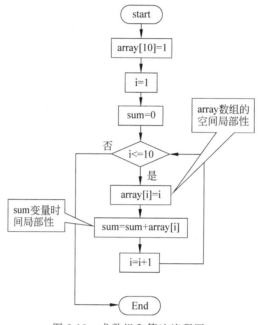

图 2-18　求数组和算法流程图

从这个流程图来看，里面有两个主要变量：sum 和 array。这个程序的主要部分是一个循环结构，可以看到，变量 sum 在每次循环结构被执行的时候都会被重复访问，执行 sum＝sum＋array[i] 这条指令。所以 sum 符合上面提到的时间局部性，访问一次后还会被继续访问到，但是它不存在空间局部性。

相反，在循环中 array 数组中的每个元素只被访问一次，每一次访问的是上一次访问过的数组元素紧挨的下一个元素，因为数组中元素的存储是连续的，所以 array 数组变量符合上面提到的空间局部性，但是不存在时间局部性。

使用高速缓冲存储器可以有效地提高系统性能，因此它是一种非常重要的存储器组件。

（3）外存。

计算机系统的外存主要由硬盘构成。硬盘是一种长期存储计算机数据的存储设备。它通常是一个固定磁盘，内置于计算机的硬件系统中，用于存储系统文件、应用程序和用户数据。

外存的特点：可以存储大量数据，可以长期保存数据且不受电源关闭或重新启动的影响，速度较慢，单位价格低。

硬盘的容量可以从几十 GB 到数千 GB，取决于硬盘类型和容量。硬盘是计算机系统

中重要的存储组件,可以保证计算机系统的稳定性和完整性。因此,硬盘的容量和数据安全性是评估计算机系统的关键因素。

2. 多级存储体系

不同存储器的性能在容量、速度、价格指标上存在差异,因此,出现了多级存储体系,它是指将多级存储器结合起来的一种方式。

在一个计算机系统中,对存储器的容量、速度和成本这三个基本性能指标都有一定的要求:存储容量应确保各种应用的需要,存储器速度应尽量与 CPU 的速度相匹配并支持 I/O 操作,存储器的价格应比较合理。

然而,这三者经常是互相矛盾的。例如,存储器的速度越快,则每位的价格就越高;存储器的容量越大,则存储器的速度就越慢。按照现有的技术水平,仅采用一种技术组成单一的存储器是不可能同时满足这些要求的。只有采用由多级存储器组成的存储体系,把几种存储技术结合起来,才能较好地解决存储器大容量、高速度和低成本这三个指标之间的矛盾。

从图 2-19 中可以看出,为了优化存储系统的性能,计算机系统中设计了多级存储器系统,它主要是由 CPU 内部寄存器、多级高速缓冲存储器、内存和外存构成。

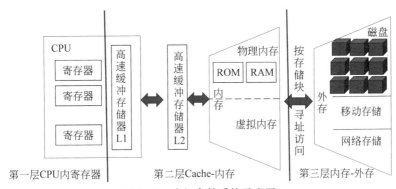

图 2-19　多级存储系统示意图

(1) 最内层是 CPU 中的通用寄存器。

很多运算可直接在 CPU 的通用寄存器中进行,减少了 CPU 与内存的数据交换,很好地解决了速度匹配的问题,但通用寄存器的数量是有限的,一般为几个到几百个,如 Pentium CPU 中有 8 个 32 位的通用寄存器。

(2) 第二层 Cache-内存。

高速缓冲存储器(Cache)通常设置在 CPU 和主存之间,也可以放在 CPU 内部或外部。其作用也是解决内存与 CPU 的速度匹配问题。Cache 的速度要比主存高 1~2 个数量级。由主存与 Cache 构成的"Cache-主存"存储层次,从 CPU 来看,它具有接近于 Cache 的速度与内存的容量,并有接近于内存的每位价格的特点。通常,Cache 还分为一级 Cache 和二级 Cache。

(3) 第三层内存-外存。

以上两层仅解决了速度匹配问题,存储器的容量仍受到内存容量的制约,长久保存数据的要求也没有得到满足。因此,在多级存储结构中又增设了外存(主要由磁盘构成)。随着操作系统和硬件技术的完善,内存和外存之间的信息传送均可由操作系统中的存储管理部件和相应的硬件自动完成,从而构成了内存-外存的价格,从而弥补了内存容量不足的问题。

多级存储体系是一个整体。从 CPU 看来,这个整体的速度接近于 Cache 和寄存器的操作速度,容量是外存的容量,每位价格接近于外存的位价格,从而较好地解决了存储器中速度、容量、价格三者之间的矛盾,满足了计算机系统的应用需要。

2.2.3 计算机基本工作原理

1. 计算机系统组成

完整的计算机系统应该包括两大部分:**硬件系统和软件系统**,如图 2-20 所示。

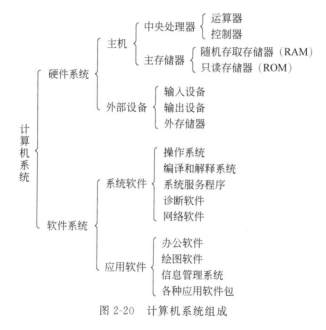

图 2-20 计算机系统组成

硬件系统是组成计算机系统的所有物理设备的总称,计算机硬件系统包括主机和外部设备,例如,中央处理机、存储器、输入和输出设备等,它构成了系统本身和用户作业赖以活动的物质基础和工作环境。主机包括 CPU 和主存储器,外部设备包括输入设备、输出设备和外存储器。

软件是指用某种计算机语言编写的程序、数据和相关文档的集合。计算机软件通常包括系统软件和应用软件。系统软件是用于对计算机进行管理、控制、维护或者编辑、制作、加工用户程序的一类软件,如操作系统、多种语言处理程序(解释程序和编译程序等)、连接装配程序、系统服务程序、多种工具软件等;应用软件是为特定应用编制的程序,是用来解决各种实际问题,进行业务工作,或者生活及娱乐相关的软件。应用软件类型根据应用不同,种类较多,例如,办公软件、绘图软件、财务软件、售票系统等。

2. 计算机的工作原理

计算机的工作就是按照预先编制好的程序自动执行操作的过程。程序是指令的序列。指令是能被计算机识别并执行的二进制代码,该代码表示了计算机能完成的某一种操作。例如,加、减、乘、除都是基本操作,分别对应不同的指令代码来实现。

计算机的指令是用二进制代码表示,指令长度是指组成二进制指令代码的位数。一条指令通常用两个部分组成,如图 2-21 所示。

(1)操作码:指明该指令要完成的操作类型,例如是取数还是赋值等。操作码的位数决定了一个指令系统的指令条数。

(2)操作数:是具体操作的对象,通常指出操作对象(数据)在内存中的地址或者是直接数据。

一台计算机的所有指令集合就构成了**指令系统**。不同类型计算机的指令系统通常是不同的。计算机可以完成非常复杂的工作,但是任何所能完成的工作都最终转换成若干有限的指令的集合,通过按照设定的顺序执行这些指令从而最终完成这项工作。

程序是指能完成一定功能的指令序列,即程序是计算机指令的有序集合。因此,计算机程序的执行就是按照程序设定的顺序依次执行指令,并完成对应的一系列操作的过程。计算机的基本工作就是快速地执行指令过程。根据冯·诺依曼计算机体系结构的设计可知,当计算机在工作的时候,存在三种信息:**数据流**、**控制流**、**指令流**。

数据流包括:原始数据,中间结果,最终结果等。控制流是由控制器对指令进行分析,解释后向相关部件发出的控制命令,指挥各部件协调一致工作。

CPU 的基本工作是执行预先存储的指令序列(即程序)。程序的执行过程实际上是不断地读指令、解码指令、执行指令的过程,如图 2-22 所示。

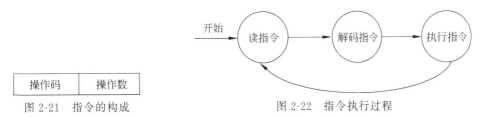

操作码	操作数

图 2-21 指令的构成   图 2-22 指令执行过程

(1)读指令:CPU 从存放程序的主存储器里取出一条指令。

(2)解码指令:CPU 识别指令的类型和操作。

(3)执行指令:CPU 根据指令的类型和操作执行相应的计算,并根据指令的结果更新相应的寄存器值。

(4)循环执行:CPU 持续循环执行以上步骤,直到程序结束。

指令执行是计算机系统的核心过程,决定了系统的运行速度和效率。

3. 流水线技术

早期运行程序的过程就是依次执行指令的过程,即串行执行指令,在任何时刻只能执行一条指令,见图 2-23。为了提高 CPU 执行指令的效率,采用了流水线技术,它通过分解单个指令的执行过程,并行处理多个指令,从而加快指令执行速度,见图 2-24。

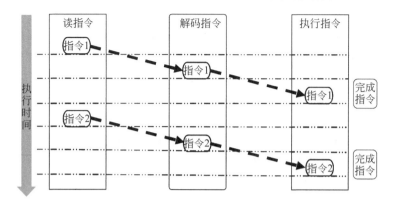

图 2-23 指令串行执行过程示意图

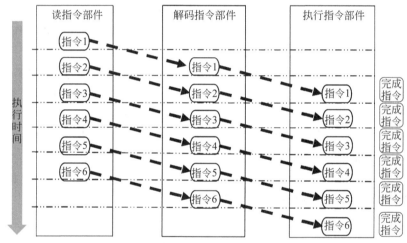

图 2-24 指令流水线执行过程示意图

指令流水线技术：指在程序执行时多条指令重叠进行操作的一种准并行处理实现技术。流水线是 Intel 首次在 486 芯片中开始使用的的。在 CPU 中由 5～6 个不同功能的电路单元组成一条指令处理流水线,然后将一条指令分成 5～6 步后再由这些电路单元分别执行,这样就能实现在一个 CPU 时钟周期完成一条指令,因此提高了 CPU 的运算速度。

指令流水线的工作原理如下。

(1) 分解指令执行过程：将指令执行过程分解为多个独立的阶段,如读指令、解码指令、执行指令等。

(2) 并行处理多个指令：在每个阶段,同时处理多个指令,从而加快指令执行速度。

(3) 连续执行指令：指令流水线的多个阶段不断进行,从而连续执行指令。

指令流水线的优点：提高 CPU 性能,减少 CPU 内部延迟。然而,指令流水线也存在一些困难,如流水线控制复杂、流水线抖动等。因此,指令流水线需要解决这些困难,以更有效地提高处理器性能。

2.3 一个简单加法器的实现

这一节来看看在硬件上如何实现计算。回顾莱布尼茨之梦,他希望建立一种"符号系统",通过符号演算,就可以确定句子间的逻辑关系。科学家们进行了多年的探索,制造计算工具,包括各种机械式的计算机、现代的电子计算机,希望实现计算的自动化。那么计算机内部是如何将符号运算用电路的方式实现的呢?

2.3.1 计算机只懂 0 和 1

计算机内部的数据表示基本单位是二进制,基本符号是 0 和 1。它们是计算机中所有数据表示的基础,这里的基本思维就是**语义符号化**,即现实世界的信息所表示的语义都用符号系统来表达,然后基于符号进行计算的一种思维。在计算机中采用的就是基于 0 和 1 的符号系统。计算机只懂得 0 和 1,当然不是说它不知道 2,3,4 等,而是表示人们理解和创造的数字、字符、逻辑对计算机来说都是用 0 和 1 的符号来表示的,表示的方法基本是编码表示法。此外,最终人们看到的计算和逻辑推理运算都必须使用数字电路来存储、提取、处理、计算和展示。

数字电路采用二进制的好处:由于基本符号只有两个,因此和其他进制相比,电路实现简单、可靠性强、元器件容易实现,且计算规则简单。例如,高电平就可以代表 1,低电平就可以代表 0,即用两个可以区分出来的电平就可以表示出 0 和 1 两种符号。如果采用十进制,那基本符号就得用 10 个不同的电平来表示,容易出错。前面学习过二进制的加法,它要实现的规则只有 4 个,如图 2-25 所示。而人们日常使用的十进制的加法规则有 55 个。数学上的 1+1 等于 2,在计算机里面并不是计算机自己算出来的,而是规定它一定要算出这个结果,即当实现基本加法运算时,如果在实现电路的输入端输入信号 1 和 1 时,在输出端要获得电信号 10,而要实现二进制的加法的运算器,电路上只要满足 4 种输入和输出关系即可。因此规则简单就意味着实现这些基本运算规则的电路简单。

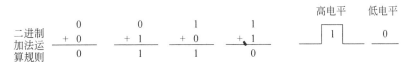

图 2-25 二进制加法规则和 0/1 的电路表示符号

因此 1+1 等于 2,并不是计算机自己算出来的,而是人们通过电路实现加法的所有规则,规定它一定算出这个结果。

二进制和十进制一样,都是一种记数系统,它们在记数功能上是等价的。除了它使用的基本符号只有 0 和 1 外,二进制中的算术运算就像十进制中的算术运算过程一样。所以只是需要更多的位数来表达相同的十进制中的数值。同理,如果采用更多的位数,就可以表示更多的数值,或者是表示更多其他类型的数据。

2.3.2　基本逻辑运算的实现

1. 基本逻辑运算的实现

前面了解过布尔运算,通过这些布尔运算中定义的基本运算,可以用数学公式完成复杂的人类推理过程,进而可以被计算机自动实现推理。布尔运算定义了逻辑的基本运算规则:与、或、非和异或。逻辑运算的结果只有两个值"真"或者"假",用二进制可以很方便地表示这两个符号。通常用二进制"1"表示逻辑"真"值,用二进制"0"表示逻辑"假"值,这里的二进制符号 1 和 0 不再代表数值,而表示了另外的含义。下面是这些运算对应的规则。

(1)"与"运算(AND):当两个运算对象 X 和 Y 都为真时,X AND Y 也为真;其他情况,X AND Y 均为假。

(2)"或"运算(OR):当两个运算对象 X 和 Y 至少其中一个为真值时,X OR Y 结果为真;当 X 和 Y 都为假时,结果为假。

(3)"非"运算(NOT):非运算只需要一个运算对象 X。当 X 为真时,NOT X 为假;当 X 为假时,NOT X 为真。

(4)"异或"运算(XOR):当两个运算对象 X 和 Y 的值相反时,X XOR Y 结果为真;其他情况 X XOR Y 结果都为假。

如果用 0 和 1 表示"真"或"假",这些基本运算的规则可以用如表 2-4 所示形式表示。

表 2-4　基本逻辑运算规则

"与"运算 AND	$\dfrac{0 \ \text{AND} \ 0}{0}$	$\dfrac{0 \ \text{AND} \ 1}{0}$	$\dfrac{1 \ \text{AND} \ 0}{0}$	$\dfrac{1 \ \text{AND} \ 1}{1}$
"或"运算 OR	$\dfrac{0 \ \text{OR} \ 0}{0}$	$\dfrac{0 \ \text{OR} \ 1}{1}$	$\dfrac{1 \ \text{OR} \ 0}{1}$	$\dfrac{1 \ \text{OR} \ 1}{1}$
"非"运算 NOT	$\dfrac{\text{NOT} \ 0}{1}$		$\dfrac{\text{NOT} \ 1}{0}$	
"异或"运算 XOR	$\dfrac{0 \ \text{XOR} \ 0}{0}$	$\dfrac{0 \ \text{XOR} \ 1}{1}$	$\dfrac{1 \ \text{XOR} \ 0}{1}$	$\dfrac{1 \ \text{XOR} \ 1}{0}$

用电路实现这些运算时,其实是按照它们规则中的输入信号和输出信号对应关系来设计的。

基本逻辑运算可以用开关和电路连接来实现,例如,在图 2-26 中,用开关的连接和断开表示输入信号,灯泡的亮和灭表示输出,则 L 和 A,B 构成的电路可以表示与、或、非三种运算关系。

如果要验证上面的电路图是不是正确地表示了各个逻辑运算的规则,可以用它们的真值表来进行逻辑功能的表示和验证。**真值表**是使用于逻辑中,特别是在连接逻辑代数、布尔函数和命题逻辑时的一类数学用表,用来计算逻辑表示式在每种逻辑输入取值的组

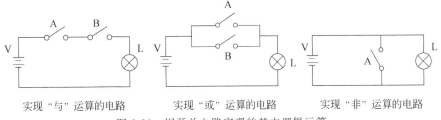

实现 "与" 运算的电路   实现 "或" 运算的电路   实现 "非" 运算的电路

图 2-26   用开关电路实现的基本逻辑运算

合上的值。

按照上面的由开关和灯泡构成的电路,开关 A 和 B 代表输入的两个变量,输出用灯泡 L 表示,它们的取值都只有两种状态,用 0 和 1 表示:开关连接上,电路接通,表示 1;开关断开,电路断开,表示 0;电灯泡 L 灯亮表示结果为 1,灯不亮表示输出结果为 0。则各个电路用 0 和 1 表示的真值表如图 2-27 所示。

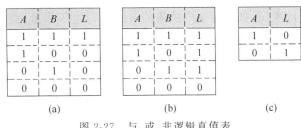

A	B	L
1	1	1
1	0	0
0	1	0
0	0	0

A	B	L
1	1	1
1	0	1
0	1	1
0	0	0

A	L
1	0
0	1

(a)   (b)   (c)

图 2-27   与、或、非逻辑真值表

1)"与"运算电路

电路中 A 和 B 两个开关是串联关系,所以仅当它们都闭合时,电路才能接通,灯 L 才会亮;其他情况下 L 都不会亮。这样就表示出"与"运算只有当输入都为"真"时,结果为真的逻辑关系。从真值表中对应的行中,也可以清楚地看到这种关系,当 A 和 B 都为 1 时,L 才等于 1。这个电路的真值表完美地对应上了"与"运算的各种输入和输出关系。

2)"或"运算电路

电路中 A 和 B 两个开关是并联关系,当 A 和 B 中有一个闭合或者两个均闭合时,灯 L 亮。所以在真值表上当 A 或者 B 的值有一个为 1 时,L 的值都为 1。所以 A,B 和 L 的关系是满足"或"运算规则的。

3)"非"运算电路

电路中只有一个开关 A,代表运算中只需要一个输入,开关和灯的关系是并联关系。当开关断开时,电流从灯泡流过,灯亮;当开关闭合时,电路从开关这一路导通,灯灭。其真值表如图 2-27(c)所示,由此可以总结出"非"运算的逻辑关系。

从上面的开关和电路实现的逻辑运算关系可以看出,计算机要实现某种运算,其实是把要实现的逻辑关系,按照它们计算的输入和输出的对应关系"表示"出来。

2. 电子元器件实现基本电路

前面实现逻辑运算的电路,相当于用机械的方式实现,现代计算机中用的是电子元器件和电路连接来实现这些基本运算。二极管和三极管可以实现电子开关的功能。

二极管是用半导体材料(硅、硒、锗等)制成的一种电子器件,它具有单向导电性能,就是只允许电流从一个单一方向通过,反向时则阻断。即给二极管阳极加上正向电压时,二极管导通;当给阳极和阴极加上反向电压时,二极管截止。因此,二极管的导通和截止,相当于开关的接通与断开,导通的时候输出高电平,截止的时候输出低电平,如图 2-28 所示。

数字信号表示二进制中的基本符号 0 和 1,用高电平表示 1,低电平表示 0。二极管的阻断和导通就可以表示 0 和 1。三级管和二极管的功能类似,也是一个电子开关,但是它是在二极管的基础上增加了一个栅极,通过栅极可以控制输出高电平(用 1 表示)或低电平(用 0 表示),则可以实现电子开关的控制功能。三极管还可以进行信号放大作用。

下面以二极管实现的或运算电路为例,来看一下用电子元器件如何搭建基本逻辑运算。如图 2-29 所示,A,B 端电路是并联关系,当 A,B 端有一个输入是高电平的时候,它们对应的电路上的二极管导通,则电流可以流过电阻 R,在输出端 F 测的是高电平。通常高电平是用 +5V 的电压,如果对这个搭建的电路进行电压测量,就可以得到它的电压表示的真值表,如图 2-30 所示。

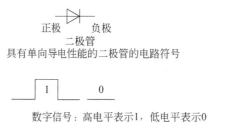

数字信号:高电平表示1,低电平表示0

图 2-28　数字信号与二极管电路符号表示

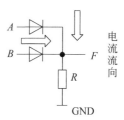

图 2-29　用二极管搭建的或运算电路

当 A,B 端有一端输入高电压 +5V 的时候,在输出端 F 测量的也是高电压。从它的电压真值表可以看到它的输入和输出关系。Vf 是二极管的导通电压,选用的下拉电阻 R 不同,导致流过二极管的电流不一样,所以这个 Vf 可能值为 0.1~0.7V。

如果用 0 和 1 表示电压,则从电压真值表得到 0/1 真值表,如图 2-31 所示。可以看出,0 和 1 表示的真值表符合或运算逻辑关系。同理,可以用二极管和三极管搭建满足其他运算逻辑关系的电路。这里对其他逻辑运算电路就不做介绍了,有兴趣的读者可以参考其他文献进行学习。

A	B	F
0V	0V	0
5V	0V	5~Vf
0V	5V	5~Vf
5V	5V	5~Vf

图 2-30　用电压表示的或电路真值表

注:Vf 是二极管的导通电压,可能范围为 0.1~0.7V

A	B	F
0	0	0
1	0	1
0	1	1
1	1	1

图 2-31　用 0 和 1 表示的或电路真值表

上面的电路是直接用二极管和电阻搭建的,现在的电子技术通常不再直接采用这些分立元件搭建电路,而是按照需要的基本逻辑功能,设计、实现封装电路——门电路,然后再基于门电路实现更复杂逻辑的电路。

2.3.3　层次化思维实现加法器

门电路是计算机中的基础组成部分,用于执行基本的逻辑运算,如与、或和非。加法器是由门电路组成的,它通过执行位运算来实现两个数字的加法。这个过程对理解计算机如何处理数字和运算是非常重要的。

了解用层次化思维如何从门电路构建加法器的过程可以帮助我们更好地理解计算机的内部工作原理,从而提高对计算机科学和技术的整体认识。这对于深入研究计算机科学、电子工程等相关领域是非常有帮助的。

1. 第一层:门电路

用以实现基本逻辑运算和复合逻辑运算的单元电路称为**门电路**,它是基本的逻辑电路。常用的门电路在逻辑功能上有与门、或门、非门、与非门、或非门、与或非门、异或门等几种,基本的逻辑关系有三种:与逻辑、或逻辑和非逻辑,对应的就是与门、或门和非门。门电路可以有一个或多个输入端,但只有一个输出端。门电路的实现可以用二极管、三极管、MOS 管和电阻等分立元件组成,也可以用集成电路实现,实际中经常用集成电路实现。将基本的元器件组装在一起,封装成实现基本逻辑功能的门电路。

封装是计算机中经常用到的一个词,例如,面向对象里面的类的概念,就用到了封装。它也不仅仅在计算机领域里使用。

封装指隐藏对象的属性和实现细节,仅对外公开接口。如果是软件上的封装,当封装的对象被其他对象使用的时候,其他对象只需要按照它提供的接口,传递参数进行调用;在电子技术领域,封装通常是指把生成处理的集成电路放在一块起承载作用的基板上,把管脚引出来,然后固定包装成为一个整体。

在生产中,企业经常只生产个别逻辑电路的门电路,例如,由于单一品种的与非门可以构成各种复杂的数字逻辑电路,而器件品种单一,给备件、调试都会带来很大方便,所以集成电路工业产品中并没有与门、或门,而是供应与非门,再用与非门搭建各种其他逻辑电路,但是这不影响后面直接用各种逻辑门电路讨论问题。

当使用门电路的时候,可以只关注它提供的功能,而不去管它的内部实现,用提供基本逻辑功能的门电路作为基石,搭建更为复杂功能的电路。有了与门、或门和非门等门电路这些基本单元,就可以用门电路来构建加法器等复杂电路,如图 2-32 所示是这些基本门电路的符号表示。

　　　"与"门电路符号　　　"或"门电路符号　　　"非"门电路符号　　　"异或"门电路符号

图 2-32　本书中基本门电路符号表示

2. 第二层：一位加法器的实现

接下来看一下如何完成加法功能。问题：二进制的 1＋1＝2 怎么算出来？根据 2.1 节的知识，1 位二进制的加法的计算规则如图 2-33 所示。

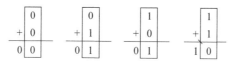

图 2-33　1 位二进制加法规则

从图 2-33 可以看出，这是二进制的 1 位加法，随着加法的进行结果输出是两个值，一个是加法后的结果值，称为和位；一个是进位值，称为进位。从中可以发现，和位的输入和输出关系符合"异或"逻辑的规则。所以可以用一个异或门来实现和位结果的输出。进位的值，根据输入和输出关系正好就是与逻辑。因此，二进制的 1 位加法器可以用一个与门和异或门来搭建，如图 2-34 所示。

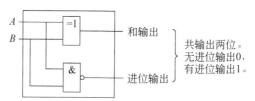

图 2-34　用门电路构建二进制 1 位加法器

这样，*A* 和 *B* 代表 1 位加法的两个输入，从和输出和进位输出可以得到加后的两个结果值。这样，用基本门电路就实现了一个逻辑上更为复杂的电路：1 位加法器。可以用同样的思路，将这个 1 位加法器电路进行封装，这样就有了一个可以实现二进制 1 位加法规则的器件：1-位加法器。此时是在更大规模上的第二次封装。

图 2-34 的 1 位加法器因为可以输出和位和进位值，所以也被称为 1-位**全加法器**。

3. 第三层：多位加法器的实现

只能做 1 位二进制加法计算的加法器在现实中毫无用处，但是我们至少知道了一个道理，计算机其实是不知道 1＋1＝2 的，是设计者设计了一系列的逻辑，设计电路实现的。如果要实现一个真正能用得上的加法器，起码得支持多位相加。接下来，用 1-位加法器构建实现二进制 4 位相加的加法器，对应十进制就是 16 以下的加法。

例如，一个 4 位加法运算，11＋6＝？如图 2-35 所示是它的二进制数的计算过程，从左到右显示了它的二进制数从个位开始的计算过程。

从图 2-35 中各个步骤可以看出，4 位加法计算中，不管是多少位相加，每一位对应的计算都是低位进位加上本位上两个数和的结果，然后同样输出两个值：和位值和向更高位进位值，然后在更高位重复这个过程。如果把所有位串起来累加，就可以设计出不管是指定多少二进制位的加法的电路逻辑。实现的思维依然是以基本逻辑电路搭建更复杂的逻辑电路，即用 1 位加法器作为基石搭建 4 位加法器。

$$
\begin{array}{r}
\Downarrow \\
1011 \\
+\ 0110 \\
\hline
1
\end{array}
\qquad
\begin{array}{r}
\Downarrow \\
1011 \\
+\ 0110 \\
\hline
01
\end{array}
\qquad
\begin{array}{r}
\Downarrow \\
1011 \\
+\ 0110 \\
\hline
001
\end{array}
\qquad
\begin{array}{r}
\Downarrow \\
1011 \\
+\ 0110 \\
\hline
10001
\end{array}
$$

本次运算进位为0   本次运算进位为1,   本次运算进位为1,   本次运算进位为1
下一步需要两个1   下一步需要两个1
相加   相加

图 2-35   两个 4 位二进制加法运算过程示意

之前的 1 位加法器在输入端没有考虑低位进位,接下来需要修改一下之前的电路,实现一个带进位的第 i 位加法运算器。第 i 位的输入端有三个,分别是对应 i 位上两个加数的值 A_i 和 B_i,还有第 $i-1$ 位对这一位的进位值 C_i,如果没有进位,则 C_i 为 0;S_i 表示第 i 位加法后结果,C_{i+1} 表示第 i 位加法产生的进位值。二进制第 i 位加法运算过程和它的输入和输出关系的真值表,如图 2-36 所示。

$$
\begin{array}{r}
A_i \\
B_i \\
+\ \ C_i \\
\hline
C_{i+1}\ \ S_i
\end{array}
$$

A_i	B_i	C_i	S_i	C_{i+1}
1	1	1	1	1
1	1	0	0	1
0	1	0	1	0
0	0	0	0	0

图 2-36   第 i 位加法运算过程和真值表

根据真值表可以用数学的方法分析,得到用基本逻辑运算实现的满足二进制的第 i 位加法运算规则的关系式,即输入 A_i、B_i、C_i 和输出 S_i、C_{i+1} 之间的关系用数学公式表示如下。

$$S_i = (A_i \ \mathrm{xor}\ B_i)\ \mathrm{xor} C_i \quad \text{和} \quad C_{i+1} = (A_i \ \mathrm{and}\ B_i)\ \mathrm{or}\ C_i$$

经过对前面实现的 1 位加法器的修改,可以得到输入端有低位进位的 1 位加法器的电路实现,如图 2-37 所示。

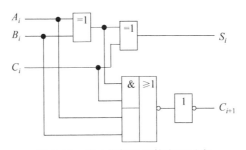

图 2-37   第 i 位加法运算实现示意

图 2-37 的 1 位加法器也是全加器,**接下来要用这个 1-位全加器实现 4-位全加器。**

根据之前对 4 位加法过程的分析,多位加法器本质上是:对应位加数和低位进位的累加和向更高位的进位。因此,把这个 1 位加法器封装起来作为基本单元,在理论上就可以实现 4 位二进制的加法器的设计和构建,如图 2-38 所示。

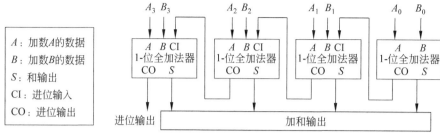

图 2-38　由 1-位全加法器组成实现的 4-位全加法器

如图 2-38 所示是实现两个 4 位二进制 A 和 B 相加的 4-位全加法器,实现方法是通过把 4 个 1-位全加法器串联起来。A_i 和 B_i 分别表示在第 i 位上 A 和 B 对应位的数值。1-位全加法器进行了封装,要相加的 1 位数值从输入端 A、B 输入;CI 是低位进位值输入端;CO 是输出端,输出向左边高位的进位值;S 是输出端,输出这一位加后的和值。

由于高位计算需要低位进位的值,所以计算的时候也是串联进行:从右向左依次进行计算。首先,右边最低位(第 0 位)开始计算,然后输出进位值的 C 作为第 1 位的 CI 的输入。第 1 位上的 1-位全加法器的输入有加数 A_1,B_1 和 C,分别从计算这一位的全加法器的 A、B、CI 输入,它对高位第 2 位的进位从 CO 输出,此时 CO 串联到了第 2 位上全法器的 CI,作为第二位 CI 的输入。以此类推,实现了 4 位二进制数相加的功能。

封装思维。有了这个 4-位全加法器,我们可以按照这个思路继续下去,构建更多位数的加法器。例如,将这里的 4-位全加法器再逻辑封装一下(隐藏内部结构,便于后续更复杂的设计),以这个 4-位全加法器为基本构成单元,继续串联,扩展成 8-位、16-位、32-位,64-位全加法器。

当然,这些逻辑在真正硬件实现的时候并不是这么简单的,因为串联结构,使得每一个第 n 位的计算结果必须等到第 $n-1$ 位上的进位计算结束才可以开始,为了提高效率,需要采取一些优化措施。此外,设计更复杂逻辑功能的模块在电路上可以通过布尔代数的规则进行简化,使得人们用肉眼难以发现的一些逻辑以更简单的方式进行实现。这些措施最终可以使得硬件电路在实现上更加高效和可靠,这部分的详细内容如果读者感兴趣,可以学习一下数字逻辑课程。

2.4　计算机编程语言

2.4.1　计算机语言的发展

1.概述

计算机编程语言是程序设计最重要的工具,它是指计算机能够接受和处理的、具有一定语法规则的语言。从计算机诞生,计算机语言经历了机器语言、汇编语言和高级语言几个阶段。

在所有的程序设计语言中,只有机器语言编制的源程序能够被计算机直接理解和执行,用其他程序设计语言编写的程序都必须利用语言处理程序"翻译"成计算机所能识别的机器语言程序。

计算机编程语言是编程的最重要的工具,它是一种具有一定语法规则的语言,计算机可以接受并处理。自从计算机诞生以来,计算机语言经历了几个阶段:机器语言、汇编语言和高级语言阶段。

在所有编程语言中,只有用机器语言编写的源程序可以被计算机直接理解和执行;用其他编程语言编写的程序必须被语言处理程序"翻译"成机器语言程序,才能被计算机识别。

2. 机器语言

机器语言是由"0"和"1"二进制代码按一定规则组成的、能被机器直接理解、执行的指令集合。

例如,计算 A＝9＋10 的机器语言程序如下。

```
10110000  00001001        :把二进制数值 9 放入累加器 A 中
00101100  00001010        :10 与累加器 A 中的值相加,结果仍放入 A 中
11110100                  :结束,停机
```

从上面的例子可以看出机器语言的优点和缺点。缺点:编程工作量大(因为机器指令的功能基本)、难学、难记、难修改;语言通用性差,不同计算机的指令系统不同,代码需要重新写。优点:代码不需要翻译,可以被计算机直接执行,所占空间少,执行速度快。

3. 汇编语言

汇编语言是用反映机器指令功能的助记符代替机器语言的符号语言。例如,用 ADD 表示加、SUB 表示减、JMP 表示程序跳转等。它允许程序员直接操纵计算机的硬件。它是机器语言的一种抽象,每一条指令都对应着一个机器指令。汇编语言的语法通常比机器语言更容易理解,但因为它是直接操纵硬件的,因此比高级语言要难以使用。

例如,计算 A＝9＋10 的汇编语言程序如下。

```
MOV  A,9          :把 9 存入累加器 A 中
ADD  A,10         :将 10 与累加器 A 的值相加,结果存入 A 中
HLT               :结束,停机
```

汇编语言优缺点:优点是克服了机器语言难读等缺点,保持了其编程质量高、占存储空间少、执行速度快的优点;缺点是仍然依赖于机器,通用性差。

汇编语言源程序必须通过汇编程序翻译成机器语言才能被计算机识别和执行,常用于过程控制等编程。

4. 高级编程语言

高级编程语言是指易于人类理解和使用的编程语言,具有更高的抽象级别和更简洁的语法。这些语言通常与计算机硬件和操作系统无关,允许开发人员更专注于解决问题,而不是编写低级代码。

高级编程语言对于软件开发来说是非常重要的,因为它们允许开发人员更快地开发

高质量的代码,而且更容易维护和扩展。

例如,计算 A=9+10 的 C 语言程序如下。

```
A=9+10;            :计算 9+10,结果存入变量 A 中
printf(%d", A)     :输出 A 的值
```

高级编程语言的优点:①易于学习,高级语言的语法更为简洁,更接近自然语言和数学表达,因此更容易学习;②提高生产力,高级语言的抽象级别更高,可以使开发人员更快地开发出高质量的代码;③更容易维护和扩展,因为高级语言的代码更易于理解,因此更容易维护和扩展;④跨平台性,许多高级语言,如 Java 和 Python,可以在多种操作系统平台上运行。

高级编程语言的缺点:①效率较低,高级语言的代码可能不如低级语言的代码那么快,因为它们需要进行额外的抽象;②增加内存开销,因为高级语言的抽象级别更高,因此可能需要更多的内存来运行程序;③编译速度较慢,高级语言需要进行额外的编译,因此可能会比低级语言编译得更慢。

总的来说,高级编程语言的优点在于它们的易用性和生产力,缺点在于它们的效率较低,编译速度较慢。

5. 常见的高级编程语言

(1) Python:易于学习,功能强大,广泛应用于科学计算、数据分析、机器学习等领域。

(2) Java:1995 年推出,是一种面向对象设计语言,跨平台,安全性高,广泛用于企业级应用和客户端/服务器开发。

(3) C++:高效,功能强大,适用于大型计算机系统和高性能计算应用。

(4) Ruby:简洁,易于学习,常用于 Web 开发和软件工程。

(5) JavaScript:跨平台,广泛用于 Web 开发和客户端编程。

(6) FORTRAN:1954 年推出,适用于科学和工程计算。

(7) COBOL:是面向商业的通用语言,1959 年推出,主要用于数据处理,随着数据库管理系统的迅速发展,很少使用。

(8) Pascal:结构化程序设计语言,1968 年推出,适用于教学、科学计算、数据处理和系统软件等开发。

(9) C/C++:1972 年推出 C 语言,1983 年加入面向对象的概念,改名为 C++。语言简练,功能强,适用面广。

(10) BASIC:初学者语言,1964 年推出;1991 年,微软推出可视化的、基于对象的 Visual Basic 开发环境,发展到现在的 VB.NET 开发环境,则是完全面向对象,功能更强大。

(11) C♯:由 C 和 C++ 衍生出来的面向对象的编程语言,综合了 VB 简单的可视化操作和 C++ 的高运行效率,以其强大的操作能力、优雅的语法风格、创新的语言特性和便捷的面向组件编程的支持成为.NET 开发的首选语言。

2.4.2　语言处理程序

语言处理程序(Language Processor)是一种程序,可以读取、分析、翻译和执行程序代码。它是编程语言的基础组件,对于开发者来说非常重要。在程序设计语言中,除了用机器语言编写的程序能够被计算机直接理解和执行外,其他的程序,包括汇编程序和高级语言编写的程序(又称高级语言源程序)都不能直接被计算机识别和运行,因此需要语言处理程序将它们翻译成计算机能理解和执行的机器语言程序。

针对不同的程序设计语言编写出的程序,它们有各自的翻译程序,即语言处理程序,互相不能通用。主要分为三类:汇编程序、编译器和解释器。

1. 汇编程序

它将汇编语言代码翻译成机器代码,以便在计算机上执行。汇编语言是一种低级语言,其语法基于机器指令。汇编语言处理程序通常包含词法分析器、语法分析器和代码生成器。词法分析器识别汇编语言代码中的词汇元素,语法分析器分析词汇元素的结构,代码生成器生成机器代码。

2. 编译器

编译器是一种语言处理程序,它将高级编程语言的源代码翻译成机器代码,以便在计算机上执行。

编译器通常包含词法分析器、语法分析器、语义分析器和代码生成器。词法分析器识别源代码中的词汇元素,语法分析器分析词汇元素的结构,语义分析器确定代码的意图,代码生成器生成机器代码。

编译器的优点是可以生成高效的机器代码,并且在代码执行前可以检测一些语法和语义错误;**缺点**是编译速度比较慢,并且需要在整个程序修改后重新编译。

编译器是开发和部署高级编程语言程序的关键工具,广泛应用于各种计算机平台和领域。

3. 解释器

解释器是一种语言处理程序,它将高级编程语言的源代码解释成机器代码并直接执行。解释器在解释代码时不需要进行预先编译,它每执行一行代码就对其进行解释,并立即生成机器代码。

解释器通常包含词法分析器、语法分析器和语义分析器。词法分析器识别源代码中的词汇元素,语法分析器分析词汇元素的结构,语义分析器确定代码的意图。

解释器的优点和缺点:优点是可以在运行时对代码进行修改,并立即查看效果,方便调试;缺点是执行效率比编译器低,因为它需要在运行时多次解释代码。

解释器在动态编程语言的开发和应用中起到重要作用,广泛用于脚本语言、交互式编程和数据分析等领域。

2.4.3 程序设计技术

1. 结构化程序设计

程序设计方法学是讨论程序的性质以及程序设计的理论和方法的一门学科,是研究和构造程序的过程的学问,是研究关于问题的分析、环境的模拟、概念的获取、需求定义的描述,以及把这种描述变换细化和编码成机器可以接受的表示方法。

在程序设计方法学领域,结构化程序设计和面向对象程序设计是目前使用最广泛的两种程序设计方法。

在 20 世纪 50～60 年代,计算机程序设计刚刚起步,那时采用的是手工艺式的程序设计方法。到 20 世纪 60 年代末 70 年代初,出现了软件危机:一方面需要大量的软件系统,如操作系统、数据库管理系统;另一方面,软件研制周期长,可靠性差,维护困难。

编程人员已经认识到编写出的程序结构清晰、易阅读、易修改、易验证的重要性,即得到好结构的程序。1968 年,迪杰斯特拉(Dijkstra)首先进行了结构化程序设计方法的研究。他提出了"GOTO 是有害的",希望通过程序的静态结构的良好性保证程序的动态运行的正确性。

1969 年,沃斯(Wirth)提出采用"自顶向下、逐步求精、分而治之"的原则进行大型程序的设计。其基本思想是:从欲求解的原问题出发,运用科学抽象的方法,把它分解成若干相对独立的小问题,依次细化,直至各个小问题获得解决为止。从此,结构化程序设计获得了极大的发展,逐步成为程序设计的主流方法。

结构化程序设计是一种编程范式。它采用子程序、程序块、for 循环以及 while 循环等结构,来取代传统的 GOTO 语句,希望借此来改善计算机程序的明晰性、品质以及开发时间,并且避免写出面条式代码(指一个代码的控制结构复杂、混乱而难以理解,尤其是用了很多 GOTO、例外、线程,或其他无组织的分歧架构。其命名的原因是因为程序的流向就像一盘面一样扭曲纠结)。

结构化的程序是由一些简单、有层次的程序流程架构所组成,可分为顺序、选择和循环。结构化程序理论中提到利用顺序、选择及循环这三种组合程序的方式,可以表示所有可计算函数。

(1) 顺序:是指程序正常的运行方式,运行完一个指令后,再运行后面的指令。

(2) 选择:是依程序的状态,选择数段程序中的一个来运行,一般会使用 if…then…else…endif 或 switch、case 等关键字来识别。

(3) 循环:是指一直运行某一段程序,直到满足特定条件,或是一集合体中的所有元素均已处理过,一般会使用 while、repeat、for 或 do…until 等关键字识别。一般会建议每个循环只能有一个进入点(Dijkstra 的结构化程序设计要求每个循环只能有一个进入点及一个退出点,有些编程语言仍有此规定)。

若一个编程语言的语法允许用成对的关键字包围一段程序,形成一个结构,这种编程语言称为有"区块结构",这类结构包括用 ALGOL 68 的 if…fi 包围的程序,或是在 PL/I 中用 BEGIN…END 包围的一段程序,或是在 C 语言中用大括号{…}包围的一段程序。

面向对象出现以前,结构化程序设计是程序设计的主流,结构化程序设计又称为面向过程的程序设计。在面向过程程序设计中,问题被看作一系列需要完成的任务,函数(在此泛指例程、函数、过程)用于完成这些任务,解决问题的焦点集中于函数。其中,函数是面向过程的,即它关注如何根据规定的条件完成指定的任务。

在多函数程序中,许多重要的数据被放置在全局数据区,这样它们可以被所有的函数访问。每个函数都可以具有它们自己的局部数据。

这种结构很容易造成全局数据在无意中被其他函数改动,因而程序的正确性不易保证。在程序规模变得越来越大之后,结构化程序设计的不足也逐渐突出起来,面向对象程序设计被广泛认为是一种可以克服这种不足的程序设计方式,因此,在 20 世纪 90 年代后期,面向对象编程逐渐成为主流的程序设计方法。

2. 面向对象程序设计

(1) 面向对象编程(Object Oriented Programming,OOP,面向对象程序设计)。

OOP 是一种计算机编程架构。OOP 的一条基本原则是计算机程序是由单个能够起到子程序作用的单元或对象组合而成。OOP 达到了软件工程的三个主要目标:重用性、灵活性和扩展性。为了实现整体运算,每个对象都能够接收信息、处理数据和向其他对象发送信息。

面向对象程序设计可以看作一种在程序中包含各种独立而又互相调用的对象的思想,这与传统的思想刚好相反:传统的程序设计主张将程序看作一系列函数的集合,或者直接就是一系列对计算机下达的指令。面向对象程序设计中的每一个对象都应该能够接收数据、处理数据并将数据传达给其他对象,因此它们都可以被看作一个小型的"机器",即对象。

目前已经被证实的是,面向对象程序设计推广了程序的灵活性和可维护性,并且在大型项目设计中广为应用。此外,面向对象程序设计要比以往的做法更加便于学习,因为它能让人们更简单地设计并维护程序,使得程序更加便于分析、设计、理解。

当提到面向对象的时候,它不仅指一种程序设计方法,更多意义上是一种程序开发方式。在这一方面,我们必须了解更多关于面向对象系统分析和面向对象设计(Object Oriented Design,OOD)方面的知识。

面向对象程序设计中的概念主要包括:对象、类、数据抽象、继承、动态绑定、数据封装、多态性、消息传递。通过这些概念面向对象的思想得到了具体的体现。

① 对象(Object):指可以对其做事情的一些东西。一个对象有状态、行为和标识三种属性。

② 类(class):一个共享相同结构和行为的对象的集合。

③ 封装(encapsulation):第一层意思是将数据和操作捆绑在一起,创造出一个新的类型的过程;第二层意思是将接口与实现分离的过程。

④ 继承:类之间的关系,在这种关系中,一个类共享了一个或多个其他类定义的结构和行为。继承描述了类之间的"是一种"关系。子类可以对基类的行为进行扩展、覆盖、重定义。

⑤ 组合：既是类之间的关系，也是对象之间的关系。在这种关系中，一个对象或者类包含其他的对象和类。组合描述了"有"关系。

⑥ 多态：类型理论中的一个概念、一个名称可以表示很多不同类的对象，这些类和一个共同超类有关。因此，这个名称表示的任何对象可以以不同的方式响应一些共同的操作集合。

⑦ 动态绑定：也称动态类型，指的是一个对象或者表达式的类型直到运行时才确定。通常由编译器插入特殊代码来实现。与之对立的是静态类型。

⑧ 静态绑定：也称静态类型，指的是一个对象或者表达式的类型在编译时确定。

⑨ 消息传递：指的是一个对象调用了另一个对象的方法（或者称为成员函数）。

⑩ 方法：也称为成员函数，是指对象上的操作，作为类声明的一部分来定义。方法定义了可以对一个对象执行哪些操作。

面向对象程序设计因为特别适合大规模软件系统的开发，在 20 世纪 90 年代后期逐步成为主流的程序设计方法。Smalltalk、Java、C♯等语言是纯面向对象的开发语言，在这些语言中，一切类型都是对象。另外一些则是对现有的语言进行改造，增加面向对象的特征演化而来的。如由 Pascal 发展而来的 Object Pascal，由 C 发展而来的 Objective-C、C++，由 Ada 发展而来的 Ada 95 等，这些语言保留着对原有语言的兼容，并不是纯粹的面向对象语言，但由于其前身往往是有一定影响的语言，因此这些语言依然宝刀不老，在程序设计语言中占有十分重要的地位。除了这些编译性语言，面向对象的程序设计越来越流行于脚本语言中。Python 和 Ruby 是创建在 OOP 原理基础上的脚本语言，Perl 和 PHP 也分别在 Perl 5 和 PHP 4 中加入面向对象特性。

（2）面向对象编程的优点。

面向对象出现以前，结构化程序设计是程序设计的主流，解决问题的焦点集中于函数。其中，函数是面向过程的，即它关注如何根据规定的条件完成指定的任务。在多函数程序中，许多重要的数据被放置在全局数据区，这样它们可以被所有的函数访问。每个函数都可以具有它们自己的局部数据。

这种结构很容易造成全局数据在无意中被其他函数改动，因而程序的正确性不易保证。面向对象程序设计的出发点之一就是弥补面向过程程序设计中的一些缺点：对象是程序的基本元素，它将数据和操作紧密地连接在一起，并保护数据不会被外界的函数意外地改变。

比较面向对象程序设计和面向过程程序设计，还可以得到面向对象程序设计的其他优点。

① 数据抽象的概念可以在保持外部接口不变的情况下改变内部实现，从而减少甚至避免对外界的干扰。

② 通过继承大幅减少冗余的代码，并可以方便地扩展现有代码，提高编码效率，也减低了出错概率，降低软件维护的难度。

③ 结合面向对象分析、面向对象设计，允许将问题域中的对象直接映射到程序中，减少软件开发过程中中间环节的转换过程。

④ 通过对对象的辨别、划分可以将软件系统分割为若干相对独立的部分，在一定程

度上更便于控制软件复杂度。

⑤ 以对象为中心的设计可以帮助开发人员从静态(属性)和动态(方法)两个方面把握问题,从而更好地实现系统。

⑥ 通过对象的聚合、联合可以在保证封装与抽象的原则下实现对象在内在结构以及外在功能上的扩充,从而实现对象由低到高的升级。

(3) 面向对象编程的缺点。

尽管面向对象编程目前基本上是统治性的编程方法,但是其也有一些缺点日益显现出来。早期,由于面向编程技术在运行速度、学习成本和编译出可执行程序较大方面的劣势,流行度不高。在今天,运行速度和编译结果大小已经变得不那么重要,但是学习成本偏高还是它的一个问题。尤其面向对象技术发展出很多框架,这些框架往往学习成本高昂,很多人抱怨用它们开发一个简单的任务需要付出很多努力。

随着计算机单机的性能逐渐达到极限,计算机技术的发展越来越依赖于多 CPU 的并行协作运算。在这个方面,面向对象编程具有天然的劣势。由于对象包含自身的状态,具有副作用的状态的"滥用",在并发和并行中带来了极大的麻烦。

3. 编程技术发展趋势

信息技术的发展日新月异,面向对象的编程技术尽管仍是统治性的编程方法,但未来的一些趋势已经显现出来。

(1) 抽象程度将更高。

在过去 50～60 年的编程历史中,编程语言的抽象级别不断提高,人们都在努力让编程语言更有表现力,这样就可以用更少的代码完成更多的工作。我们一开始使用汇编,然后使用面向过程的语言(如 Pascal 和 C),然后是面向对象语言(如 C++),随后便进入了托管时代,语言运行于受托管的执行环境上(如 C♯和 Java),它们的主要特性有自动垃圾收集、类型安全等。但是,这些编程语言大都是命令式(Imperative)的,例如,C♯、Java 或 C++等。这些语言的特征在于,代码里不仅表现了"做什么(What)",而更多表现出"如何(How)完成工作"这样的实现细节,例如,for 循环、i＋＝1 等,甚至这部分细节会掩盖编程的最终目标。

(2) 动态语言和元编程。

动态语言是一些不对编译时和运行时进行严格区分的语言。这不像一些静态编程语言,如 C♯和 Java。C♯和 Java 需要先进行编译,得到编译好的中间结果,稍后再执行编译结果。而对于动态语言来说,这两个阶段便混合在一起了。常见的动态语言有JavaScript、Python、Ruby、LISP 等。动态语言过去执行起来很慢,也没有类型安全等并发性和函数式编程,因此被认为不能做大规模程序的开发。

由于近几年来出现的一些动态虚拟机或引擎,目前这些情况改善了许多。例如,大部分的 JavaScript 引擎使用了 JIT 编译器,于是便省下了解释器的开销,这样性能损失便会减小至 1/10～1/3。而在过去的两三年间,JIT 编译器也变得越来越高效,如浏览器中新一代的适应性 JIT 编译器 TraceMonkey、V8 等。如今 JavaScript 语言的性能已经足够快了,完全有能力统治 Web 客户端。

另外,主流的虚拟机(JVM 和.NET Framework)都已经支持动态语言,如今很多主流的脚本语言(如 Ruby、Python)都可以直接在这些虚拟机上运行。

关于动态语言,最重要的一个特性是它们具有的元编程能力,这可以大幅度提高编程的效率。所谓元编程,就是可以编程的程序。虽然不只有动态语言可以进行元编程,但是真正能大规模使用元编程能力的,正是利用了动态语言的特性。利用元编程的特性,程序可以动态生成所需的类、方法等编程元素,从而大大提高生产力。

2004 年,充分利用 Ruby 元编程能力的 Ruby on Rails 框架,具有极强的生产力,把 Web 程序开发的效率提高了一个数量级。在此之后,各种基于动态语言特性的 Web 开发框架层出不穷,如 CakePHP(基于 PHP)、Django(基于 Python)等,极大地提高了开发的效率。

(3)并发性和函数编程语言。

前面提到,面向对象编程语言由于其设计上的原因,在开发高并发和高并行方面并不高效。由于硬件频率的提升越来越达到极限,因此,如果希望最大可能地利用计算机的性能,必须开发高并发度的程序。

函数式编程语言在这方面具有优势。在数学中,函数把每个输入映射到一个特定的输出。函数性编程范式使用数学函数表达程序。函数性语言并不执行命令,而是通过表示、计算数学函数来解决问题。函数性语言通常有以下两个特征。

① 不可变的数据。纯粹的函数性语言不依赖保存或检索状态的操作,因此不允许破坏性赋值。

② 无副作用。用相同的输入调用函数,总是返回相同的值。

这两种特性使得函数式编程语言非常适合大规模的并发运行。函数式编程语言出现很早,如知名的 LISP,但是由于其学习成本高、代码难以理解等原因,一直未能广泛流行。随着高并发程序开发的需求日益迫切,函数式编程设计又逐渐回归。比较常见的有 Haskell、OCaml、Scala、Erlang、LISP、F#等。另外,传统命令式的语言大多也都增加了函数式编程的支持,逐渐呈现融合状态。

4. 可视化程序设计

什么是可视化程序设计? 可视化(Visual)程序设计是一种全新的程序设计方法,它主要是让程序设计人员利用软件本身所提供的各种控件,像搭积木式地构造应用程序的各种界面。

可视化程序设计最大的优点是设计人员可以不用编写或只需编写很少的程序代码,就能完成应用程序的设计,这样就能极大地提高设计人员的工作效率。目前流行的可视化程序设计环境以微软公司的 VS 系列产品最为典型。这是由于随着计算机软件工程技术的迅速发展,可视化编程技术已经成为当今软件开发的重要工具和手段,尤其是 Visual Basic 和 Visual C++ 可视化编程工具等开发工具的出现,大大推动了可视化编程技术的发展和应用(见图 2-39)。

可视化程序设计环境的特点如下。

① 可视化程序设计:以"所见即所得"的编程思想为原则,力图实现编程工作的可视

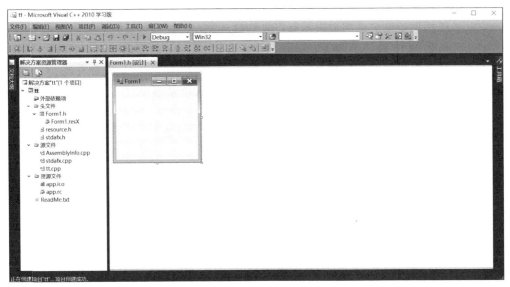

图 2-39　微软公司的 Visual C++ 2010 用户界面

化,即随时可以看到结果,程序的调整与结果的呈现可以同步。

②可视化编程是与传统的编程方式相比而言的,这里的"可视",指的是减少文本语句的输入,仅通过直观的操作方式即可完成用户界面的设计工作,例如,目前最好的Windows 应用程序开发工具。

目前主流的可视化编程语言的特点主要表现在两个方面:一是基于面向对象的思想,引入了控件的概念和事件驱动;二是程序开发过程一般遵循以下步骤,即先进行界面的绘制工作,再基于事件编写程序代码,以响应鼠标、键盘的各种动作。但是在算法设计和描述中,此类工具的应用受到一定的条件限制。

习　题

1. 简述矢量图和位图图像的区别。

2. 简述图像数字化的过程。

3. 简述计算机二进制编码的优点。

4. 简述汉字数字化过程。

5. 进制转换计算。

(1)将二进制数 1101 转换为十进制数。

(2)将八进制数 34 转换为二进制数。

(3)将十六进制数 ABCD 转换为二进制数。

(4)将十进制数 253 转换为八进制数。

(5)将十六进制数 1E5A 转换为十进制数。

(6)将二进制数 1101011 转换为十六进制数。

6. 请按照要求进行计算。

（1）某机器用 8 位二进制数表示有符号整数，试求-25 的原码、反码和补码。

（2）某机器用 4 位二进制数表示有符号整数，试求 5 的原码、反码和补码。

（3）某机器用 16 位二进制数表示有符号整数，试求-138 的原码、反码和补码。

（4）某机器用 6 位二进制数表示有符号整数，试求-18 的原码、反码和补码。

7. 如果一个有符号数占有 n 位，那它能表示的最大值是多少？

8. 什么是多级存储体系？它的作用是什么？

9. 多级存储体系一般包括哪些层次？它们的特点是什么？

10. 简述冯·诺依曼计算机结构的基本原理和特点。

11. 简述一下内存和外存的特点，以及它们之间的区别。

12. 什么是高速缓冲存储器？它的作用是什么？

13. 什么是编译器？什么是解释器？它们的区别是什么？

14. 什么是 ASCII 码？它有什么特点？

15. 请通过查找其他资料，回答什么是 Unicode，它和 ASCII 码有什么不同。

16. 什么是编程语言？编程语言有哪些分类？

17. 指令和程序有什么区别？简述计算机指令执行的过程。

18. 什么是流水线技术？它在指令执行上有什么作用？

19. ROM 和 RAM 的作用和区别是什么？

20. 结构化程序设计的 3 种基本结构是什么？

第3章

计算思维

21 世纪是信息和知识经济的时代,作为处理信息和知识的主要工具的计算机应用非常广泛,虽然计算机应用和相关设备不断推出,方便了人们的生活和工作,但是往往也会针对具体的实际问题对一些软件进行二次开发或需要开发一些适用于自己的应用程序或构建系统。因此,人们除了将计算机作为生产、生活、娱乐的手段外,还应该了解计算机科学的内涵,了解计算机中的基本思想、方法,使计算机成为能够深入帮助人们工作、生活或科研的工具。

3.1 计算思维概念

3.1.1 什么是计算思维

2005 年 6 月,美国总统信息技术咨询委员会(President's Information Technology Advisory Committee,PITAC)提交了报告《计算科学:确保美国竞争力》(*Computational Science:Ensuring America's Competitiveness*)。该报告指出,虽然计算本身是一门学科,但是其具有促进其他学科发展的作用,而 21 世纪在科学上最重要、经济上最有前途的研究前沿有可能通过熟练掌握先进的计算技术和使用计算科学来解决。

2006 年 3 月,时任卡内基·梅隆大学计算机科学系主任的周以真(Jeannette M. Wing)教授,如图 3-1 所示,提出并倡导"计算思维"。她在期刊 *Communications of the ACM* 杂志上给出并定义计算思维。周教授认为,计算思维(Computational thinking)是运用计算机科学的基础概念进行问题求解、系统设计,以及人类行为理解等涵盖计算机科学之广度的一系列思维活动。在她看来,"计算思维是一种普适思维方法和基本技能,所有人都应该积极学习并使用,而非仅限于计算机科学家。" 2008 年,周教授在英国皇家学会《哲学会刊》(*Philosophical Transactions of the Royal Society*)上发表《计算思维和关于计算的思维》,再一次阐述了计算思维的概念,探讨计算思维的本质。

图 3-1 周以真教授

计算思维的提出,正值计算机技术越来越紧密地融入人们的科学研究和社会生活,它对人类社会的巨大推动作用也越来越受到人们的关注。计算机科学的出现本身就是多学科交叉的产物,它在发展中不断汲取其他学科发展带来的最新技术能量,同时也以自身强大的计算和数据处理能力及其他智能技术手段不断促进其他学科的发展。

技术进步带来的生活和学习变化的背景,越来越要求在课堂上重新定义计算能力,将其作为一种内在的社会性和后天的技能。最终的目标不仅是让学习者学会使用相关的数字设备,如计算机,而且要使用数字设备来提高学科学习、批判性思维和自我表达的能力,以培养出具有基本计算思维能力的创新个体。

3.1.2 计算思维的特征

计算思维代表着一种普遍的态度和一类普适的技能。计算思维具有以下 6 个特征。

1. 是概念化的抽象思维而不只是程序设计

计算机科学不等于计算机编程。像计算机科学家那样去思考意味着不仅限于能为计算机编程,还要求能够在抽象的层次上思考。

2. 是基本的而不是死记硬背的技能

基本技能是每一个人在现代社会应该具有的。刻板的技能意味着机械的重复,当计算机科学使计算机像人类一样思考之后,刻板的重复性的思维活动就可以由计算机承担。而人类将精力集中在“有效”的计算上,最终造福人类。

3. 是人的而不是计算机的思维方式

计算思维是人类求解问题的一条途径,但不是要求人类像计算机一样思考。计算机枯燥且机械,人类富有想象力。计算机赋予人类强大的计算能力,人类可以好好利用这种力量去解决各种需要大量计算的问题。

4. 是数学和工程思维的互补与融合

计算机科学本质上源于数学,它的形式化基础建筑在数学之上。计算机科学又从工程学上汲取了思想,因为计算机建造的是能够与实际世界互动的系统。基本计算设备的限制使得科学家必须计算性地思考,而不是数学性地思考。数学和工程思维的互补与融合很好地体现在抽象、理论和设计三个学科形态上。

5. 是思想而不是人造品

虽然通过计算机产生的软件、硬件等人造品将以物理形式呈现并触及人们的生活,但是其中更重要的是计算的概念,这种概念被用于问题求解、日常生活管理,以及与他人进行交流和互动。

6. 面向所有的人和地方

计算思维作为解决问题的一个有效工具,应当在所有地方、所有教学场所都得到应用。科学问题和解答仅受限于我们自己的好奇心和创造力;同时一个人可以主修计算机科学而从事任何行业。

计算思维吸取了问题解决所采用的一般数学思维方法,现实世界中巨大复杂系统的设计与评估的一般工程思维方法,以及复杂性、智能、心理、人类行为的理解等的一般科学思维方法。计算思维建立在计算过程的能力和限制之上,由人和机器执行。计算思维概念体现了计算机科学中最根本的内容,即其本质是抽象(Abstraction)和自动化(Automation)。计算思维中的抽象完全超越物理的时空观,用符号来表示。

3.1.3　计算思维的影响

目前,越来越多的人认识到计算机学科是和数学、物理同等地位的基础学科。计算机科学不仅为不同专业提供了解决专业问题的有效方法和手段,而且提供了一种独特的处理问题的思维方式。熟悉使用计算机及互联网,为人们终生学习提供了广阔的空间以及良好的学习工具与环境。

计算思维的提出,对我国教育界和科学界产生了重要影响。

我国高等学校计算机基础课程教学指导委员会 2010 年 5 月在合肥会议上讨论了培养高素质的研究型人才,"计算机基础"这门课程应该包含哪些内容,如何将计算思维融入到这门课程中。2010 年 7 月在西安会议上发表了《九校联盟(C9)计算机基础教学发展战略联合声明》,确定了以计算思维为核心的计算机基础课程教学改革。

2010 年 9 月,《中国大学教学》杂志上发表了影响深远的《九校联盟(C9)计算机基础教学发展战略联合声明》,把"计算思维能力的培养"列为计算机基础教育核心任务。

2012 年 5 月,教育部高等教育司召开了"大学计算机"课程改革研讨会,会上明确了大学计算机课程要像大学物理、大学数学一样,成为大学的基础性课程,如图 3-2 所示。

图 3-2　科学研究的手段

现在,人们已经认识到计算思维的重要性。在计算思维提出后,中国、美国、英国等国家的学术组织举办过一系列的学术研讨。对计算思维的结构问题、计算思维者的识别问题、计算思维与技术之间的关系问题、计算思维的教学方法问题与计算思维相关的计算社团的角色问题等进行讨论。

经过多年的探讨和实践,学者们从更多的角度和方面提出自己的看法。美国 ACM

前主席 Denning 认为，系统、模型、创新这些内容也是计算机科学实践方面的重要内容，和程序设计具有同等的地位。我国教育部高等学校计算机类教学指导委员会近年来不断推动学生系统能力的培养等。这些探讨和实践都是对计算思维内涵的丰富和发展。

3.2　计算思维中的基本方法

3.2.1　抽象思维

1. 抽象的定义

计算思维建立在计算过程的能力和限制之上，由人和计算机共同完成。通过计算方法和建立模型使得人们可以去处理那些原本无法由个人独立完成的问题求解和系统设计。计算思维最根本的内容，即其本质（Essence）是**抽象**（**Abstraction**）和**自动化**（**Automation**）。计算思维中的抽象完全超越物理的时空观，并完全用符号来表示。

"**抽象**"指的是对复杂问题或现实世界中的对象进行概括、简化和归纳的过程。抽象允许人们将问题中的关键特征提取出来，并忽略那些不重要或不相关的信息。这样做的好处是，我们可以更容易地理解问题，并且可以更容易地找到解决问题的方法。

在计算机科学中，抽象是一个非常重要的工具，因为它允许我们创建抽象数据类型，这些数据类型可以代表实际世界中的对象，如图形、图像和数据结构。使用抽象数据类型，我们可以编写更简洁、易于理解和维护的代码，因为它们抽象出了底层实现的细节。

总的来说，抽象是计算思维中一个非常重要的概念，它允许我们更好地理解和解决问题，并且有助于编写更好的代码。

2. 抽象的方法

抽象的方法包括以下几个步骤。

（1）定义问题：明确问题的目标，确定可以解决问题的数据和方法。

（2）建立模型：将问题转换为一个抽象的模型，模型可以是一个数学模型、图形模型、程序模型等。

（3）抽象思考：在模型中思考，找出模型中的规律和关系。

（4）解决问题：使用抽象的方法解决问题，如数学方法、算法、推理等。

（5）验证结果：验证解决方案的正确性，并评估解决方案的优劣。

这些步骤需要适当的抽象思维和数学能力，并且需要对问题的核心特征有深刻的理解。使用抽象的方法解决问题的好处在于，它可以将问题的复杂性降低，从而使得问题更易于理解和解决。

3.2.2　虚拟化思维

1. 虚拟化定义

虚拟化是计算机领域中的一种重要技术。它可以创建虚拟的硬件和软件环境，以模拟真实的硬件和软件环境。

主要的虚拟技术如下。

1）虚拟机

创建一个虚拟的操作系统和硬件环境，在其中运行软件。通过虚拟机软件在一台宿主机上模拟多台虚拟机，每台虚拟机可以运行一个独立的操作系统和应用程序。

2）虚拟化平台

创建一个虚拟的数据中心，以管理和组织计算机网络、存储和计算资源。

3）虚拟网络

创建一个虚拟的网络环境，以模拟真实的网络环境并测试网络设备和系统。通过虚拟网络技术在一个物理网络中模拟多个独立的虚拟网络，每个虚拟网络可以拥有独立的网络配置和 IP 地址。

4）虚拟实验室

创建一个虚拟的实验室环境，以模拟真实的实验室环境并测试和实验各种计算机技术。

5）存储虚拟化

通过存储虚拟化技术，可以将一个物理存储设备逻辑划分为多个独立的虚拟存储设备，每个虚拟存储设备可以独立使用存储空间。

虚拟技术在计算机领域中具有重要意义，因为它可以提高计算机系统的效率、稳定性和安全性，并帮助开发人员在不影响真实环境的情况下，对计算机系统进行测试和开发。

2. 虚拟化技术案例

计算机系统在构建的时候，就采取了虚拟化技术。虚拟化技术在计算机系统内不仅提高了系统性能，甚至改变了计算机所提供的服务的模式。例如，在操作系统中，采用了包括虚拟内存和虚拟硬盘的虚拟技术。

虚拟技术在操作系统中的应用不仅可以提高系统的效率和稳定性，还可以帮助用户解决内存和硬盘空间不足的问题。

1）虚拟内存

虚拟内存是一种计算机内存管理技术，通过操作系统的管理可以模拟出比实际物理内存更大的内存空间，使得程序可以在机器内存不足的情况下仍能继续运行。

虚拟内存工作原理：当程序需要更多的内存空间时，操作系统会将一些不常使用的内存页面转存到硬盘上，并将硬盘空间映射到内存空间上，以模拟出更大的内存空间。当程序需要读取已经被转存到硬盘上的内存页面时，操作系统会将其读入内存，并再次将其映射到内存空间上。

虚拟内存的优势：可以使得程序在机器内存不足的情况下仍能继续运行，提高了程序的运行效率；当内存不足时，操作系统可以利用虚拟内存避免程序崩溃，提高了系统的稳定性。

总体来说，虚拟内存是一种非常有用的内存管理技术，在现代计算机系统中广泛应用。

2）虚拟硬盘

虚拟硬盘（Virtual Hard Disk）是一种使用文件系统模拟硬盘空间的技术。它可以将一个大的硬盘空间或其他存储介质划分成若干个虚拟硬盘，每个虚拟硬盘都是一个独立的文件系统和独立的数据。虚拟硬盘是通过虚拟化技术实现的，这样可以实现对硬盘空间的有效管理和使用。

虚拟硬盘有如下多种应用场景。

（1）操作系统测试：可以在虚拟硬盘上安装操作系统，进行操作系统的测试和评估。

（2）备份和恢复：可以在虚拟硬盘上备份数据，并在硬盘损坏或系统崩溃时，使用虚拟硬盘进行数据恢复。

（3）软件开发：虚拟硬盘可以在软件开发过程中使用，避免因软件问题导致的实际硬盘损坏。

（4）加密存储：虚拟硬盘可以使用加密技术加密存储，保护数据安全。

（5）虚拟硬盘具有很多优点，如方便灵活、可以独立使用存储空间、方便数据备份和恢复等，是一种很好的虚拟存储设备。

例如，在 Windows 中可以利用磁盘管理功能划分逻辑分区，这里面的逻辑分区就是一个虚拟硬盘。具体内容见 4.2.5 节。

3.2.3 分层抽象思维

1. 分层概念

分层抽象是计算机科学中一种重要的思想和技术，用于解决复杂系统的设计和组织问题，是指通过对复杂问题进行分解、组合、抽象来解决问题的方法。费曼在《费曼计算学讲义》中提到了分层抽象思想，并将其和地质学上分层的工作做了类比。也可以借助一下生活中常见的例子来理解一下"分层"的思想，例如，如图 3-3 所示的多层蛋糕，就体现了分层，但计算机中的分层思想要更复杂一些，不仅是进行分层。

分层抽象思想的核心是将复杂的系统划分为不同的层，而且每层要通过接口使用下层服务，并且向自己的上层提供服务；每层只关注其特定的任务；每层都有自己的抽象概念，并与下面的层以及上面的层通过简单的接口进行通信。

分层抽象的优点：使得系统的设计更加清晰，易于理解和维护。每层的接口明确定义，因此修改和扩展系统时，更容易进行。另外，每层的复杂度都被限制在可控范围内，因此可以在不影响整体系统的情况下更快地开发和测试每一层。

图 3-3　类比分层思维的多层蛋糕

例如，在计算机网络中，分层抽象的思想可以用于组织网络协议。每层负责其特定的任务，例如，网络层负责路由数据包，传输层负责保证数据的正确传输，而应用层负责提供特定的网络应用服务。

通过分层抽象，开发人员可以将复杂系统分解为多个更小的子系统，并专注于每个子系统的实现。这样,系统的开发和维护工作将变得更加容易和高效。

分层抽象是计算机科学的重要思想,可以帮助设计出清晰、易于理解和易于维护的系统。分层抽象的思想不仅适用于计算机网络,也广泛应用于计算机系统设计,如操作系统、数据库系统、计算机图形学等领域。

分层抽象思维步骤如下。

(1) 问题分解:将复杂问题分解为若干更简单的子问题。

(2) 组合思考:对子问题进行推导、分析,从而得出解决子问题的方法。

(3) 抽象思考:对每个子问题进行抽象,把它们归纳为更高层次的抽象概念。

(4) 综合思考:结合抽象的概念,得出解决整个问题的思路。

总的来说,分层抽象思维是一种高效的解决问题的思维方法,它可以帮助人们在解决复杂问题时提高思维能力和解决问题的效率。

2. 计算机中分层抽象思想的应用

计算机中分层抽象方法在软件系统和硬件系统中都有大量的体现。

(1) 计算机程序设计。

计算机程序员在编写程序时,需要将复杂的程序分解为若干个更简单的部分,再将这些简单的部分组合起来,最终得出一个完整的程序。

例如,在结构化编程思想中,"自顶向下"逐步求精的思想是分层思想的体现。

(2) 计算机网络构建。

在构建计算机网络时,需要将网络分层,从物理层到传输层、网络层、数据链路层,再到会话层、表示层、应用层。每一层都专注解决本层问题。

(3) 操作系统设计。

操作系统是计算机系统中的核心部分,需要通过分层构建方法,从底层向上层进行构建。

(4) 数据库设计。

数据库设计时,需要将数据分层存储,从物理层到逻辑层,再到概念层。

(5) 计算机硬件的构成,例如,用硬件实现 CPU 的功能。

(6) 用硬件电路实现各种计算操作功能的时候,采用了分层抽象,分层构建思维:0和1可进行算术运输和逻辑运算→用电子技术表示 0 和 1→用基本电子器件实现基本门电路→实现组合逻辑电路→实现芯片等更复杂组合逻辑电路。

这些都是计算机中分层抽象方法的典型应用,它们都是通过对复杂问题进行分解、组合、抽象,从而提高解决问题的效率和准确性的方法。

习　　题

1. 什么是计算思维?请举例说明

2. 什么是计算思维的本质?请举例说明。

3. 什么是分层抽象思维？你能在生活中找到类似思维的解决方案吗？请举例说明。

4. 计算思维和计算机科学的关系是什么？

5. 什么是计算思维中的基本方法？

6. 请选择一个计算思维中的基本方法，举例说明它的思想和应用场景。

7. 请谈一下你对分层抽象的理解，并举出计算机系统中应用它的一个例子。

第 2 部分

技　术　篇

第4章

操作系统

操作系统是计算机系统中的核心部分,它为用户和其他软件提供了一个方便的界面来与计算机硬件交互。它负责管理计算机硬件资源,如 CPU、内存、磁盘空间等,并且为用户和其他软件程序提供了一组服务,例如,文件管理、内存管理和进程管理等。常见的操作系统有 Windows,MacOS、Linux 和 UNIX 等。每种操作系统都有其独特的特性和功能,并且各自适用于不同的场景。

本章中介绍了操作系统的概念,包括它的组成部分、功能和任务,还有各种常见操作系统的特性,以及它们之间的不同之处。还介绍了关于进程管理、内存管理、文件系统等操作系统功能。

总的来说,本章是深入了解计算机系统关键组成部分的重要章节,也是学习更多关于计算机系统和软件开发的基础。

4.1 操作系统概述

4.1.1 操作系统的发展

操作系统按照其发展可以总结为以下几个阶段,见表 4-1。

表 4-1 操作系统发展阶段

发展阶段	年代	出现操作系统类型	同时代硬件代表、典型 OS
第一代操作系统	1946—1955	监控程序,无操作系统	真空管,机器语言,简单数字运算
第二代操作系统	1955—1965	批处理操作系统	晶体管,汇编语言,FORTRAN 语言
第三代操作系统	1965—1970	分时操作系统	集成电路、MULTICS 和 UNIX 操作系统
第四代操作系统	20 世纪 80 年代	实时,PC 操作系统	个人计算机,CP/M,MS-DOS,MacOS
第五代操作系统	20 世纪 90 年代至今	网络,各类操作系统	Windows NT,UNIX,Linux

1. 无操作系统阶段

1946—1955 年,计算机是手工操作的,没有操作系统,计算机上的软件也非常少。

工作原理:计算机系统资源完全被一个程序所占据。程序员将应用程序和数据的穿孔纸带(或卡片)装入输入机,然后启动输入机将程序和数据输入计算机内存,再通过控制台开关启动程序对照数据运行;计算完成后,打印机输出计算结果;用户拿着结果,卸下纸带(或卡片),再让下一个用户上机,如图 4-1 所示。

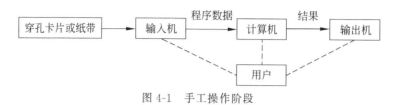

图 4-1 手工操作阶段

手工操作特点:

(1) 用户对整台机器有排他性的访问。没有等待,因为资源没有被其他用户占用,但资源的利用率很低。

(2) CPU 等待手工操作的结束,CPU 没有得到充分的利用。

缺点: 20 世纪 50 年代末,出现了手工操作的慢速度和计算机的高速度之间的矛盾,手工操作方式已经严重影响了系统资源的利用率(使资源的利用率降低到百分之几甚至更低)。解决办法是将慢速的手工操作和高速的计算机分离开,使得计算机不必再等待手工操作结束,实现工作的自动转换,这就导致了批处理系统的出现。

2. 批处理系统阶段

一个叫作监督程序的系统软件加载在计算机上,在它的控制下,计算机能够自动地、成批地处理一个或多个用户的作业(包括程序、数据和命令)。

批处理系统分为**联机批处理系统和脱机批处理系统**。

1) 联机批处理系统

工作原理: 作业的输入/输出由 CPU 来处理。主机与输入机之间增加一个存储设备——磁带,在运行于主机上的监督程序的自动控制下,计算机可自动完成:成批地把输入机上的用户作业读入磁带,依次把磁带上的用户作业读入主机内存并执行,然后把计算结果向输出机输出。完成了上一批作业后,监督程序又从输入机上输入另一批作业,保存在磁带上,并按上述步骤重复处理,如图 4-2 所示。

图 4-2 联机批处理系统工作示意

优势: 监督程序不停地处理各个作业,从而实现了作业到作业的自动转接,减少了作业建立时间和手工操作时间,有效克服了人机矛盾,提高了计算机的利用率。

不足: 在作业输入和结果输出时,主机的高速 CPU 仍处于空闲状态,等待慢速的输入/输出设备完成工作。因此,慢速的输入/输出设备和高速主机之间存在速度不匹配问题。为了解决这一矛盾,出现了脱机批处理系统。

2）脱机批处理系统

为了提高主机的利用率,那么就需要输入/输出脱离主机控制,即在主机和输入和输出设备间增加一台专门用于与输入/输出设备打交道的卫星机,如图 4-3 所示。

图 4-3   脱机批处理系统示意图

工作原理:卫星机的工作包括从输入机上读取用户作业,并将其放在输入磁带上;从输出磁带上读取执行结果,并将其传递给输出机。这样一来,主机不需要直接与慢速的输入/输出设备打交道,而是从相对较快的磁带机上读取数据和输出结果,有效缓解了主机与设备之间的冲突。**主机和卫星机可以并行工作**,二者分工明确,主机的高速运算能力可以得到充分的发挥。在 20 世纪 60 年代脱机批处理系统被广泛使用,IBM-7090/7094 机型上配备的监督程序就是离线批处理系统,它是现代操作系统的雏形。

优势:缓解了人与机器的速度不匹配矛盾、主机与外围设备的速度不匹配矛盾。

不足:每次只有一个作业存储在主机内存中,在其运行过程中,只要有输入/输出请求发出,高速 CPU 就会处于等待低速 I/O 完成的状态,使 CPU 处于空闲状态。因此,为了提高 CPU 的利用率,后来引入了多道程序系统。

3. 多道程序系统

20 世纪 60 年代中期,在批处理系统中,引入多道程序设计技术后,将单道批处理系统变为多道批处理系统。

多道程序技术是指允许同时多个程序进入内存,并允许它们交替地在 CPU 中运行,它们共享系统中的各种硬件、软件资源。当一道程序因 I/O 请求而暂停运行时,CPU 便立即转去运行另一道程序,这样就能够充分利用 CPU。

多道程序运行时的特点如下。

（1）多道:计算机内存中同时存放几道相互独立的程序。

（2）宏观上并行:同时进入系统的几道程序都处于运行过程中。

（3）微观上串行:各道程序轮流地用 CPU,并交替运行。

多道程序系统的出现,标志着操作系统渐趋成熟的阶段,先后出现了作业调度管理、处理机管理、存储器管理、外部设备管理、文件系统管理等功能。

如图 4-4 所示为多道程序系统中 A、B 两个程序的运行过程。将 A、B 两道程序同时存放在内存中,它们在系统的控制下,可相互穿插、交替地在 CPU 上运行:当 A 程序因请求 I/O 操作而放弃 CPU 时,B 程序就可占用 CPU 运行,这样 CPU 不再空闲,而进行 I/O 操作的 I/O 设备也不空闲,显然,CPU 和 I/O 设备都处于“忙”状态,大大提高了资源的利用率,从而也提高了系统的效率,程序 A、程序 B 全部完成所需时间远远小于各自独立运行时间之和。

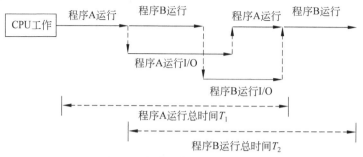

图 4-4 多道程序工作过程示意

优势：使 CPU 得到充分利用；提高了 I/O 设备和内存的利用率，从而提高了整个系统的资源利用率和系统吞吐量。

系统吞吐量是指系统在单位时间内所完成的总工作量。能提高系统吞吐量的主要原因是仅当作业完成时或 CPU 运行不下去时才进行切换，系统开销小。

不足：批处理系统不提供人机交互能力，给用户使用计算机带来不便。

因此，需要探索一种新的系统，既能保证计算机效率，又能方便用户使用计算机。在 20 世纪 60 年代中期后，计算机技术和软件技术的发展使得这种系统的出现成为可能。

4. 分时系统

分时技术指把 CPU 的运行时间分成很短的时间片，按时间片轮流把 CPU 分配给各联机作业使用。

分时系统也指将一台计算机同时连接多个用户终端，采用分时技术，让每个用户在自己的终端上联机使用计算机，然后计算机轮流为各个终端用户服务。

如果用户提交的作业不能在分配给它的时间片内完成计算，该作业就会暂时中断，把处理器给另一个作业使用，等待下一轮继续运行。由于计算机的速度，作业以快速轮流的方式运行，给每个用户的印象就像他拥有一台属于自己的计算机。而且每个用户可以通过自己的终端向系统发出各种操作控制命令，在充分的人机交互下完成作业的操作。其结构如图 4-5 所示。

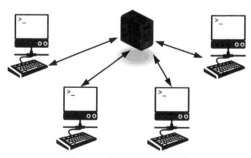

图 4-5 分时系统示意图

分时系统的特点如下。

（1）多路性。若干个用户同时使用一台计算机。微观上看是各用户轮流使用计算机，宏观上看是各用户并行工作。

（2）交互性。用户可以根据系统对请求的反应结果，进一步向系统提出新的请求。这种工作方式使用户能够与系统进行人机对话，显然与批处理系统不同；因此，分时系统也被称为交互式系统。

（3）独立性。用户彼此独立操作，互不干扰。系统确保每个用户的程序操作的完整性，而不会对彼此造成混乱或损害。

（4）及时性。系统能及时地对用户的输入做出反应。

分时系统性能的主要指标之一是响应时间，它指的是从终端发出命令到系统响应所需的时间。采用分时系统可以同时服务多个用户，为用户提供较好的交互性，具有较强的交互性是分时系统的显著特征。

优势：

（1）为用户提供友好的接口，即用户能在较短时间内得到响应，能以对话方式完成对程序的编写、调试、修改、运行和得到运算结果。

（2）促进了计算机的广泛应用，一个分时系统可带多台终端，同时为多个远程用户使用，这为教学和办公自动化提供了很大方便。

（3）便于资源共享和交换信息，为软件开发和工程设计提供良好的环境。

5. 实时系统

虽然多道批处理系统和分时系统能获得较令人满意的资源利用率和系统响应时间，但它们不能满足实时控制和实时信息处理这两个应用领域的需要。这导致了实时系统的产生，即能够及时响应随机发生的外部事件并在严格的时间范围内完成该事件的处理的系统。实时系统通常被用作特定应用中的控制设备。

实时系统可分成以下两类。

（1）实时控制系统。当用于飞机飞行、导弹发射等的自动控制时，要求计算机能尽快处理测量系统测得的数据，及时地对飞机或导弹进行控制，或将有关信息通过显示终端提供给决策人员。当用于轧钢、石化等工业生产过程控制时，也要求计算机能及时处理由各类传感器送来的数据，然后控制相应的执行机构。

（2）实时信息处理系统。当用于预订飞机票、查询有关航班、航线、票价等事宜时，或当用于银行系统、情报检索系统时，都要求计算机能对终端设备发来的服务请求及时予以正确的回答。此类对响应及时性的要求稍弱于第一类。

系统主要特点：①及时响应，每一个信息接收、分析处理和发送的过程必须在严格的时间限制内完成；②高可靠性，通常应用的场景都是需要保证可靠性，所以需采取冗余措施，双机系统前后台工作，也包括必要的保密措施等。

6. 通用操作系统

从 20 世纪 60 年代中期，国际上开始研制一些大型的通用操作系统。这些系统试图达到功能齐全、可适应各种应用范围和操作方式变化多端的环境的目标。

通用型操作系统指一种具有多种操作类型特征的操作系统。它在基本操作系统（多道批处理系统、分时系统和实时系统）的基础上可以同时具有多道批处理、分时处理、实时处理的功能，或同时具有其中两种以上的功能。例如，实时批处理系统、分时批处理系统等。

例如，UNIX 操作系统就是一个通用的、多用户的、分时的、互动的操作系统，自 20 世纪 70 年代初被开发出来后很快被采用和普及并不断改进，对现代操作系统产生了重大影响。至此，操作系统的基本概念、功能、基本结构和构成已经形成并逐步完善。

7. 操作系统的发展

进入 20 世纪 80 年代，大规模集成电路工艺技术的飞跃发展，微处理器的出现和发展，掀起了计算机发展和普及的热潮。一方面，迎来了个人计算机时代；另一方面，计算机网络、分布式处理、巨型计算机、智能化等方向得到发展。

于是，操作系统有了进一步的发展，可分为如下类型。

1）个人计算机上的操作系统

个人计算机上的操作系统是一个在线互动的单用户操作系统，它提供的在线互动功能很像通用分时系统提供的功能。由于它是个人专用的，所以有些功能会简单得多。然而，由于个人计算机应用的普及，对更友好的界面和功能丰富的文件系统的需求将越来越大。例如，Microsoft Windows、MacOS 和 Linux。

2）网络操作系统

计算机网络的出现，实现了通过通信设施将地理上分散的多个具有自主功能的计算机系统互联起来，以实现信息交换、资源共享、互操作性和协同处理。网络操作系统是指在原来各自的计算机操作系统上，按照网络结构的各种协议标准增加网络管理模块，包括：通信、资源共享、系统安全和各种网络应用服务，然后实现各种联网访问和操作。例如，Windows、Linux、UNIX、MacOS、NetWare。

3）分布式操作系统

通过通信网络，将地理上分散的具有自治功能的数据处理系统或计算机系统互联起来，实现信息交换和资源共享，协作完成任务。

分布式操作系统和网络操作系统的区别是：它要求一个统一的操作系统，实现系统操作的统一性；管理分布式系统中的所有资源，它负责全系统的资源分配和调度、任务划分、信息传输和控制协调工作，并为用户提供一个统一的界面，用户通过这一界面，实现所需要的操作和使用系统资源，系统内部的资源分配对用户是透明的，更强调分布式计算和处理。

4.1.2 常见操作系统

1. 麒麟操作系统

麒麟操作系统（Kylin OS）是我国国产的一款操作系统，其网站首页如图 4-6 所示。

银河麒麟原是国防科技大学研发的操作系统,后来由国防科技大学将品牌授权给天津麒麟,后者在 2019 年与中标软件合并为麒麟软件有限公司,继续研制以 Linux 为内核的操作系统。银河麒麟已经发展为以银河麒麟服务器操作系统、桌面操作系统、嵌入式操作系统、麒麟云、操作系统增值产品为代表的产品线。为攻克中国软件核心技术,麒麟建设自主的开源供应链,发起我国首个开源桌面操作系统根社区 openKylin,银河麒麟操作系统以 openKylin 等自主根社区为依托,发布最新版本。

麒麟操作系统采用了开源技术,具有很高的灵活性和可定制性,同时还提供了良好的安全保护机制。此外,它还支持多种语言和多种软件,方便用户使用和维护。

麒麟操作系统的出现是我国自主可控的操作系统发展的一个重要标志,也是我国致力于打造国内操作系统产业的一个体现。

图 4-6　银河麒麟网站首页

2. 华为鸿蒙系统

华为鸿蒙系统(HUAWEI HarmonyOS)是华为公司在 2019 年 8 月正式发布的操作系统,如图 4-7 所示。它是一款面向全场景的分布式操作系统,创造一个超级虚拟终端互联的世界,将人、设备、场景有机地联系在一起,将消费者在全场景生活中接触的多种智能终端,实现极速发现、极速连接、硬件互助、资源共享,用合适的设备提供场景体验。

图 4-7　华为鸿蒙系统

2020 年 9 月 10 日,华为鸿蒙系统升级至 HarmonyOS 2.0 版本。2021 年 4 月 22 日,HarmonyOS 应用开发在线体验网站上线。2021 年 5 月 18 日,华为宣布华为 HiLink 将与 HarmonyOS 统一为鸿蒙智联。2021 年 6 月,发布搭载鸿蒙操作系统的智能手机、平板电脑和智能手表。2021 年 10 月,华为宣布搭载鸿蒙设备破 1.5 亿台。鸿蒙 HarmonyOS 座舱汽车于 2021 年年底发布。2021 年 11 月 17 日,HarmonyOS 迎来第三批开源,新增开源组件 769 个,涉及工具、网络、文件数据、UI、框架、动画图形及音视频 7 大类。2022 年 7 月 27 日,华为 HarmonyOS 3 正式发布。

华为鸿蒙系统的推出有助于华为在全球市场上提高其在软件领域的竞争力,并为全球消费者提供更加安全、高效和先进的设备体验。

3. Windows

Windows 系统是微软公司开发的,从 20 世纪 80 年代的 Windows 1.0 开始,到现在的 Windows 11(见图 4-8),经历了漫长的三十多年。Windows 系统的计算机最为典型的代表有:Windows 95、Windows 98、Windows 2000、Windows XP、Windows Vista、Windows 7、Windows 8、Windows 10 等。截至 2022 年 12 月,用于个人计算机、平板电脑、智能手机和嵌入式设备的最新版本是 Windows 11,版本号为 22H2。用于服务器计算机的最新版本是 Windows Server 2022,版本号为 21H2。Windows 的特殊版本也可以在 Xbox One 视频游戏机上运行。

图 4-8　微软网页上关于 Windows 11 的介绍

Windows 操作系统的主要特点:提供了一个简单易用的图形用户界面,使用户可以通过图标、窗口和菜单来操作计算机;支持多任务处理,可以同时运行多个程序,大大提高了工作效率;支持大量的设备驱动程序,可以让计算机与多种设备连接,如鼠标、键盘、打印机等;应用软件非常丰富,涵盖了办公软件、娱乐软件、教育软件等多个领域,方便用户使用。

4. MacOS

苹果操作系统(Apple Operating System),通常称为 MacOS,是苹果公司为 Mac 计

算机设计的操作系统。MacOS 是一种类 UNIX 的操作系统,具有高效的图形用户界面和丰富的应用程序。MacOS 是首个成功应用于商用领域的图形用户界面操作系统。它提供了一种方便的、稳定的和安全的方法来使用计算机,并具有极高的可定制性和扩展性。

自 2001 年以来,苹果公司已经发布了多个版本的 MacOS,包括 MacOS X(现在称为 MacOS)和 MacOS Big Sur。2022 年 10 月 25 日,苹果发布 MacOS 13 正式版更新。它们都提供了丰富的功能,如文件管理、多媒体编辑、互联网和网络通信以及其他许多常用功能。

苹果操作系统与其他主流操作系统不同,因为它专门为苹果设备 Macintosh 系列计算机设计,因此它可以提供更加简单、高效和美观的用户体验。此外,苹果操作系统还具有更高的安全性,因为它采用了先进的安全技术,可以有效防范恶意软件和网络攻击。图 4-9 是苹果公司中文网站首页。

图 4-9　苹果官网上的 iPhone 14 Pro

5. Linux

Linux 是一种开源操作系统,它是用于计算机和网络设备的一种免费、可定制的操作系统。它基于 UNIX 操作系统,并具有类似的结构和功能。

Linux 的代码是由全球许多志愿者开发和维护的,因此它具有强大的可扩展性和灵活性。它可以在许多不同的硬件平台上运行,包括个人计算机、服务器、移动设备和嵌入式系统。Linux 操作系统具有很高的安全性,因为其代码是开源的,全球的开发者可以检查和修复安全漏洞。此外,Linux 还具有丰富的命令行接口,可以更容易地管理和控制系统。Linux 操作系统也提供了许多免费的软件工具,包括文本编辑器、图形用户界面、多媒体播放器、网络通信工具等。它还具有很好的社区支持,可以提供丰富的帮助、技术支持和资源。

Linux 有许多不同版本,也被称为发行版。其中一些最常见的 Linux 版本如下。

(1) Ubuntu:这是一个极其受欢迎的 Linux 发行版,特别适合新手。它具有强大的图形用户界面,提供了许多易于使用的应用程序,如图 4-10 所示。

(2) Fedora:这是一个社区驱动的 Linux 发行版,特别适合开发者和技术人员。它具有最新的软件版本,提供了最先进的技术和功能。

Linux操作系统

Ubuntu操作系统

虚拟机Linux操作系统

图 4-10　Linux 的不同版本

（3）CentOS：这是一个面向企业的 Linux 发行版，特别适合大型服务器和数据中心。它具有稳定的性能和安全性，并且提供了长期的技术支持。

（4）Debian：这是一个非常流行的 Linux 发行版，特别适合于桌面和服务器应用。它具有强大的稳定性和安全性，提供了大量的软件包。

总的来说，Linux 是一个非常优秀的操作系统，特别是对于那些希望免费使用、定制和管理计算机系统的用户。

6. UNIX

UNIX 是一个多用户、多任务的操作系统，它自 1974 年由 AT&T 的研究员开发问世以来，迅速地在世界范围内推广，它是一种高效的、稳定的、安全的操作系统，适用于各种计算机平台，包括服务器、工作站和桌面计算机。

UNIX 系统以其开放源代码和灵活的命令行界面而闻名。它提供了一个完整的开发环境，包括语言、编译器、调试器和工具，可以支持各种类型的应用程序开发。此外，UNIX 系统提供了一个强大的文件系统，可以方便地管理文件和目录。

现在有许多 UNIX 操作系统的变体，包括 FreeBSD、OpenBSD、NetBSD、Solaris 和 AIX 等。每种 UNIX 操作系统都有自己的独特特点和优势，但所有这些都遵循了 UNIX 的原则和设计理念。

7. Android

Android 是一种开源操作系统，主要用于移动设备，如智能手机和平板电脑。它是由 Google 开发的，并以 Linux 内核为基础。

Android 操作系统提供了一个丰富的用户界面，支持多种触摸手势和动画效果，并具有高度可定制的特性。它还提供了一个强大的应用程序框架，可以使开发人员能够快速开发和部署各种类型的应用程序，包括游戏、社交应用程序、生产力工具等。Android 操作系统还提供了一个完整的中心，用于管理移动设备的设置，如网络、存储、安全等。它还支持多语言,并具有广泛的第三方应用程序生态系统,以满足用户的各种需求。

总的来说,Android 操作系统是一个功能强大、完全开放源代码的移动操作系统,具有广泛的社区支持和生态系统。

8. iOS

iOS 是由苹果公司开发的操作系统,主要用于苹果的移动设备,如 iPhone、iPad 等。它是一个非常稳定、易于使用的操作系统,提供了丰富的用户界面、高度整合的应用程序和数据。

iOS 操作系统具有高度可定制的特性,并提供了丰富的图形界面和触摸手势。它还提供了一个强大的应用程序框架,允许开发人员创建丰富多彩的应用程序,以满足用户的各种需求。iOS 还提供了一个完整的中心,用于管理移动设备的设置,如网络、存储、安全等。它还提供了一个强大的生态系统,允许用户下载和使用数以百计的高质量应用程序,以满足他们的各种需求。

总体来说,iOS 是一个功能强大、高度整合的操作系统。

4.2 现代操作系统

4.2.1 操作系统的功能

1. 操作系统的作用

没有任何软件支持的计算机称为裸机,它只构成了计算机系统的物理基础,裸机只能识别由 0 和 1 组成的机器代码。一个没有配置操作系统的计算机系统是很难使用的。想在裸机上面运行程序的用户必须用机器语言编写程序。但是,如果配置了操作系统,系统可以使用编译命令将用户编写的高级语言程序翻译成机器语言,或者通过操作系统提供的命令直接操作计算机系统,让用户使用起来更加方便。

操作系统(Operating System,OS)是配置在计算机硬件上的第一层软件,是硬件系统的第一层扩充,它是管理硬件系统内设备,提高其利用率和系统的吞吐量,并在用户和应用程序之间提供接口,以方便用户使用的一组程序。OS 是现代软件系统中最基本、最重要的系统软件。

现代的计算机系统是经过若干层软件改造的计算机,如图 4-11 所示。由图 4-11 可以看出,计算机硬件和软件以及应用之间是一种层次结构关系,从内到外说明如下。

(1) 裸机。构成了整个系统的硬件基础,它决定了整个系统所能完成的基本功能。

(2) 操作系统,位于硬件的外面。经过操作系统提供的资源管理功能和方便用户的各种服务功能把裸机改造成为功能更强大、使用更为方便的机器,到这个层次才是用户习惯使用的计算机。

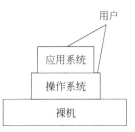

图 4-11 操作系统和应用系统、用户关系

（3）各种实用程序和应用程序。它们运行在操作系统之上，以操作系统作为它们的运行支撑环境，同时又向用户提供各种服务。

引入操作系统的目的可以总结如下。

（1）从方便用户使用目的。

计算机是用来为用户提供服务的，计算机所完成的任何工作，都是为了满足用户的计算或处理需求。因此，引入操作系统的目的是让计算机为用户提供更方便的服务。这要求计算机有一个良好的用户界面，使得用户无须了解有关硬件和系统软件的细节，能够方便灵活地使用计算机。此外，计算机还能为用户提供一个可靠的、安全的服务管理，以保证用户得到可靠安全的服务。

（2）从系统管理的目的。

引入操作系统是为了合理地组织计算机工作的流程，管理和分配计算机系统硬件和软件资源，使之能同时为多个用户高效率地共享。因此，操作系统是计算机资源的管理者。

（3）从可移植的目标。

引入操作系统是为了给计算机系统的功能扩展提供支撑平台，使得在追加新的功能和服务的时候不影响原来的服务和功能。

操作系统属于计算机系统中的系统软件，是用来管理和控制计算机系统中的软硬件资源，合理组织计算机系统的工作流程，在用户和计算机之间提供一个接口，解释用户对机器各种操作的需求，并完成这些操作，它为用户提供一个功能充分、使用方便、可扩展、安全、可管理的工作环境。所以，操作系统是用户、应用程序和计算机硬件之间的接口。

2. 操作系统的功能

从操作系统的发展可以看出，它的诞生是为了使计算机系统的使用更加方便和有效，使程序更容易运行，使程序能够共享内存，使程序能够与设备互动，以及其他一系列类似的任务，操作系统负责确保系统易于使用，但又能正确有效地运行。为了实现这一目标，操作系统中主要利用了以下三种常见的服务。

（1）虚拟技术。

将物理资源（如处理器、内存或磁盘）转换为更通用、更强大、更易于使用的虚拟形式。由于这个原因，操作系统有时被称为虚拟机。为了使用户（包括应用程序）能够利用虚拟机的能力，操作系统提供了运行程序、访问内存和设备以及执行其他相关操作的接口（API）。

（2）并发技术（Concurreny）。

指在计算机系统中，多个程序或者对象在某段时间里都处于运行状态，并且处于运行状态的对象个数多于系统中处理机的个数。

（3）持久性（Persistence）。

数据在系统内存中很容易丢失，因为 DRAM 等设备是以易失性方式存储数据的。如果发生断电或系统崩溃，内存中的所有数据都会丢失。因此，需要硬件和软件来持久地存储数据，并为应用程序提供数据共享服务。

操作系统的功能主要分为四大部分,分别是:处理机管理(进程管理)、存储管理、文件管理和设备管理。

(1)处理机管理。

也叫进程管理,对程序的运行进行管理和调度,确保 CPU 计算资源的高效利用。

(2)存储管理。

主要指内存管理,为不同程序的运行分配内存并进行有效的管理,确保内存资源被高效地利用。

(3)文件管理。

用于保存和管理文件,包括程序和文档等数据。

(4)设备管理。

管理外部设备与计算机之间的数据交互。

4.2.2　进程管理

人们往往希望能够同时运行多个程序,例如,在使用计算机的时候,同时运行浏览器、邮件、游戏、音乐播放器等,那么在有限个 CPU 的情况下,操作系统是如何实现支持远远超过物理 CPU 个数的程序同时运行呢? 操作系统通过虚拟化 CPU 来提供这种假象。为了能够让多个程序更好地并发执行,引入进程概念,通过让一个进程只运行一个时间片,然后切换到其他进程,操作系统提供了存在多个虚拟 CPU 的假象。这就是时分共享(Time Sharing)CPU 技术,允许运行多个并发进程。潜在的开销就是性能损失,因为如果 CPU 必须共享,每个进程的运行就会慢一点。

1. 进程

进程就是程序的一次执行。进程的概念是在 20 世纪 60 年代初麻省理工学院的 Multics 系统和 IBM 的 TSS/360 系统中提出的。它是在多通道程序系统出现后引入的一个概念,目的是为了刻画系统内部发生的动态情况,描述系统内部各道程序的活动模式,所有支持多道程序技术的操作系统都是建立在进程的基础上。它是操作系统中最基本和最重要的概念之一。

进程和程序是两个既有联系又有区别的概念。程序本身没有生命周期,它是一个静态的概念,以文件的形式存储在磁盘上,用于描述计算机要执行的独立功能的集合,并在时间上以严格的顺序执行的计算机操作的序列。

它们的区别和联系总结如下。

(1)进程是一个动态概念,而程序是静态概念。程序是指令的有序集合。而进程强调执行过程,动态被创建,并在被调度执行后消亡。

(2)进程具有并发特征,而程序没有。进程具有并发特征的两个方面,即独立性和异步性。在不考虑资源共享的情况下,各进程的执行是独立的,执行速度是异步的。

(3)进程是计算机系统资源分配的基本单位。

(4)不同进程可以包含同一程序,只要该程序对应的数据集合不同。

2. 进程的状态

进程在并发执行中,在给定时间可能处于不同的状态,这些状态刻画了整个进程。由于资源共享和竞争,有时处于执行状态。有时因等待某个事件发生而处于等待状态。进程刚被创建时,由于其他进程占用处理器而得不到执行,只能处于初始状态。当一个处于等待状态的进程因等待的事件发生,被唤醒后,又因为不能立即得到处理机而进入就绪状态。不同类型的操作系统对进程的状态划分有所不同,但是大致都包括以下三个基本状态,即:运行状态、阻塞状态、就绪状态。其转换关系如图 4-12 所示。

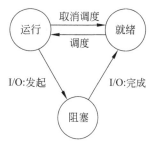

图 4-12　进程三个基本状态转换

(1)运行状态:进程正在处理器上运行。这意味着它正在执行指令;运行状态的进程如果在一个时间片内该任务没有执行完,就被调度进入就绪状态队列排队,等待下一次被调度。

(2)就绪状态:进程已经得到除了 CPU 外的其他资源,只要通过调度得到 CPU,便可投入运行。在单 CPU 系统中,任一时刻处于运行状态的进程只能有一个。只有处于就绪状态的进程经过调度选择后才可进入运行状态。

(3)阻塞状态:进程因等待某个事件发生而放弃 CPU 进入阻塞状态。显然,阻塞状态可根据等待事件的种类而进一步划分为不同的子状态,例如,内存等待、设备等待、文件等待、数据等待等。阻塞状态的进程如果等待的事件已经发生,就从阻塞状态进入就绪状态,到某个就绪队列中等待重新被调度执行。

进程的状态反映进程执行过程的变化。这些状态随着进程的执行和外界条件发生变化和转换。

4.2.3　存储管理

操作系统的存储管理包括**磁盘管理和内存管理**。磁盘管理包括文件系统、磁盘分区和磁盘缓存。这里讨论的操作系统存储管理的对象是内存,也叫主存。

内存管理的任务是有效地管理内存资源,并使进程可以正常运行。内存管理是操作系统的一个关键组成部分,对于系统的效率和可靠性至关重要,包括内存分配、内存缓存和内存回收。这些功能由操作系统的内核实现,对用户是透明的。内存管理的主要任务有内存的分配和回收、内存保护、地址映射、虚拟内存管理等。

1. 内存分配和回收

1)静态内存分配和动态内存分配

内存分配指将系统中可用的物理内存分配给被调度执行的程序或者系统使用,并在程序结束后将它所占内存释放出来,供其他内存使用。由于多个进程共享内存,内存不能像早期系统那样由程序本身管理,而是需要由操作系统统一管理。为了支持计算机系统中同时驻留多个进程,就必须由操作系统来为被调度执行的进程分配内存,如图 4-13 所示，多个进程共享内存。

内存分配可以采用静态内存分配技术或者动态内存分配技术来实现。

静态内存分配是一种预先分配内存的方式，它与动态内存分配相对应。在静态内存分配中，内存在编译时或程序启动时就已经被分配，并且大小是固定不变的，不允许程序在运行过程中调整内存大小。而在动态内存分配中，运行程序可以在运行时动态调整内存大小，其中，程序在运行时向系统请求分配内存，并在使用完后再释放内存，从而提高内存的使用效率。

对内存进行划分可以采用分区存储管理、分页存储管理、分段存储管理、段页式存储管理，接下来以分页式存储技术为例来说明内存的分配过程。

2）分页存储管理技术

分页存储是指将内存划分为固定大小的页（通常是4KB 或 8KB），并在需要时将这些页面分配给程序使用，以页为单位进行分配和回收。

为了管理这些页，在系统中为每个实际的物理内存页（称为页框），建立一个页表项，记录这个页框的分配情况。当有进程申请内存时，查找系统页表，如果有页框尚未分配，就将这个物理内存页分配给进程。每个进程都有一个页表，记录了为这个进程分配的每个内存页的信息。

分页存储可以实现虚拟内存。即只为进程分配部分物理内存页，允许进程访问比物理内存更多的内存，将进程中较少使用的内存保存到硬盘上，需要时再加载回来，如图 4-14所示。

图 4-13 内存中同时驻留多个进程示意图

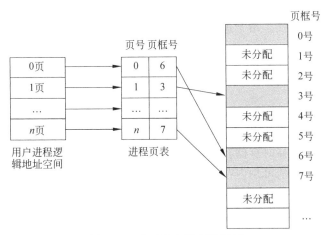

图 4-14 分页内存管理数据项

为了能知道进程的每一个页面在内存中的存放位置，操作系统为每个进程建立一张页表,进程的逻辑地址空间被划分为页,进程的每一页对应页表的每一项,称为页表项,由"页号"和"页框号"组成。页表记录了进程页面和物理内存块(页框)之间的对应关系。当一个进程访问内存时,它首先在自己的页表中寻找对应页表项,如果找到相应的页表项,它就可以访问相应的物理内存页。如果没有找到,那么该页就不在物理内存中,需要通知系统从硬盘中加载。

分页存储管理的优点:它能够有效利用内存资源,并减少内存碎片问题,同时还能提高系统的安全性,因为每个程序只能访问其分配的内存页面,不能访问其他程序的内存页面。

分页存储管理的缺点:它会增加内存管理的复杂度,并需要额外的时间和空间来维护页面表。此外,当内存需求增加时,系统需要更多的时间来对内存进行重新分配,以确保所有程序都能得到充分的内存资源。

总的来说,分页存储管理是一种非常有效的内存管理技术,它在很多现代操作系统中得到了广泛的应用。

(1) Windows 操作系统:Windows 操作系统在内存管理方面使用了分页存储管理技术。

(2) Linux 操作系统:Linux 操作系统在内存管理方面使用了分页存储管理技术。

(3) MacOS 操作系统:MacOS 操作系统在内存管理方面也使用了分页存储管理技术。

(4) UNIX 操作系统:很多 UNIX 操作系统都使用了分页存储管理技术,例如,Solaris 和 AIX。

(5) 嵌入式操作系统:许多嵌入式操作系统,如 VxWorks 和 QNX,也使用了分页存储管理技术。

这些操作系统都在内存管理方面使用了分页存储管理技术,以提高内存管理的效率和灵活性。这只是分页存储的一种简单模型,实际实现中还有很多细节。

分页还通过防止程序访问其他程序的内存来提高系统安全性。这确保每个进程只能访问分配给它的内存页,防止程序之间的内存碰撞。它还通过防止程序访问其他程序的内存来提高系统的安全性。由于进程的最后一页经常装不满一块而形成了不可利用的碎片,称为"页内碎片"。

除了分页存储管理技术外,还有分段存储、分区存储、段页式存储技术。

2. 虚拟内存

操作系统的虚拟内存技术是一种用于扩大系统可用内存的技术。它允许操作系统将内存中当前需要的数据临时存储在硬盘上,以便当程序需要时可以再次加载进来。这样就可以给系统提供更多的可用内存,提高系统性能。虚拟内存技术是现代计算机系统结构中不可分割的一部分。现代所有用于一般应用的操作系统都对普通的应用程序使用虚拟内存技术,例如,文字处理软件、电子制表软件、多媒体播放器等。大部分架构通过CPU 中独立的硬件内存管理单元来辅助实现这一功能。

虚拟内存通常由两部分组成:**物理内存和硬盘上的交换空间**。物理内存是实际存在的内存,而交换空间是在硬盘上为虚拟内存预留的空间。当程序需要更多的内存时,操作系统会将内存中不需要的数据存储到交换空间中,以便给新的程序腾出空间。它使得应用程序认为它拥有连续可用的内存(一个连续完整的地址空间),而实际上物理内存通常被分隔成多个内存碎片,还有部分暂时存储在外部磁盘存储器上,在需要时进行数据交换。

分页式存储管理技术正是实现虚拟内存的一种方法。该技术将内存划分为若干个固定大小的页面,每个页面对应一个物理内存页面或磁盘页面。当一个进程需要访问某个数据时,操作系统会检查该数据所在的页面是否在物理内存中,如果不在,则从磁盘中读入该页面到物理内存中。当物理内存空间不足时,操作系统会将一些不常使用的页面换出到磁盘中,以腾出物理内存空间。

操作系统通过管理页面的调入和换出,可以有效地提高系统的内存使用效率,并且把内存的限制扩大到了磁盘的容量。

除了分页式存储管理技术外,还有以下几种常见的存储管理技术可以实现虚拟内存。

(1) 分段式存储管理技术:将内存划分为若干个固定大小的段,每个段对应一个物理内存段或磁盘段。

(2) 段页式存储管理技术:是分段式存储管理技术和分页式存储管理技术的结合。它将内存划分为若干个固定大小的段,每个段再划分为若干个固定大小的页面。

这些存储管理技术均通过管理内存的页面或段的调入和换出来实现虚拟内存,它们的实现细节及效率有所差别,但原理基本相同。

虚拟内存技术的优点:使用这种技术使得大型程序的编写变得更容易,对真正的物理内存(如 RAM)的使用也更有效率。此外,虚拟内存技术可以使多个进程共享同一个运行库,并通过分割不同进程的内存空间来提高系统的安全性。

3. 地址重定向

在现代计算机系统中,由操作系统为运行的程序分配内存空间,决定指令和数据从哪个地址单元开始连续存放。

从程序的角度来看,每个程序都位于一个连续的、完整的地址空间中,这个地址空间从 0 开始编址,空间中的指令地址都是相对于这个起始地址开始编址,这个地址被称为**逻辑地址(也叫相对地址)**,其所有逻辑地址的取值范围称为**逻辑地址空间**。程序使用的地址是逻辑地址,在程序中通过这些地址访问内存。

实际内存由若干个存储单元组成,每个存储单元都有一个数字编号,称为内存地址(按字节编址),即**物理地址(也称绝对地址)**。物理地址的取值范围称为**物理地址空间**。

当程序运行时其代码被加载到计算机内存,由于内存是多个进程共享资源,需要操作系统按照内存当时状况将用户程序代码从某个物理地址开始加载(不一定从 0 开始),程序中的指令和数据就获得了一个真正的物理地址。在程序运行的时候,就需要将程序中访问内存的逻辑地址转换为物理地址。

将用户程序的逻辑地址转换成物理地址,这个过程就称为**地址映射**,也称为地址重定位,这个工作是由操作系统自动完成的。

地址重定向技术通常出现在分页式存储管理技术和分段式存储管理技术中。它主要的作用是通过将虚拟地址空间中的地址映射到物理地址空间中的地址,来实现虚拟内存的效果。地址重定向技术通过页表和段表等数据结构来实现这种映射。

地址重定向技术可以有效地解决内存不足和碎片问题,使得程序可以在更大的虚拟内存空间中运行,也可以提高内存的使用效率。

4. 内存保护

内存保护是指在计算机系统中为保护内存安全和避免内存损坏而采取的一系列措施。

(1)内存隔离:在内存空间中为每个程序、进程或线程分配独立的内存区域,以避免不同程序间的内存访问冲突。

(2)内存沙箱:使用内存沙箱技术对运行的程序进行隔离,以保护系统内存免受恶意代码的攻击。

(3)内存管理:使用内存管理技术,包括内存分配和回收,以保证内存使用的有效性和效率。

(4)内存安全检查:对程序访问内存的操作进行安全检查,以确保内存的正确使用,并防止内存越界访问等安全问题。

总的来说,内存保护是为了保证内存安全和效率,提高计算机系统的稳定性和可靠性。

4.2.4　文件管理

1. 文件管理的功能

什么是文件？文件是计算机上存储的数据的单位。文件可以是文本文件、图像文件、音频文件、视频文件、应用程序文件等。文件具有文件名、扩展名和文件大小等特征,可以被用户或应用程序访问。

操作系统的文件管理功能是一个用于组织、管理和访问计算机中文件的组件。它是一个非常重要的部分,因为它允许用户控制和组织他们的文件,在文件系统的管理下,用户可以按照文件名访问文件,而不必考虑各种外存储器上存储文件的差异,不必了解文件在外存上的实际的物理位置和如何存放,使用户能够方便地找到和使用他们需要的信息。

文件管理的主要功能如下。

(1)文件组织:文件管理系统允许用户创建、组织和管理文件夹,并在文件夹中移动文件。

(2)文件搜索:用户可以通过搜索文件名、创建日期、大小等属性来查找文件。

(3)文件复制和移动:操作系统允许用户复制和移动文件以进行数据备份或移动文件到不同的位置。

(4)文件删除和恢复:操作系统允许用户删除文件,并且可以通过回收站或其他工具恢复已删除的文件。

(5)文件访问权限:操作系统允许系统管理员或用户控制文件的访问权限,以确保数据的安全性。

(6)文件共享:操作系统允许用户通过网络共享文件,以便多个用户可以同时访问和编辑文件。

2. 文件目录和文件系统

文件目录结构是一种组织文件的方式,在其中,文件和文件夹被组织在一起,以建立树形结构。文件目录结构的根目录是整个文件系统的开始点,它包含其他文件夹和文件。每个文件夹可以包含自己的文件和文件夹,这样可以不断递归下去。

例如,Windows 操作系统的文件目录结构是分层的,它的根目录通常是 C 盘,其他盘符可以是其他磁盘分区或外部存储设备。

以下是 Windows 文件目录结构中的一些常见目录。

(1) 根目录:Windows 系统根目录通常是 C 盘,它包含整个操作系统和用户数据。

(2) 用户目录:每个用户都有自己的用户目录,通常在 C 盘的 Users 目录下,其中包含用户个人文件和文件夹。

(3) 程序文件:程序文件包含安装在系统中的应用程序,通常在 C 盘的 Program Files 目录下。

(4) Windows 系统文件:Windows 系统文件包含操作系统运行所需的文件,通常在 C 盘的 Windows 目录下。

(5) 临时文件:临时文件是操作系统临时生成的文件,通常在 C 盘的 Temp 目录下。

(6) 回收站:回收站是一个虚拟文件夹,用于存储删除的文件。

(7) 驱动器:驱动器是操作系统上的磁盘分区,如 C:、D:、E:等。

这些只是 Windows 操作系统文件目录结构的一些常见目录。常见的文件系统有以下几种。

(1) NTFS:NTFS 是 Windows 操作系统的默认文件系统,它提供了高效的文件存储和管理功能,支持文件系统扩展和加密。

(2) FAT32:FAT32 是 Windows 操作系统中较早版本的文件系统之一,它兼容性好,文件大小不受限制,但是不支持文件系统扩展和加密。

(3) EXT:EXT 是 Linux 操作系统的常用文件系统之一,有 EXT2,EXT3,EXT4 三种不同的版本。它们具有稳定性好、容错能力强、支持大文件等优点。

(4) HFS+:HFS+是 MacOS 操作系统的默认文件系统,它具有支持大容量硬盘、快速读写、支持文件系统扩展等优点。

(5) Btrfs:Btrfs 是一种新型的 Linux 文件系统,它支持动态分区、快速恢复、快速检查等特性,是下一代 Linux 文件系统。

这些只是主流的文件系统,实际上,还有许多其他文件系统,如 UFS、ReiserFS 等。

4.2.5 设备管理

1. 定义

设备管理是计算机系统中的一项重要功能,指计算机系统对除了 CPU 和内存外的所有输入输出设备的管理,完成该功能的模块称为设备管理子系统。

设备管理的目的：方便用户使用设备，实现某些设备的共享，提高设备的利用率；实现外围设备和其他计算机部件之间的并行操作，充分发挥计算机系统的并行性，进一步提高系统效率。

下面是设备管理功能的一些具体内容。

（1）设备驱动程序管理：管理和配置计算机系统中的设备驱动程序，以确保设备能够正常工作。

（2）设备配置：允许用户配置计算机系统中的各种设备，例如，硬盘、显示器、键盘、鼠标等。

（3）设备诊断：允许用户诊断计算机系统中的各种设备，以检测是否存在任何问题。

（4）设备升级：允许用户升级计算机系统中的各种设备，以提高性能或修复问题。

（5）设备监控：允许用户监控计算机系统中的各种设备，以确保设备正常工作。

2. 设备管理的对象

设备管理的对象主要是计算机系统中的各种硬件设备。下面是一些常见的设备管理对象。

（1）硬盘：管理和配置硬盘，包括对硬盘的分区、格式化、数据备份等。

（2）显示器：管理和配置显示器，包括设置分辨率、亮度、对比度等。

（3）键盘和鼠标：管理和配置键盘和鼠标，包括对键盘鼠标的故障检测和修复。

（4）网络设备：管理和配置网络设备，包括设置网络参数、管理网络连接等。

（5）打印机：管理和配置打印机，包括对打印机的驱动安装、打印队列管理等。

（6）外设：管理和配置外设，包括对外设的驱动安装、故障检测和修复等。

以上是一些常见的设备管理对象，不同的操作系统可能包括不同的设备管理对象，但是这些对象大体上是相似的。

按照这些设备的类型，可以分为输入设备、输出设备、存储设备和联网设备，如图 4-15 所示。

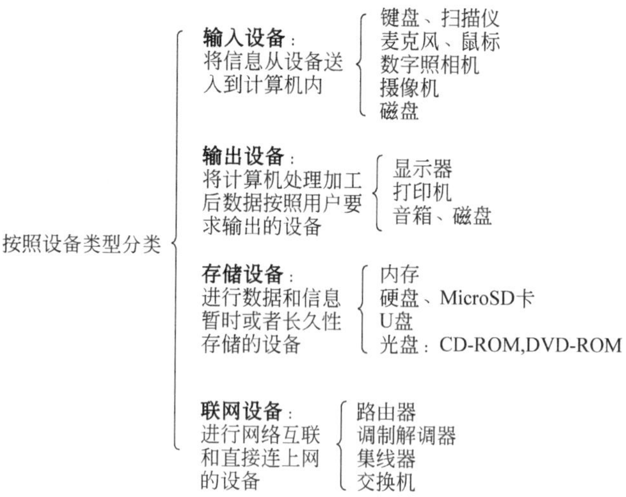

图 4-15　按照设备类型划分

这里面有些设备可能在多个类中都出现,例如磁盘,既是输入设备,也是输出设备,也是存储设备。

3. 磁盘管理

磁盘管理是设备管理中一个重要的功能,它负责管理磁盘空间,并确保数据存储在磁盘上是有效和有组织的。下面是磁盘管理功能的一些具体内容。

(1)分区管理:磁盘管理功能允许用户将磁盘分成多个逻辑分区,每个分区可以单独管理和格式化。

(2)格式化:磁盘管理功能允许用户格式化磁盘,删除磁盘上的所有数据并准备磁盘以存储数据。

(3)磁盘碎片整理:磁盘管理功能还允许用户整理磁盘上的碎片,以提高磁盘读写性能。

(4)存储空间分配:磁盘管理功能管理存储空间分配,确保数据存储在磁盘上是有效和有组织的。

总的来说,磁盘管理功能是计算机系统中的关键部分,确保数据存储在磁盘上是有效、有组织和可靠的。

在 Windows 操作系统中提供了"磁盘管理"进行分区、格式化和碎片整理等。

以在 Windows 操作系统中进行磁盘分区为例,来看一下磁盘分区,即来划分逻辑硬盘,实现虚拟盘。以下是磁盘分区类型。

(1)主分区:主分区是硬盘的启动分区,C 盘通常就是硬盘上的主分区。它被操作系统和主板认定为这个硬盘的第一个分区。所以 C 盘永远都是排在所有磁盘分区的第一的位置上。

(2)扩展分区:除去主分区所占用的容量外,硬盘剩下的容量就被认定为扩展分区,即一块硬盘除去主分区外的容量后,如果对剩下的容量再进行了分区,那么,这些分区就是扩展分区。

(3)逻辑分区:扩展分区是不能直接使用的,它是以逻辑分区的方式来使用的,所以说扩展分区可以分成若干个逻辑分区。它们的关系是包含的关系,所有的逻辑分区都是扩展分区的一部分。扩展分区如果不再进行分区了,那么整个扩展分区就是逻辑分区了。

在 Windows 中划分逻辑盘需要使用磁盘管理(Disk Management)工具。以 Windows 10 为例,操作步骤如下。

步骤一:打开"磁盘管理"工具。在 Windows 搜索框中输入"磁盘管理",在搜索结果中选择"磁盘管理"即可,磁盘管理页面如图 4-16 所示。

步骤二:选择要划分的逻辑盘。在磁盘管理工具中选择要划分的逻辑盘,然后单击鼠标右键,在弹出的快捷菜单中选择"删除卷",如图 4-17 所示。

步骤三:设置新的逻辑盘大小。单击鼠标右键,在弹出的快捷菜单中选择"新建卷",并按照向导的提示设置新的逻辑盘大小。

步骤四:格式化新的逻辑盘。选择新创建的逻辑盘,单击鼠标右键,在弹出的快捷菜

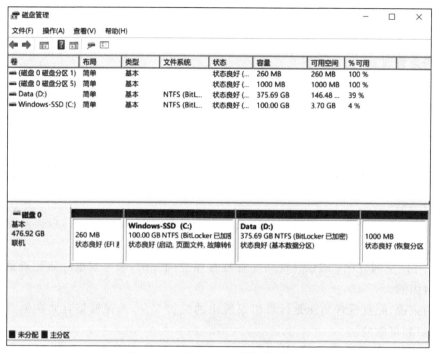

图 4-16　Windows 中磁盘管理页面

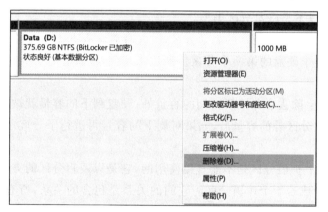

图 4-17　删除卷

单中选择"格式化",并按照向导的提示进行格式化操作。

注意：划分逻辑盘会删除相关数据,请务必在划分前进行备份。

习　　题

1. 什么是操作系统? 它的主要功能是什么?

2. 什么是文件系统? 有哪些常见的文件系统类型?

3. 什么是进程? 进程和程序有哪些不同?

4. 操作系统如何实现进程的调度？简要说明。

5. 简述一下进程的三个基本状态、状态之间如何切换。

6. 什么是虚拟化技术？它在操作系统中有什么应用？

7. 什么是地址重定向？为什么要进行地址重定向？

8. 什么是程序的逻辑地址？它和程序的物理地址之间的关系是什么？

9. 操作系统有哪些类型？

第5章

软件技术

计算机系统由两个重要部分组成：计算机硬件系统和软件系统，两者缺一不可。计算机硬件是计算机系统中由机械、电子和光电元件组成的各种计算机物理部件和设备的总称，包括计算机主机和各种外部设备，是计算机完成各项工作的物质基础。计算机软件是人与硬件的接口，是在计算机硬件设备上运行的各种程序以及相关数据和文档的总称。计算机软件是计算机系统的重要组成部分，指挥和控制着硬件的执行过程，只有配备了软件系统，计算机硬件系统才能发挥效用，计算机才能实现特定的功能。最初的软件完全依赖于硬件，随着计算机技术的不断发展，软件逐渐从计算机硬件系统中分离出来，成为一门独立的学科。软件在计算机上除了开发无穷无尽的功能，还可以帮助人们处理各种各样的事务，并通过网络进行快捷的信息交流和资源共享。如果把硬件比作人的肢体，那么软件就是人的灵魂或大脑。没有安装任何软件的计算机称为"裸机"，而"裸机"只能识别由0、1组成的基础代码，用户难以直接使用。而没有硬件的物质支持，软件也无法运行。计算机就是由硬件肢体和软件大脑结合在一起，实现了人们需要的各种功能，并创造了各种奇迹。

5.1　软件技术概述

5.1.1　软件定义

关于软件的概念，并没有一个严格意义上的标准定义。世界知识产权组织（WIPO）的定义是：计算机软件包括程序、程序说明以及程序使用指导三项内容。"程序"是控制计算机完成特定任务的指令集合；"程序说明"指用文字、图解或其他方式，对计算机程序中的指令所做的说明和解释；"程序使用指导"指除程序、程序说明以外，用以帮助和实施有关程序的其他辅助材料。

计算机科学对软件的定义是："软件是在计算机系统支持下，能够完成特定功能和性能的程序、数据和相关文档。"这里数据是指程序能够处理信息的数据结构。文档是描述程序功能需求以及程序如何操作和使用的相关说明，如使用指南、维护手册等。程序和数据必须装入计算机内部才能执行并完成其功能；而文档在计算机执行过程中可能是不需要的，不一定要装入计算机内部，但对于用户阅读、修改、维护这些程序却是必不可少的。

根据计算机科学对软件的定义，软件可以形式化地表示为：

$$软件＝程序＋数据＋文档$$

软件具有一些同其他传统生产行业产品不同的地方,具有如下的特征:

(1) 抽象性:软件没有物理形态,是一种逻辑实体,只能通过运行状况来了解其功能、特性和质量。

(2) 开发性:软件产品的生产不同于硬件,没有明显的制造过程,软件的生产主要是研制和开发。

(3) 复杂性:软件的复杂性主要是指所解决实际问题的复杂性和程序逻辑结构的复杂性,同时开发和运行还会受到计算机系统的限制,软件本身是复杂的。

(4) 移植性:软件的开发和运行常常受到计算机系统环境的制约,对计算机硬件有依赖性,为了减少依赖,在软件开发中必须考虑软件在不同系统之间进行移植的问题。

(5) 高成本:软件的研发过程渗透了大量的、复杂的、高强度的脑力劳动,人的逻辑思维、智能活动和技术水平是软件产品的关键,软件的成本相对较高。

(6) 复用性:软件具有可复用性,软件开发出来很容易被复制,从而形成多个副本。

(7) 退化性:软件不会像硬件一样出现老化、磨损等问题,但软件存在退化问题,需要不断对软件缺陷进行维护和技术更新。

(8) 人工性:软件的开发过程至今依赖于人工的开发方式,无法摆脱这种手工生成方式。

5.1.2　软件分类

软件种类繁多,对软件进行恰当的分类是比较困难的,大部分教科书以及早期的各种文献中,都将软件分为系统软件与应用软件两大部分。系统软件指为计算机使用提供最基本功能的软件,控制和协调计算机及外部设备,支持应用软件开发和运行的系统,是无须用户干预的各种程序的集合。系统软件主要包括操作系统、语言处理系统、数据库系统以及其他服务程序。应用软件是为解决计算机各类应用问题而编制的程序集合,具有很强的实用性。应用软件依赖系统软件,需要在其支持的操作系统下才能够运行。应用软件主要包括文字处理软件、图形图像处理软件、网络通信软件、辅助设计软件等多种软件。

随着软件技术的不断发展,软件种类越来越多,人们对软件提出了更细致的分类,从不同角度可以有不同的分类方式。

1. 按功能分类

现代软件的分类方法是分为基础软件和应用软件两大类。

基础软件是软件系统中最底层、最基础的软件,包括操作系统、数据库系统、中间件、语言处理系统(包括编译程序、解释程序和汇编程序)和办公软件。各行业领域系统软硬件的互联互通、性能、安全性均建立在基础软件之上。

因为基础软件所包含的内容较为庞杂,因此专业上又将基础软件进一步细分,将靠近硬件部分的软件称为系统软件,将支持应用软件开发的软件称为支撑软件。系统软件主要包括操作系统、设备驱动程序和编译系统;支撑软件是在系统软件和应用软件之间,提供给软件开发者研制适用于解决各种问题的程序的开发环境,如各种编程语言、数据库系统、图形软件开发包、办公软件、嵌入式软件等。

应用软件是指利用计算机的软硬件资源为解决各类应用问题而开发的软件系统,具有很强的实用性。随着现代计算机性能的不断提高、网络的飞速发展,应用软件类型丰富多彩。按照软件的功能,可以把应用软件进一步分为工业软件、行业软件、图像处理软件、游戏娱乐软件、多媒体软件、安全软件、教育教学软件等。

2. 按工作方式分类

按软件工作方式进行分类可以分为:实时处理软件、分时处理软件、交互式软件和批处理软件。

实时处理软件是指必须满足严格时间约束条件的软件,即在事件或数据产生时对其进行立即处理,并及时反馈信号以控制需要检测过程的软件。比较而言,实时程序设计是应用软件开发中技术最难、风险最大的程序设计领域,这是由它的应用对象和环境决定的。随着人类对自动控制系统的广泛开发,实时软件的需求越来越大。实时处理软件主要用于特殊设备的监控,例如,自动流水线监控程序、飞机自动导航程序等。

分时处理软件是指能够把计算机 CPU 工作时间轮流分配给多项数据处理任务的软件。分时系统与那些为一个部门的专用目的而设计的系统不同,是指在一台主机上连接多个终端而构成的系统,允许多个用户同时通过自己的终端交互使用计算机,共享主机内的资源。因此它的主存储器容量很大,中央处理机的通用性好,以支持所有复杂的程序设计和控制功能。例如,多任务操作系统就是典型的分时处理软件。

交互式软件是指能够实现人机对话的软件。这类软件往往通过一定的操作界面接收用户给出的信息,并由此进行数据操作;其在时间上没有严格的限定,但在操作上给予了用户很大的灵活性。交互式软件在生产和生活中应用比较多,如触摸屏上用的展示类软件、硬件软件结合的游戏等。

批处理软件是指能够把一组作业按照作业输入顺序或作业优先级别进行排队处理,并以成批加工的方式处理作业中的数据。例如,汇总报表打印程序、垃圾处理软件、文件批处理器、图片批处理软件等。

3. 按软件服务对象范围分类

分为项目软件和产品软件两大类。其中,项目软件不以营利为目的,涉及工程课题、国家安全如航天等。产品软件以营利为目的,面向市场,如游戏软件、购物软件等。

4. 按软件规模分类

按开发软件所需的人力、时间以及完成的源程序行数,可以将软件分为 6 种不同规模的软件,具体划分方法如表 5-1 所示。

表 5-1　软件按规模分类

类别	参与人数	研制期限	产品规模（源程序行数）
微型	1	1～4 周	0.5k
小型	1	1～6 周	1～2k
中型	2～5	1～2 年	5～50k
大型	5～20	3～4 年	50～100k
巨大型	100～1000	4～5 年	1M(1000k)
极大型	2000～5000	5～10 年	1～10M

（资料来源：《软件安全》）

5.2　人工智能技术

5.2.1　人工智能定义

人工智能（Artificial Intelligence，AI）的定义可以分为两部分，即"人工"和"智能"。"人工"即通常意义下的人类制作和创造的意思；而关于"智能"，没有一个明确的定义，因为人类唯一了解的智能是人本身的智能，是指人类所具有的认识、理解客观事物并运用知识、经验等解决问题的能力，包括记忆、观测、想象、思考、判断等。人类智能是人类在漫长的过程中发展起来的，是人类认识世界和改造世界的关键。人工智能就是人类通过模仿创造出来的人造智能，模仿的对象就是人类的智能。斯坦福大学计算机教授尼尔逊对人工智能下了这样一个定义："人工智能是关于知识的学科——怎样表示知识以及怎样获得知识并使用知识的科学。"而另一个美国麻省理工学院的温斯顿教授认为："人工智能就是研究如何使计算机去做过去只有人才能做的智能工作。"这些说法反映了人工智能学科的基本思想和基本内容，即人工智能是研究人类智能活动的规律，构造具有一定智能的人工系统，研究通过人工的方法和技术，让机器像人一样认知、学习、模仿、延伸和扩展人的智能，从而实现机器智能，其本质是对人类智能的模拟、延伸甚至超越的一门新技术学科。

人工智能的发展历史是和计算机科学技术的发展史联系在一起的。人工智能是研究人类智能活动的规律，构造具有一定智能的人工系统，研究如何让计算机去完成以往需要人的智力才能胜任的工作，也就是研究如何应用计算机的软硬件来模拟人类某些智能行为的基本理论、方法和技术。人工智能是在计算机科学、控制论、信息论、神经心理学等多种学科研究的基础之上发展起来的综合性学科，在很多学科领域都获得了广泛应用，有着超乎想象的广阔前景。人工智能能够推动多个领域的变革和跨越式发展，对传统行业产生颠覆性影响，并催生新业态、新模式，引发经济社会发展的重大变革。人工智能是计算机学科的一个分支，被认为是 21 世纪三大尖端技术（基因工程、纳米科学、人工智能）之一。

5.2.2　人工智能发展历程

1. 人工智能的诞生

人工智能的开端一直绕不开艾伦·麦席森·图灵（Alan Mathison Turing）。1950年，图灵提出关于机器思想的问题，发明了图灵测试来断定计算机是否有智能。图灵测试以为，假如一台机器可以与人类展开对话（经过电传设备）而不能被区分出其机器身份，那么称这台机器具有智能，这就是著名的"图灵测试"。同一年，图灵还预言会创造出具有真正智能的机器的可能性。

"人工智能"一词最初是在 1956 年达特茅斯（Dartmouth）学会上提出的，会上人们首次决定将像人类那样思考的机器称为"人工智能"，这次会议被人们看作是人工智能正式诞生的标志。

2. 人工智能的发展历程

人工智能的探索道路曲折起伏，其发展历程可以总结为以下 6 个阶段。

1）起步发展期（1956 年—20 世纪 60 年代初）

人工智能概念提出后，最早的一批人工智能学者和技术开始涌现，相继取得了一批令人瞩目的研究成果，掀起人工智能发展的第一个高潮。1958 年，约翰·麦卡锡开发了既能够处理数据又能够处理符号的 LISP 语言；1960 年，西蒙等人研制出通用问题求解程序 GPS；1966—1972 年，美国斯坦福国际研究所研制出机器人 Shakey，这是首台采用人工智能的移动机器人；1966 年，世界上第一个聊天机器人 ELIZA 发布，ELIZA 的智能之处在于她能通过脚本理解简单的自然语言，并能产生类似人类的互动；1959 年，计算机游戏先驱亚瑟·塞缪尔编写了西洋跳棋程序，这个程序顺利战胜了当时的西洋棋大师罗伯特尼赖，"推理就是搜索"，是这个时期主要的研究方向之一。

2）人工智能第一次低谷（20 世纪 60 年代—70 年代初）

20 世纪 70 年代初，人工智能遭遇了瓶颈，当时的计算机有限的内存和处理速度不足以解决任何实际的人工智能问题。人工智能经过了十多年的发展仍然只能解决一些非常简单的问题，人们发现人工智能不能像预期的那样无所不能，便引发了全世界对人工智能实际价值的质疑。由于缺乏进展，对人工智能提供资助的机构（如英国政府、美国国防部高级研究计划局和美国国家科学委员会）对无方向的人工智能研究逐渐停止了资助，美国国家科学委员会（NRC）在拨款两千万美元后停止资助。

3）人工智能的繁荣期（20 世纪 70 年代后期—80 年代末）

20 世纪 80 年代，人们逐渐意识到了对人工智能的期望过高，于是便将人工智能局限于某些特定的任务重新展开研究，以知识处理为主的"专家系统"人工智能程序开始发展。20 世纪 70 年代出现的专家系统模拟人类专家的知识和经验解决特定领域的问题，实现了人工智能从理论研究走向实际应用、从一般推理策略探讨转向运用专门知识的重大突破。专家系统在医疗、化学、地质等领域取得成功，推动人工智能走入应用发展的新高潮。与此同时，连接主义学派的神经网络先后提出了离散神经网络模型、连续神经网络模型、反向传播算法,人工神经网络的研究重新受到重视。

4) 人工智能第二次低谷(20 世纪 80 年代—90 年代初)

随着苹果和 IBM 公司台式计算机的崛起,导致 LISP 计算机销量大幅度减少。随着人工智能的应用规模不断扩大,专家系统存在的应用领域狭窄、缺乏常识性知识、知识获取困难、推理方法单一、缺乏分布式功能、难以与现有数据库兼容等问题逐渐暴露出来。人们再一次对人工智能失去了信心,政府以及各机构对人工智能的投资又大大减少,人工智能再次进入寒冬。

5) 稳步发展期(20 世纪 90 年代中期—90 年代末)

经历了两次低谷,人工智能的研究者们逐渐趋于理性,开始脚踏实地地研究人工智能在特定领域问题的解决方法。网络技术特别是互联网技术的发展,加速了人工智能的创新研究,促使人工智能技术进一步走向实用化。1997 年,国际商业机器公司(IBM)深蓝超级计算机战胜了国际象棋世界冠军卡斯帕罗夫;1999 年,索尼推出了机器人宠物狗 AIBO,能够通过与环境、所有者和其他宠物狗进行互动来"学习";2006 年,Hinton 在神经网络的深度学习领域取得突破;2008 年,IBM 提出"智慧地球"的概念。

6) 全面爆发期(2010 年至今)

随着大数据、云计算、互联网、物联网等信息技术的发展,泛在感知数据和图形处理器等计算平台推动以深度神经网络为代表的人工智能技术飞速发展,大幅跨越了科学与应用之间的"技术鸿沟",诸如图像分类、语音识别、知识问答、人机对弈、无人驾驶等人工智能技术实现了从"不能用、不好用"到"可以用"的技术突破,迎来爆发式增长的新高潮。2012 年,在 ImageNet 竞赛上 Hinton 团队利用深度学习取得了第一名的好成绩;2016 年,DeepMind 团队研发的 AlphaGo 首次在围棋比赛中打败了围棋世界冠军李世石;2018 年 11 月,第五届世界互联网大会上,新华社联合搜狗公司发布了全球首个"AI 合成主播",顺利完成了 100s 的新闻播报;2019 年 12 月,百度公司发布语音交互硬件产品小度在家 X8,有远程语音交互、人脸识别、手势控制、眼神唤醒等功能。人工智能作为新一轮产业变革的核心驱动力,不断催生新技术、新产品、新产业的诞生,正以前所未有的速度蓬勃发展。

5.2.3 人工智能研究领域

1. 模式识别

模式识别就是通过计算机用数学技术方法来研究模式的自动处理和判读,把环境与客体统称为"模式"。模式识别是研究如何让机器实现生物模式识别,根据模式判断不同样本是否属于某个类别。模式识别以图像处理与计算机视觉、语音语言信息处理、脑网络组、类脑智能等为主要研究方向,研究人类模式识别的机理以及有效的计算方法。模式识别应用领域越来越广,从生物学、数据挖掘、文档分类、文档图像分析、工业自动化、多媒体数据库检索、语音识别到远程遥感等方面。

2. 机器学习

机器学习主要研究计算机怎样模拟或实现人类的学习行为,以获取新的知识或技能,重新组织已有的知识结构使之不断改善自身的性能。机器学习是人工智能的核心。如今机器学习已经进入深度学习阶段,各种新理论、新模型层出不穷。为了方便学习我们将其分为以下几种:

(1) 传统机器学习算法:主要包括支持向量机、决策树、神经网络、聚类算法。

(2) 深度学习算法。

机器学习应用领域非常广泛,在模式识别、计算机视觉、语音识别、自然语言处理、数据挖掘等研究领域,机器学习方法都得到了成功应用。例如,利用机器学习方法,根据某地区房屋销售历史价格和所售房屋的基本信息,来预测待售房屋的售价。

3. 计算机视觉

计算机视觉是一门研究如何使机器"看"的科学。计算机视觉是以图像(视频)为输入,以对环境的表达和理解为目标,研究图像信息组织、物体和场景识别,进而对事件给予解释的学科。从研究现状看,目前还主要聚焦在图像信息的组织和识别阶段,对事件解释还鲜有涉及,至少还处于非常初级的阶段。

计算机视觉的主要任务是通过对采集的图片或视频进行处理以获得相应场景的信息,主要研究图像分类、语义分隔、实例分隔、目标检测、目标跟踪等技术。

4. 自然语言处理

自然语言处理研究如何让计算机理解并处理自然语言,实现人与计算机之间用自然语言进行有效通信的各种理论和方法,使计算机获得处理人类语言的能力。

自然语言处理的主要任务如下:

(1) 词法分析:借用语言学总结的自然语言结构,构建不同词语之间的逻辑关系,将输入的句子字串转换成词序列,并标记出词性。

(2) 句法分析:确定句子的语法结构或句子中词汇之间的依存关系,得到句子的句法结构。

(3) 语义分析:语义分析不仅进行词法分析和句法分析这类语法水平上的分析,而且还涉及单词、词组、句子、段落所包含的意义,目的是用句子的语义结构来表示语言的结构。

(4) 信息抽取:从无结构文本中抽取结构化的信息。

5. 语音信号处理

语音信号处理是以语音语言学和数字信号处理为基础而形成的一门涉及面很广的综合性学科,目的是在复杂的语音环境中提取有效的语音信息,或者产生具有一定信息的语音内容信号。

语音信号处理的主要内容如下:

(1) 语音分析:是指通过语音识别等核心技术将非结构化的语音信息转换为结构化的索引,实现对海量录音文件、音频文件的知识挖掘和快速检索,典型应用案例有情绪侦测、语速检测、抢插话检测、静音检测。

（2）语音识别：是以语音为研究对象，通过语音信号处理和模式识别让机器自动识别和理解人类口述的语言，典型的应用案例有人机交流、语音输入和合成语音输出。

（3）语音合成：将文字转换为语音的一种技术，类似于人类的嘴巴，通过不同的音色说出想表达的内容，典型应用案例有各种播报场景、读小说、读新闻以及现在比较火的人机交互。

6. 机器人技术

机器人技术是指研究能够从感知、思维、动作等多维度模拟人类的机器系统。机器人技术主要技术领域如下。

（1）感知：用多传感器融合技术代替单一传感器，能够综合利用多种信息源的不同特点，实现智能感知。

（2）算法：机器人需要一套合理、智能的算法来识别外界环境并做出决策。

（3）控制：使得机器人各部件协调工作，完成预期的动作。

机器人可以分为以下三代。

（1）第一代机器人：编程机器人，在任何条件下，完全按照指令工作。

（2）第二代机器人：具有感知能力与适应性，可以根据外界环境调整自己的动作。

（3）第三代机器人：具有智能行为和友好协调的人机交互能力。

5.3　基　础　软　件

5.3.1　基础软件定义

基础软件是软件系统中最底层、最基础的软件，是具有公共服务平台或应用开发平台功能的软件系统。基础软件主要由操作系统、数据库、中间件、计算机程序设计语言和办公软件五部分组成。操作系统是用于管理和控制计算机所有的硬件和软件资源的软件系统，根据运行的环境可以分为桌面操作系统、手机操作系统、服务器操作系统、嵌入式操作系统等。数据库是计算机数据处理与信息管理系统的核心，主要分为关系型数据库和非关系型数据库两种。中间件是连接操作系统和应用软件的重要工具，主要包括数据库中间件、面向消息中间件、远程调用中间件、基于对象请求代理的中间件、事务处理中间件。编程语言种类众多，主要包括机器语言、汇编语言、各种高级语言。办公软件主要包括文字处理、电子表格、幻灯片以及一些初级图片处理应用软件。

基础软件是连接硬件平台和应用系统的通道，各行业领域系统软硬件的互联互通、性能、安全性均建立在基础软件之上。基础软件在信息系统中起着基础性、平台性的作用，有极为广泛的应用，对信息安全也有决定性的意义。因此近些年来，我国也充分认识到国产基础软件的重要性，在国家的大力倡导下，很多 IT 企业开始投入到基础软件的研发当中，原有的国产基础软件厂商也得到了国家在资金和项目上的政策倾斜。2006 年国务院发布的《国家中长期科学和技术发展规划纲要（2006—2020 年）》中，提出了"核高基"的概念，"核高基"是核心电子器件、高端通用芯片及基础软件产品的简称，纲要中将"核高基"

列为 16 个重大科技专项之一，国家对基础软件高度重视。加快基础软件发展，对于加快软件和信息服务业自主发展、保障国家信息安全有重要意义。

5.3.2 基础软件分类

基础软件中比较核心的软件主要包括操作系统、数据库系统、中间件、计算机程序设计语言和办公软件。

1. 操作系统

操作系统是一组主管并控制计算机操作、运用和运行硬件、软件资源并提供公共服务来组织用户交互的相互关联的系统软件程序，是计算机硬件和其他软件的接口，也是用户和计算机的接口。操作系统是现代计算机必配的软件，而且操作系统的性能很大程度上直接决定了整个计算机系统的性能。

目前典型的操作系统有 Windows、MacOS、Linux、UNIX 等。

2. 数据库系统

数据库（Database，DB）是指按照一定数据模型存储的数据集合，指的是以一定方式存储在一起、能为多个用户共享、具有尽可能小的冗余度、与应用程序彼此独立的数据集合，例如，图书的信息、仓库物资的信息、学生的成绩信息。数据库系统由数据库、数据库管理系统，以及相应的应用程序组成，其中，数据库管理系统是能够对数据库进行加工、管理的系统软件。数据库系统不但能够存放大量的数据，更重要的是能迅速地、自动地对数据进行增删、检索、修改、统计、数据挖掘等操作，为人们提供有用的信息。

目前数据库系统主要分为关系型数据库和非关系型数据库两大类。关系型数据库（Relational Database）是创建在关系模型基础上的数据库，借助于集合代数等数学概念和方法来处理数据库中的数据。现实世界中的各种实体以及实体之间的各种联系均用关系模型来表示。由于关系模型简单明了、具有坚实的数学理论基础，所以一经推出就受到了学术界和产业界的高度重视和广泛响应，并很快成为数据库市场的主流。目前，主流的商业数据库系统有甲骨文公司的 Oracle、IBM 的 DB2、微软公司的 SQL Server、SAP 公司的 Sybase；在开源领域，MySQL（被甲骨文收购）和 SQLite 得到广泛的应用。关系型数据库如图 5-1 所示。非关系型数据库又被称为 NoSQL（Not Only SQL），以键值对存储，且结构不固定，每一个元组可以有不一样的字段，每个元组可以根据需要增加一些自己的键值对，不局限于固定的结构，可以减少一些时间和空间的开销。非关系型数据库的优点是格式灵活、易扩展、大数据量、高性能。比较有名的非关系型数据库主要有 MongoDB、Redis、Neo4j、Cassandra、Amazon DynamonDB 等，如图 5-2 所示。

3. 中间件

中间件主要是指提供系统软件和应用软件之间连接的软件。中间件是一种独立的系统软件或服务程序，位于客户机/服务器的操作系统之上，分布式应用之下，管理计算资源和网络通信，其目标是在分布式计算环境中实现应用互联、资源共享、协同工作和互操作。

图 5-1 关系型数据库

图 5-2 非关系型数据库

中间件具有平台功能,能够屏蔽底层操作系统及网络传输的复杂性,使开发人员面对简单而统一的开发环境,减少程序设计的复杂性,将注意力集中在业务逻辑上,大大减少了应用开发的技术难度,缩短了应用开发周期。

中间件产品种类很多,可以大致分为以下五类:消息中间件、远程过程调用中间件、面向对象中间件、事务处理中间件、数据库中间件。

(1) 消息中间件(Message Oriented Middleware)

消息中间件是基于队列与消息传递的技术,在网络环境中为应用系统提供同步或异步、可靠的消息传输的支撑性软件系统。消息中间件的优点在于能够在客户和服务器之间提供同步和异步的连接,并且在任何时刻都可以将消息进行传送或者存储转发。典型的消息中间件产品有:IBM 的 MQ Series、BEA 公司的 Message Q、东方通科技公司的 TongLink/Q 等。

(2) 远程过程调用中间件(Remote Procedure Call,RPC)

远程过程调用中间件是指提供远程过程调用机制以支持客户端应用调用服务器端过程的软件中间件。过程中间件一般从逻辑上分为两部分:客户和服务器。客户和服务器是一个逻辑概念,既可以运行在同一计算机上,也可以运行在不同的计算机上,甚至客户和服务器底层的操作系统也可以不同。远程过程调用扩展了过程语言中的“功能调用/结果返回”机制,使得它可以适应于一个远程环境。代表产品有 Windows 系统的通信协议 DCE-RPC。

(3) 面向对象中间件(Object-Oriented Middleware)

面向对象中间件是指可以将分布、异构的网络计算环境中各种分布对象有机地结合在一起的软件中间件,实现彼此之间的互操作以完成系统的快速集成。面向对象中间件的基本思想是在对象与对象之间提供一种统一的接口,对象之间的调用和数据共享无须再关心对象的位置、实现语言及所驻留的操作系统。代表产品有 Iona Orbix,Inprise Visibroker。

(4) 事务处理中间件(Transaction Processing Middleware)

事务处理中间件也称交易中间件,是指提供事务处理所需要的通信、并发访问控制、事务控制、恢复、资源管理和其他必要的服务的中间件。事务处理中间件可以向用户提供一系列的服务,如应用程序间的消息传递、资源管理器支持、故障恢复、高可靠性、网络负载均衡等。事务式中间件支持大量客户进程的并发访问,具有可靠性高、极强的扩展性等特点,主要应用于电信、金融、飞机订票系统、证券等拥有大量客户的领域。

（5）数据库中间件(Database Middleware)

数据库中间件是产生最早的一种中间件技术,是指处于底层数据库和用户应用系统之间、主要用于屏蔽异构数据库的底层细节的中间件。数据库中间件是客户端与后台的数据库之间进行通信的桥梁,它位于数据库管理系统和应用程序之间,实现了应用程序和异构数据库之间的统一接口,有效地解决了应用系统在不同后台数据之间的移植问题。典型的数据库中间件有 Cobar、MyCat、Atlas、TDDL。

4. 程序设计语言

程序设计语言又称为编程语言,是用来书写计算机程序的工具。目前,计算机还不具备听懂人类语言的能力,人类要控制计算机就需要向计算机发出指令。而程序设计语言是人与计算机之间进行通信的语言,是人与计算机之间传递信息的媒介,所以是一种特殊的人工语言。

从程序设计语言问世以来,已经发展出几百种,不过最常用的不过十多种。程序设计语言经历了机器语言、汇编语言、高级语言的发展历程。

1）机器语言

由于计算机使用二进制数,所以机器语言就是由“0”和“1”二进制代码按一定规则组成的、能被机器直接理解、执行的指令集合。优点是代码不需要翻译,所占空间少、执行速度快;缺点是编程工作量大,难学、难记、难修改,不同计算机的指令系统不同,机器语言通用性差。机器语言只适合专业人员使用。

2）汇编语言

为了克服机器语言的缺点,减轻人们在编程中的劳动强度,20 世纪 50 年代中期,人们将机器指令的 0、1 代码用英文助记符来表示,例如,用 ADD 表示加、用 SUB 表示减、用 JMP 表示程序跳转等。这种用助记符描述的语言就是汇编语言,又称为符号语言。

汇编语言的特点是源程序必须通过汇编程序翻译成机器语言,常用于过程控制等编程。优点是克服了机器语言难读等缺点,保持了其编程质量高、占存储空间少、执行速度快的优点;缺点是仍然依赖于机器,通用性差。

3）高级语言

机器语言和汇编语言都是面向机器的语言,统称为低级语言。为了使计算机语言更接近于自然语言并能够使语言摆脱具体的机器,20 世纪 50 年代,人们开始研究接近自然语言和数学公式的程序设计语言,称为高级语言。1954 年,第一个高级语言 FORTRAN 语言诞生,它使程序员不必了解机器的指令系统,不用与计算机的硬件直接打交道,可以集中精力来研究解决问题本身的算法。高级语言的出现是计算机发展史上的一个重要里程碑,它不仅极大地提高了程序员的编程效率,也把计算机从少数专业人员手中解放出来,成为大众化的工具。高级语言的优点是接近算法语言,易学、易掌握、可读性好、可维护性强、可靠性高、可移植性好、重用率高、自动化程度高、编程效率高;缺点是源程序要通过翻译程序翻译成机器语言,代码不最优。

　　随着计算机技术的发展,各种高级语言不断涌现,先后出现了 COBOL、BASIC、Pascal、C、C++、Java、Visual Basic、C♯、Python 等高级语言。

　　根据目前技术发展需求,目前常用的高级语言主要有以下几种。

　　(1) C、C++:1972 年推出 C 语言,1983 年加入面向对象的概念,改名为 C++,语言简练,功能强,适用面广。

　　(2) Java:1995 年推出,是一种新型的、跨平台的面向对象设计语言,具有卓越的通用性、高效性、平台移植性和安全性。

　　(3) C♯:以其简单的可视化操作、高运行效率、强大的操作能力、面向组件编程的支持成为.NET 开发的首选语言。

　　(4) Python:20 世纪 90 年代初设计,不仅提供了高效的高级数据结构,还能简单有效地面向对象编程。

　　IEEE Spectrum 公司根据十多个数据来源,对各大编程语言的使用率进行统计,2022年编程语言流行度排行榜(前 16 名),如图 5-3 所示。

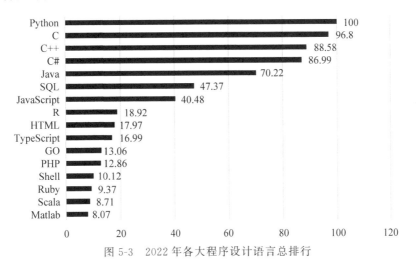

图 5-3　2022 年各大程序设计语言总排行

5. 办公软件

　　计算机已经应用到人们工作、生活的各个方面。办公软件是为办公自动化服务的,是指可以进行文字处理、表格制作、幻灯片制作、图形图像处理、简单数据库处理等方面工作的软件。办公软件的应用范围很广,大到统计分析数据,小到会议记录,数字化的办公离不开办公软件的鼎力协助。办公软件可以大幅度提高办公效率,已经成为现代计算机用户工作必备的基础软件。典型的办公软件有微软的 Office、金山的 WPS、Adobe 的Acrobat 阅读器等。

　　办公软件主要包括以下类别:

　　1) 文字处理类

　　计算机办公软件中,全球用户最多的文字处理类软件是微软公司的文字处理软件Microsoft Office,先后经历了 Office 95、Office 97、Office 2000、Office 2003、Office 2007、

Office 2010、Office 2013、Office 2016、Office 2019、Office 2021、Office 365、Office 2022。

我国办公软件中最著名的是金山公司的 WPS Office。WPS Office 是由北京金山办公软件股份有限公司自主研发的一款办公软件套装,可以实现办公软件最常用的文字、表格、演示、PDF 阅读等多种功能。具有内存占用低、运行速度快、云功能多、强大插件平台支持、免费提供在线存储空间及文档模板的优点。WPS 出现于 1988 年,在当时 DOS 系统盛行的年代,WPS 用户超过千万,占领了中文文字处理市场的 90%。但是随着 Windows 操作系统的普及,Word 系列软件成功地将大部分 WPS 用户过渡为自己的用户,WPS 的发展进入历史最低点。但是 WPS 坚持不懈地进行自主开发,于 2005 年终于研发出了拥有完全自主知识产权的 WPS Office 2005。在我国大力提出发展自己的软件产业的背景下,金山公司现在进入了鼎盛发展的时期。

2)图像处理类

图像处理软件是用于处理图像信息的各种应用软件的总称,Photoshop(PS)软件是应用最广泛的图像处理软件,其功能强大,能够满足不同人群的需求,如图像修复、截图、图像大小处理、美化等。还有国内很实用的大众型软件彩影,非主流软件有美图秀秀等。

3)数据处理类

计算机技术可以处理各种数据材料,具有强大的数据处理功能,因此在办公中有着广泛的应用,有效地实现了办公自动化。数据处理主要包括数据的收集、存储、处理、整理、检索和发布过程。数据处理对数据实施科学管理,使得办公变得更加方便和高效,大大提高了办公效率。Excel 便是现代办公和数据处理中应用非常频繁的一种电子表格软件,该软件具有功能强大、操作方便、易于上手等特点,广泛地应用于管理、金融等众多领域,得到公司办公人员和企业管理人员的青睐。

4)网络服务软件

网络服务软件是指在计算机网络高层为用户提供各种网络应用服务的软件。网络服务软件配置在计算机网络中,用于支持网络通信、资源共享和网络管理,目的是为了本机用户共享网络中其他系统中的资源,或者是为了把本机的资源和功能提供给网络中的其他用户使用。常用的网络服务软件有电子邮件(E-mail)、文件传输协议(FTP)、电子公告系统(BBS)、电子信息和新闻(NetNews)、万维网(WWW)等。

5.4 工 业 软 件

5.4.1 工业软件定义和特色

1. 工业软件的定义

工业软件(Industrial Software)主要指用于或专用于工业领域,为了提高工业研发设计、业务管理和过程控制水平的相关软件与系统,包括系统、应用、中间件、嵌入式等。工业软件在产品设计、成套装备设计、厂房设计、工业系统设计中起着非常重要的作用,可以大大提高设计效率,节约成本,实现可视化管理。工业软件除具有软件的性质外,还具有鲜明的行业特色,工业软件能使生产过程更加自动化、智能化、网络化和便捷高效。随着自动化产业的不断发展,通过不断积累行业知识,将行业应用知识作为发展自动化产业的关键要素,逐渐成为企业调整经济结构,转变经济增长方式的主要因素。处于工业信息化程度非常高的时代,研发设计类软件在工业软件的重要性不言而喻,企业在设计产品时对工业软件的需求量逐渐增加,计算机辅助设计、计算机辅助制造和计算机辅助工程正越来越多地用于国内各个领域。

工业软件同一般的应用软件不同,工业软件的研发既需要专业的软件人才,又需要特定工业领域的专家,工业软件的研发过程需要特定的开发项目支撑,开发工作量十分巨大。工业软件是制造行业的基石,工业软件的发展水平直接决定着国家的信息化和工业化建设水平。工业软件技术最先进的都是西方国家,这主要与西方国家本身软件技术的起步较早有关。美国是世界上工业软件领域最厉害的国家,另外还有德国和法国。我国工业软件方面依赖进口,我国95%的工业软件主要来源于美国、德国和法国,这也让我国在该领域的发展被严重制约。由于我国工业软件的起步是从20世纪90年代才开始,特别是研发投入这一块,严格意义上来说是从进入21世纪之后才开始的,所以我国在工业软件领域仍远远落后于西方发达国家。但国家意识到了发展工业软件的重要性,正在加倍努力去补齐这块短板,从政策、经济扶持等多个方面对相关企业提供帮扶。工业软件在制造业中扮演的角色越来越重要,我国正努力实现从"中国制造"向"中国创造"转型,我国工业设计将越来越强调自主设计、自主创新的能力。

2. 工业软件的特色

工业软件具有以下特点。

(1)工业软件具有鲜明的行业特色。

工业软件的门类繁杂,覆盖了汽车产业、航空领域、电子信息制造、钢铁产业、船舶领域等多个行业,且每种软件都具有鲜明的行业特色。工业软件是专门为了解决行业特定问题而设计开发的软件,为行业解决一些共性问题,本身是社会分工更细的表现。不同行业的工业控制软件,其服务对象均不相同,钢铁行业针对的是冶金工业,其控制软件很难适用机械行业,反之亦然。工业软件的开发技术壁垒比较高,其复杂性还体现在垂直行业的人才匮乏上。

(2)工业软件离不开工业工艺和软件知识。

工业软件是机器设备、高端机床的灵魂,离开了工业软件的机器设备,就是一堆废铜烂铁。工业软件本质上是工业品,是工业的结晶,凝聚了工业化长期积累的工业自身、诀窍和经验,非IT的产物。没有工业知识,没有制造业经验,仅靠软件工程师是无法编写工业软件的。工业软件的开发需要软件工程师和工业领域的专家共同合作,需要学科的深度融合。中国工业技术软件化产业联盟秘书长、北京索为系统技术股份有限公司董事长李义章认为,"工业软件的形态是软件,核心是工业技术,把工业技术软件化是工业数字化转型的关键核心。"

(3)工业软件要有行业数据知识库作支撑。

行业数据知识库,是指对行业控制软件起支撑作用的行业生产过程中经验积累的集合,其主要内容包括:生产过程中采集到的各种数据、经验计算公式、技术诀窍、各种事故处理经验及各种操作经验,操作手册、技术规范、工艺模型、算法参数、系数及权重比例分配等。工业生产过程中各种关键知识、经验、数据、软件等知识,包括各种历史数据,是工业自动化控制系统装上"大脑"的基础。行业数据知识库既包括以文档形式存在的技术规范、操作规范、国家标准等,也包括经验公式、模型算法等软件核心内容及解决工具。随着工业软件的不断发展,各个行业的数据知识库也在不断扩充,行业数据知识库正在成为工业控制软件的核心。

5.4.2 工业软件分类

工业软件大体上分为两个类型:嵌入式软件和非嵌入式软件。嵌入式软件是嵌入在控制器、通信、传感装置之中的采集、控制、通信等软件;非嵌入式软件是装在通用计算机或者工业控制计算机之中的设计、编程、工艺、监控、管理等软件。尤其是嵌入式软件,应用在军工电子和工业控制等领域之中,对可靠性、安全性、实时性要求特别高,必须经过严格检查和测评。

工业软件根据业务环节的不同,分为生产制造类、研发设计类、经营管理类和运维服务类。这四个部分中市场占有率高的是企业资源管理计划类、计算机辅助设计类、生产制造执行系统类。

1. 研发设计类

包括计算机辅助工程(CAE)、计算机辅助设计(CAD)、计算机辅助制造(CAM)、计算机辅助工艺规划(CAPP)、产品数据管理(PDM)、产品生命周期管理(PLM)、电子设计自动化(EDA)、3D虚拟仿真系统、过程工艺模拟软件等。

1) 计算机辅助工程

计算机辅助工程(Computer Aided Engineering,CAE)技术是计算机软件在工程分析任务中的广泛使用,是以工程和科学问题为背景,利用计算机软件对性能进行仿真,从而改善产品设计或协助解决各个行业的工程问题。CAE技术将工程的各个环节有机地组织起来,应用计算机技术、现代管理技术、信息科学技术等科学技术的成功结合,实现全过程的科学化、信息化管理,以取得良好的经济效益和优良的工程质量。CAE技术涵盖的领域包括:对组件进行应力分析的有限元分析(FEA),热和流体流动分析计算流体动力学(CFD),多体动力学(MBD)和运动学,用于铸造、成型和模压成型等操作的过程模拟分析工具。计算机辅助工程主要包括计算机辅助设计(CAD)、计算机辅助制造(CAM)和计算机集成制造系统(CIMS)等内容。

CAE的主要作用体现在:借助计算机分析计算,确保产品设计的合理性,减少设计成本,缩短开发时间;CAE分析起到的"虚拟样机"作用在很大程度上替代了传统设计中资源消耗极大的"物理样机验证设计"过程,可以对设计进行评估和优化,从而节省时间和金钱;采用优化设计,找出产品设计最佳方案,降低材料的消耗或成本;在产品制造或工程施工前预先发现潜在的问题,更改设计成本较低;便于进行机械事故分析,查找事故原因。CAE技术已经在机械、化工、土木、水利、材料、航空、船舶、冶金、汽车、电气工业设计等许多领域中得到了广泛的应用。CAE技术在欧美国家已经达到了较高的水平,国际上不少先进的大型通用有限元计算分析软件的开发已达到较成熟的阶段并已商品化,如美国 MSC 软件的 MSC、美国宾夕法尼亚的 ANSYS 公司的有限元分析软件 ANSYS、法国达索公司旗下的有限元分析软件 ABAQUS、美国 NASA 开发的有限元分析软件 NASTRAN、美国 MDI 公司的机械系统动力学分析软件 ADAMS、美国 SRAC 公司的有限元分析软件 COSMOS 等。国内的 CAE 软件比欧美发达国家发展落后较大,但现在也有一些国产 CAE 软件取得了不错的成果,例如,苏州同元软控信息技术有限公司的科学计算与系统建模仿真平台 MWORKS、数巧科技公司的云端 CAE 仿真软件 Simright Simulator、超算公司的超算有限元分析系统 SciFEA、安世亚太公司的 PERA SIM 通用仿真软件、捷克 CFD Support 公司的 TCAE 计算流体仿真分析软件、杭州新迪数字工程系统有限公司的 HAJIF (X)软件、大连集创信息技术有限公司的计算力学软件 SiPESC、元计算科技发展有限公司开发的有限元语言及其编译器系统仿真软件 FELAC 等。

　　2)计算机辅助设计

　　计算机辅助设计(Computer Aided Design,CAD)是一种利用计算机硬、软件系统辅助设计者对产品进行规划、分析计算、综合、模拟、评价、绘图等设计活动的总称,通常以具有图形功能的交互计算机系统为基础,在工程和产品设计中,计算机可以帮助设计人员担负计算、信息存储和制图等工作。CAD 软件主要使用交互式图形显示软件、CAD 应用软件和数据管理软件,其中,交互式图形显示软件用于图形显示的开窗、剪辑、观看、图形的变换和修改以及相应的人机交互;CAD 应用软件提供几何造型、特征计算、绘图等功能,以完成面向各专业领域的各种专门设计;数据管理软件用于存储、检索和处理大量数据,包括文字和图形信息。

　　CAD 软件的使用可以降低产品开发成本、提高生产力、提高设计的准确性、提高产品质量并且加快产品上市速度。CAD 已在建筑设计、电子和电气、科学研究、机械设计、软件开发、机器人、服装业、出版业、工厂自动化、土木筑、地质、计算机艺术等各个领域得到广泛应用。国际上著名的二维和三维 CAD 设计软件有美国 Autodesk 公司的 AutoCAD、美国 Bentley 公司开发的 Microstation、法国达索公司旗下的 SolidWorks,国内比较著名的 CAD 软件有苏州浩辰软件股份有限公司开发的浩辰 CAD、广州中望龙腾软件股份有限公司开发的中望 CAD。

2. 生产制造类

　　生产制造类软件包括可编程逻辑控制器(PLC)、数据采集与监控控制系统(SCADA)、分布式数控(DNC)、集散控制系统(DCS)、生产计划排产(APS)、环境管理体系(EMS)、制造执行系统(MES)等。

　　1)可编程逻辑控制器

　　可编程逻辑控制器(Programmable Logic Controller,PLC)是一种具有微处理器的用于自动化控制的数字运算控制器,可以将控制指令随时载入内存进行存储与执行。可编程逻辑控制器是在工业环境下应用而设计的数字运算操作电子系统,它采用一种可编程的存储器,在其内部存储执行逻辑运算、顺序控制、定时、计数和算术运算等操作的指令,通过数字式或模拟式的输入/输出来控制各种类型的机械设备或生产过程。工业上使用的可编程逻辑控制器已经相当或接近于一台紧凑型计算机的主机,由 CPU、指令及数据内存、输入/输出接口、电源、数字模拟转换等功能单元组成,其在扩展性和可靠性方面的优势使其被广泛应用于各类工业控制领域。不管是在计算机直接控制系统还是集中分散式控制系统 DCS,或者现场总线控制系统 FCS 中,总是有各类 PLC 控制器的大量使用。

PLC 的优点是可靠性高,抗干扰能力强;硬件配套齐全,功能完善,适用性强;易学易用,深受工程技术人员欢迎;系统的设计、安装、调试工作量小,维护方便,容易改造;体积小,重量轻,能耗低。PLC 的生产厂商很多,如西门子、施耐德、三菱、台达等,几乎涉及工业自动化领域的厂商都会有其 PLC 产品提供。

2) 数据采集与监控控制系统

数据采集与监控控制系统(Supervisory Control And Data Acquisition,SCADA)是以计算机技术、通信技术以及自动化技术为基础的生产过程控制与调度自动化系统,它可以对现场的运行设备进行监视和控制,实现数据采集、设备控制、测量、参数调节以及各类信号报警等各项功能。SCADA 的应用领域很广,可以应用于电力、冶金、石油、化工、燃气、铁路等领域的数据采集与监视控制以及过程控制等诸多领域。由于各个应用领域对 SCADA 的要求不同,所以不同应用领域的 SCADA 系统发展也不完全相同。SCADA 系统在电力系统中的应用最为广泛,技术发展也最为成熟。它作为能量管理系统(EMS)的一个最主要的子系统,有着信息完整、提高效率、正确掌握系统运行状态、加快决策、能帮助快速诊断出系统故障状态等优势,现已经成为电力调度不可缺少的工具。SCADA 在铁道电气化运动系统上的应用较早,对保证电气化铁路的安全可靠供电,提高铁路运输的调度管理水平起到了很大的作用。

3. 运维服务类

包括维护维修运行管理(MRO)、资产性能管理(APM)、故障预测与健康管理(PHM)等。

维护维修运行管理(Maintenance,Repair & Operations,MRO)以大型复杂装备的维护、维修、运行为核心,实现从用户维修需求、维修计划制订、维修任务指派、维修资源配置、备件需求管理、维修结果反馈的全过程管理,为大型复杂装备的维修服务提供支撑。MRO 包括维护(Maintenance)、维修(Repair)、运行(Operation)三个方面,通常是指在实际的生产过程中不直接构成产品,只用于维护、维修、运行设备的物料和服务。面向全生命周期的 MRO 支持系统为企业建立了一个管理产品(资产)从概念一直到寿命终结的所有知识的环境。MRO 是设备管理中的重要工作,企业设备管理的作用是降低由于缺少MRO 导致设备停机而造成的损失及降低设备的维修费用。

MRO 支持系统的主要应用行业包括:制造业(冶金、化工、汽车、烟草、制药、工业设备等),交通运输业(航空、机场、航运、码头、铁路、地铁等),电力业(发电、输配电、核电等)和能源业(石油开采、炼油加工、天然气输送、采矿等)。目前国外主流的 MRO 支持系统主要包括:Oracle 公司的综合维护、维修和大修管理系统(Complex MRO)、SAP 的 SAPMRO、Siemens 的 Teamcenter® MRO、IBM 的 Maximo、AuRA,Scottish 公司面向航空行业的专业 MRO 系统、JDA 软件集团公司(Nasdaq:JDAS)的 Manugistics 驱动的

JDA MRO 等。目前国内还没有成熟的高端 MRO 软件产品,国内自主开发的 MRO 相关软件产品有北京神农氏软件有限公司开发的"SmartEAM 设备管理系统"、广州市正泰商业数据有限公司开发的 EAM 设备资产管理系统等。

4. 经营管理类

包括企业资源计划(ERP)、供应链管理(SCM)、财务管理(PM)、客户关系管理(CRM)、人力资源管理(HRM)、企业资产管理(EAM)、知识管理(KM)等。

1) 企业资源计划

企业资源计划(Enterprise Resource Planning,ERP)是指建立在信息技术基础上,以系统化的管理思想,为企业决策层及员工提供决策运行手段的管理平台。ERP 把客户需求和企业内部的制造活动以及供应商的制造资源整合在一起,形成企业一个完整的供应链,其核心管理思想主要体现在对整个供应链资源进行管理,精益生产、并行工程和敏捷制造,体现了集成管理的思想。ERP 是由美国计算机技术咨询和评估集团 Gartner Group Inc 提出的一种供应链的管理思想,包括生产资源计划、制造、财务、销售、采购等功能,此外还有质量管理、实验室管理、业务流程管理、产品数据管理、存货、分销与运输管理、人力资源管理和定期报告系统。目前,在我国 ERP 所代表的含义已经被扩大,用于企业的各类软件,已经统统被纳入 ERP 的范畴。它跳出了传统企业边界,从供应链范围去优化企业的资源,是基于网络经济时代的新一代信息系统。它主要用于改善企业业务流程以提高企业核心竞争力。

ERP 的优点主要体现在以下方面:规范企业流程,集成了整个企业的信息,使企业能够发掘出各类流程缺陷和潜在的不足,依托于 ERP 的管理思想做好管理流程的标准化和改进;提升企业管理水平,可以协助企业科学合理地分配企业资源(涵盖人员、物品、资金、设备、数据信息等),改进业务,提升企业的管理水平,提高企业的竞争优势;减少运营消耗,缩短周转的时间,减少生产过程中的物流消耗运营消耗、部门与部门之间的协作搭配消耗;增强企业对经营环境改变的快速反应能力,采用模块化设计,使系统本身能够支持和集成新模块,提高企业的适应性;数据集中存储,将原来分散的企业各个角落的数据整合起来,使数据一致,提高其准确性,能够为企业决策提供更加准确、及时的各种管理报告、分析数据;便利性,在集成环境中,企业文化内容产生的信息技术可以同时通过管理系统在企业的任何一个地方获得和应用,实现管理层对信息的实时和在线查询。

2) 供应链管理

供应链管理(Supply Chain Management,SCM)是指在满足一定的客户服务水平的条件下,为了使整个供应链系统成本达到最小而把供应商、制造商、仓库、配送中心和渠道商等有效地组织在一起来进行的产品制造、转运、分销及销售的管理方法。供应链实质上是由供应商、制造商、仓库、配送中心和渠道商等构成的物流网络。供应链管理是对供应、需求、原材料采购、市场、生产、库存、订单、分销发货等流程的管理,包括从生产到发货、从供应商到顾客的每一个环节。供应链管理通过建立供应商与制造商之间的战略合作关系,优化了供应商、制造商、零售商的业务效率,使商品以正确的数量、正确的品质、在正确的地点、以正确的时间、最佳的成本进行生产和销售。有效的供应链管理可以帮助实现四项目标：缩短现金周转时间,降低企业面临的风险,实现盈利增长,提供可预测收入。

5.5 开源软件

5.5.1 开源软件定义

开源软件,也称为开放源代码软件,是一种源代码可以任意获取的计算机软件。开放源码软件通常是有 copyright 的,它的许可证可能包含这样一些限制:蓄意的保护它的开放源码状态、著者身份的公告或者开发的控制。"开放源码"正在被公众利益软件组织注册为认证标记,这也是创立正式的开放源码定义的一种手段。这种软件的版权持有人在软件协议的规定之下保留一部分权利并允许用户学习、修改、增进来提高这款软件的质量。开放源码软件主要被散布在全世界的编程者队伍所开发,但是同时一些大学、政府机构承包商、协会和商业公司也开发它。源代码开放是信息技术发展引发网络革命所带来的面向未来以开放创新、共同创新为特点的、以人为本的创新 2.0 模式在软件行业的典型体现和生动注解。

开源软件具有以下优点。

(1) 低风险:源代码公开可以使用户控制所使用的工具,可以自己维护或找别人对其改进,不用担心因为源代码没有人维护而无法使用的风险。

(2) 高品质:研究显示,开源软件与别的商业软件具有更强的可靠性,由于开源软件是由开源社区来开发及维护,存在更多的独立同行可以对代码和设计进行审查,容易发现和修补代码中的 Bug,而且大部分开源开发者都乐于对代码优良的质量有所贡献。

(3) 低成本:开源工作者都是在幕后默默且无偿地付出劳动成果,因此使用开源社区推动的软件项目可以节省大量的人力、物力和财力。

(4) 更透明:私有软件隐藏着许多 Bug,而且只有极少数人能接触到源码并能对其修改,而开源软件就不存在这个问题,而且开源代码的开发者不会把木马、后门等放到开放的源代码中,使得代码的透明度和安全性比较高。

开源软件由于其自由、参与人数众多、可定制等特性,使得它较之于传统的软件在开发费用、开发速度、安全性、多样性等方面都有着巨大的优势。随着科技不断创新发展,开源技术的重要价值日渐凸显,成为企业数字化转型发展的关键,开源软件产业已初具规模,且具有非常大的发展空间和潜力。开源软件正在逐步取代传统的商业软件,成为整个软件行业的主导。如今,开源软件已经无处不在,我们日常使用的支付宝、知乎、豆瓣等应用程序均是开源软件。

5.5.2 开源软件分类

现在,许多软件领域都有相应的开源软件,下面从几个重要领域进行介绍。

1. 操作系统

Linux 操作系统是人们熟知的开源操作系统,目前具有多种版本,也称为发行版。最受欢迎的 Linux 发行版包括 Ubuntu Linux，Arch Linux，Fedora，Linux Mint，Debian 和 openSUSE。

FreeBSD 是一个免费的开放源代码操作系统，它是基于 Berkeley Software Distribution(BSD) UNIX 的类 UNIX 操作系统。它是最受欢迎的 BSD 操作系统，Netflix，Hacker News，Yahoo! 和 Netcraft 等巨头的网站都在使用它。

Android 是 Google 的移动操作系统，许多手机都是基于 Android 操作系统开发的。

ReactOS 是一款基于 Windows NT 架构的开源操作系统，旨在实现和 NT 与 Windows 操作系统二进制下的完全应用程序和驱动设备的兼容性。

2. 网络服务器

Apache HTTP Server(简称 Apache)，是 Apache 软件基金会的一个开放源代码的网页服务器，可以在大多数计算机操作系统中运行，由于其具有的跨平台性和安全性，被广泛使用，是最流行的 Web 服务器端软件之一。

Nginx 是一款自由的、开源的、高性能的 HTTP 服务器和反向代理服务器，在服务器受欢迎度竞赛中排名第二。

Node.js(简称 Node)是开源服务器端 JavaScript 运行时环境，是一个服务器端跨平台 JavaScript 环境，旨在用于构建和运行网络应用程序(如 Web 服务器)。Node.js 在多个许可证下均可用。

Apache Tomcat 是在 Apache 许可证 2.0 版的授权下进行发布出来的，通常用于运行 Java 应用软件程序。Apache 只支持静态网页，但像 php、cgi、jsp 等动态网页就需要 Tomcat 来处理，应用度比较广泛。

Lighttpd 是开源的网络服务器软件。它专为资源有限的环境而设计，因为它消耗最少的 CPU 和 RAM。Lighttpd 是高性能 Web 服务器软件，旨在提高速度、安全性和灵活性。对于资源最少的环境、动态网站或多样化的应用程序，它可能是一个很好的选择。

3. 数据库系统

开源数据库的功能已达到专有解决方案的水平，越来越多的公司将其用于大型项目。

MySQL 在过去由于性能高、成本低、可靠性好，已经成为最流行的开源数据库，MySQL 的 license 现在分为免费的社区版与收费的标准版、企业版等。

PostgreSQL 被誉为"世界上功能最强大的开源数据库"，PostgreSQL 是一个对象关系数据库(ORD)，支持 MacOS 服务器，大多数 Linux 发行版和 Microsoft Windows。

MariaDB 数据库管理系统是 MySQL 的一个分支，主要由开源社区在维护，原则上是与 MySQL 兼容，包括 API 和命令行，被认为是 MySQL 的最佳替代品之一。

Apache Hive 是一款建立在 Hadoop 之上的开源数据仓库系统，可以将存储在 Hadoop 文件中的结构化、半结构化数据文件映射为一张数据库表，基于表提供了一种类似 SQL 的查询模型，允许快速编写类似 SQL 的查询，以从 Hadoop 分布式文件系统(HDFS)和其他兼容系统中提取数据。Apache Hive 可用作数据库和数据仓库。

SQLite 是一个开源的嵌入式关系数据库，实现自包容、零配置、支持事务的 SQL 数据库引擎,其特点是高度便携、使用方便、结构紧凑、高效、可靠。与其他数据库管理系统不同,SQLite 的安装和运行非常简单,在大多数情况下只要确保 SQLite 的二进制文件存在即可开始创建、连接和使用数据库。

4. 移动开发框架

框架是指一套架构,用于承载一个系统必要功能的基础要素的集合。它会基于自身的特点向用户提供一套较为完整的解决方案。常见的移动开发框架有 Flutter、Ionic、React Native、Xamarin 等。

Flutter 是 Google 开源的构建用户界面(UI)工具包,帮助开发者通过一套代码库高效构建多平台精美应用,支持移动、Web、桌面和嵌入式平台。Flutter 开源、免费,拥有宽松的开源协议,适合商业项目。

Ionic 是一个免费的开源 SDK(软件开发套件),用于混合跨平台移动应用程序开发。除了本机应用程序外,Ionic 还允许构建渐进式 Web 应用程序。

React Native 是一个开源框架,用于使用 JavaScript 和 React(用于 UI 开发的 Facebook JavaScript 库)快速构建本机应用程序。用 React Native 编写的代码可用于 Android 和 iOS。

Xamarin 是 Microsoft 的跨平台移动应用程序开发工具,允许工程师共享近 90% 的书面代码。Xamarin 使用 C♯编程语言,并且基于.NET 框架。

另外,在质量检查自动化工具、大数据分析工具、办公软件套件、内容管理系统(CMS)、企业资源计划(ERP)工具、客户关系管理(CRM)系统等领域都有众多的开源软件。同时,国内外有许多优秀的开源社区可供开源开发者访问,如开源中国、ChinaUnix、GitHub、Apache、SourceForge 等。

开放源码使得软件在版权许可方面比私有软件具有更大的灵活性,大大削减了更多安装带来的花费和时间,对那些采购过程费时费力的机构更加有利,也能给用户安装软件以更大的自由度。使用开放源码模式的商业软件可能是下一个重要的新潮流。

习　　题

1. 什么是软件？软件的特征有哪些？
2. 从功能上分,现代软件可以分为哪两类？每一类中具体包括哪些内容？
3. 什么是人工智能？人工智能的研究领域有哪些？
4. 什么是基础软件？基础软件包括哪些内容？
5. 简述基础软件的作用。
6. 数据库系统有哪些组成部分？简述数据库系统类型。
7. 简述机器语言、汇编语言、高级语言的各自特点。
8. 什么是工业软件？简述工业软件的特点。
9. 简述工业软件的重要性。
10. 什么是开源软件？简述开源软件的特点。

第6章

硬件技术

计算机硬件技术是计算机科学和技术课程的重要组成部分。本章介绍了计算机的硬件组成、硬件结构、工作原理、输入/输出设备和硬件设备的安装和配置。硬件技术的学习帮助了解计算机系统的基本构造,因为硬件知识是计算机维护和管理方面的必备技能,为我们掌握更高级的计算机科学知识打下基础。

6.1　微型计算机硬件系统

微型计算机是一种小型、低成本、低功耗、易于使用的计算机系统。它通常用于个人、家庭和小型办公室的数据处理、网络连接、游戏和娱乐等任务。它们通常搭载操作系统,如 Windows、MacOS 或 Linux,并配有显示器、键盘、鼠标等输入/输出设备。

一个完整的微型计算机系统包括硬件系统和软件系统两大部分。硬件系统由主机系统和各种外部设备组成。

6.1.1　主机系统

微型计算机的主机系统包括:主板、微处理器(CPU)、内存、硬盘、I/O 接口、总线。外部设备有鼠标、键盘、显示器等输入/输出设备。外部设备通过各种总线或者接口连接到主机系统。

1. 主板

主板是主机箱中面积最大的一块印刷电路,又叫主机板(Mainboard)、系统板(Systemboard)或母板(Motherboard),是其他部件和设备的连接载体。主板一般为矩形电路板,上面安装了组成计算机的主要电路系统,一般有 BIOS 芯片、I/O 控制芯片、键盘和面板控制开关接口、指示灯插接件、扩充插槽、主板及插卡的直流电源供电接插件等元件。主板的主要功能是传输各种电子信号,有些芯片还负责对一些外围数据进行初步处理。主板是计算机硬件系统的核心,计算机的性能是否能够得到充分的发挥、硬件功能是否充分、硬件的兼容性如何等,都取决于主板的设计。主板的优劣在某种程度上决定了一台计算机的整体性能、使用寿命和功能扩展的能力。

如图 6-1 所示的是一款主板,它上面有网络接口、键盘鼠标通用接口、CPU 插座、LPT

接口等。有的主板上还集成了声卡、显卡、网卡等部件。计算机主机的各个部件都是通过主板上的这些接口连接，计算机在正常运行时，系统的内存、存储设备和其他 I/O 设备都必须通过主板来操控完成。

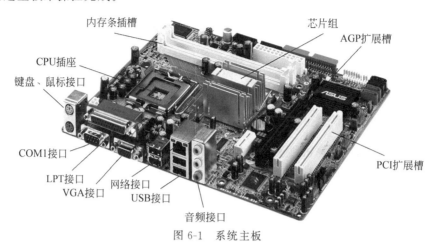

图 6-1　系统主板

2. CPU

CPU 是整个计算机系统的核心，重要性相当于人类的大脑，它负责处理、运算计算机内的所有数据。计算机上的其他设备都在 CPU 的控制下协调地工作。

CPU 的主要性能指标如下。

1）时钟频率

指 CPU 每秒的时钟脉冲数。时钟频率也是 CPU 的工作频率，单位是 Hz。通常时钟频率越高，运算速度越快。

2）字长和位数

在计算机中作为一个整体参与运算、处理和传送的一串二进制称为一个"字"，它的位数称为字长。字长是 CPU 内通用寄存器的位数。

3）核心数量

指 CPU 内部的独立的处理单元的数量。多核技术的使用是因为单一 CPU 的性能提高已经达到瓶颈。所以在芯片上集成多个核心，一个核心可以独立执行程序的任务，因此拥有多个核心的 CPU 可以同时处理多个任务，从而提高整个系统的处理效率。在同等条件下，核心数量越多，CPU 的处理能力就越强。

4）线程数量

指 CPU 同时处理的线程任务数量。多线程减少了 CPU 的闲置时间，提高了 CPU 的运行效率。

5）存储器大小

指 CPU 内部的临时存储空间大小，通常称为 CPU 的缓存（Cache）。它是 CPU 内部的一种高速存储器，用于存储常用的数据和指令，以加速 CPU 的工作效率。缓存大小对 CPU 的性能有很大影响，因为它直接影响到 CPU 访问数据和指令的速度。通常来说，缓存越大，CPU 的处理效率就越高。在 2.2.2 节介绍了关于 Cache 的内容。

6）指令集支持

指 CPU 支持的编程指令的类型和数量。指令集是编写程序时使用的一组指令，这些指令可以完成特定的计算和控制任务。不同的 CPU 可能支持不同的指令集，如果 CPU 支持的指令集越多，它就能够执行更多类型的程序，从而提高程序的处理效率。

3. 内存

内存（Memory）是计算机中的一种主要存储介质。它是计算机进行数据处理和存储中间结果的重要部分。内存的速度比硬盘快得多，因此它被广泛用于存储计算机正在运行的程序和数据。

内存分为以下两种类型：

（1）RAM（Random Access Memory，随机访问存储器），主存内存，它是计算机在运行程序时存储程序代码和数据的地方。RAM 具有快速访问和读写速度快的特点。由于 RAM 是电性存储器，因此它需要不断供电才能保持数据。当计算机断电或关闭时，RAM 中的数据将丢失。

不同类型的 RAM 具有不同的特点，例如 DDR3 和 DDR4。为了提高计算机的性能，通常会将 RAM 容量增加到尽可能大的数值。但是过多的 RAM 并不一定提高计算机的性能，因为它的容量超出了程序实际所需的大小，浪费了系统资源。因此，在购买内存时应根据自己的需求进行选择。

（2）ROM（Read-Only Memory，只读存储器），存储不可更改的数据，例如，系统的基本设置、固件等。ROM 主要存放计算机启动程序。在计算机开机的时候，CPU 加电并且开始执行程序，在 BIOS（Basic Input Output System）的引导下进行自检和加载操作系统。

内存的容量越大，计算机的性能就越好，因为它可以存储更多的程序和数据，减少硬盘读写的次数，提高系统的速度。

4. 外存

包括硬盘、软盘（已经淘汰）、磁带、U 盘等。容量大、速度慢、能永久保存数据，断电数据不消失。下面介绍一下硬盘和 U 盘。

1）硬盘

硬盘是计算机的主要存储设备。传统的硬盘是机械硬盘（HDD），如图 6-2 所示，它通过磁盘旋转并用磁头读写磁道上的数据来存储数据。硬盘是一种非易失性存储器，这意味着它存储的数据在断电后仍然存在。因此，硬盘通常用于存储系统操作环境，以及大量的文件、音频、图片等数据。

磁盘的容量越大，它就能存储更多的数据，而硬盘的读写速度则直接影响计算机的性能。机械硬盘有两种主要类型：内置硬盘和外接硬盘。内置硬盘安装在计算机主机内部，作为计算机的固定存储介质；而外接硬盘可以通过 USB 接口等外部接口与计算机相连。

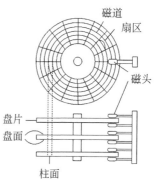

图 6-2　机械硬盘结构示意图

机械硬盘通常以容量为单位进行分类,常见的容量有 40GB、80GB、160GB、320GB、500GB 等。由于机械硬盘的结构比较复杂,使用寿命较短,而且容易受外界环境的影响,如震动、温度和湿度等,近年来,固态硬盘(Solid State Drive,SSD)逐渐取代了传统的机械硬盘,因为 SSD 有更快的读写速度、更低的延迟、更高的耐久性等优势。但是,SSD 相对较贵,因此在选购硬盘时需要考虑到自己的需求和预算。

总的来说,机械硬盘是一种重要的存储介质,在计算机系统中扮演着重要的角色,但随着技术的不断提高,它的地位正在被更高效和可靠的存储介质所取代。

硬盘的主要技术指标包括:存储容量、转速等,说明如下。

(1) 容量:以 GB 或 TB 表示的机械硬盘的存储容量,一般越大越好。

(2) 转速:以 RPM(每分钟转速)表示的磁盘旋转速度,转速越高读写速度就越快。

(3) 缓存:以 MB 表示的硬盘附带的缓存大小,缓存越大读写速度就越快。

(4) 寻道时间:以 ms 为单位的磁头寻道时间,寻道时间越短读写速度就越快。

(5) 接口:机械硬盘的数据传输接口,例如 SATA、IDE 等。

2) U 盘

U 盘是闪存的一种,故有时也称作闪盘。U 盘与硬盘的最大不同是,它不需要物理驱动器,即插即用,且其存储容量远超过软盘,极便于携带。

相较于其他可携式存储设备,闪存 U 盘有许多优点:占空间小,通常操作速度较快(USB 1.1、2.0、3.0 标准),能存储较多数据,并且性能较可靠(由于没有机械设备),在读写时断开而不会损坏硬件(软盘在读写时断开马上损坏),只会丢失数据。操作系统如 Linux、MacOS X、UNIX 与 Windows 中皆有内置支持 U 盘驱动。

U 盘通常使用 ABS 塑料或金属外壳,如图 6-3 所示,内部含有一张小的印刷电路板,让闪存盘尺寸小到像钥匙圈饰物一样能够放到口袋中,或是串在颈绳上。只有 USB 连接头突出于保护壳外,且通常被一个小盖子盖住。大多数的 U 盘使用标准的 Type-A USB 接头,这使得它们可以直接插入个人计算机上的 USB 端口中。

图 6-3　U 盘示意图

要访问 U 盘的数据,就必须把 U 盘连接到计算机;无论是直接连接到计算机内置的 USB 控制器或是一个 USB 集线器都可以。只有当被插入 USB 端口时,闪存盘才会启动,而所需的电力也由 USB 连接供给。

6.1.2 总线和接口

1. I/O 接口

计算机接口是一种用于连接计算机内部和外部设备的技术。它们允许计算机向外部设备传输数据和控制信号。常见的计算机接口有以下几种。

（1）USB(Universal Serial Bus)。

这是一种常用的外设接口,用于连接各种设备,如键盘、鼠标、打印机、数据线等。

（2）LPT(Line Printer Terminal)接口。

又叫并行端口(Parallel Port)、平行接口,是计算机上数据以并行方式传递的接口,也就是说,至少应该有两条连接线用于传递数据。与只使用一根线传递数据(这里没有包括用于接地、控制等的连接线)的串行端口相比,并口在相同的数据传送速率下,可以更快地传输数据。在 21 世纪之前,在需要较大传输速度的地方,例如打印机,并口得到广泛使用。但是随着速度迅速提高,并口上导线之间数据同步成为一个很难处理的难题。目前,USB 等改进的串口逐渐代替了并口。

（3）Ethernet 接口。

这是一种常用的网络接口,用于连接计算机和其他设备到网络。

（4）HDMI(High-Definition Multimedia Interface)。

HDMI 是一种数字多媒体接口,主要用于连接高清电视和其他音频/视频设备,如 DVD 播放器、游戏机、蓝光播放器等。它能够传输高质量的音频和视频数据,支持视频分辨率高达 4K,并且可以同时传输多路音频信号。HDMI 具有很高的兼容性,广泛应用于家庭娱乐和商业场所。

2. 总线

总线是一种计算机系统中的通信架构,用于在计算机的各个部分之间传输数据、命令和信号。总线可以同时传输多种信息。不同的总线有不同的特点,如带宽、速度、容量等,并且有不同的用途,例如,系统总线、扩展总线、内存总线等。总线是计算机系统中重要的组成部分,决定了系统的整体性能。

总线按照其传送的信号类型,主要分为以下三种。

（1）数据总线(Data Bus)：在 CPU 与 RAM 之间来回传送需要处理或是需要存储的数据。

（2）地址总线(Address Bus)：用来指定在 RAM(Random Access Memory)之中存储的数据的地址。

（3）控制总线(Control Bus)：将微处理器控制单元(Control Unit)的信号,传送到周边设备,一般常见的为 USB Bus 和 1394Bus。

总线按照数据传输方式,可以分为串行总线和并行总线。

　　串行总线（Serial Bus）是一种单线程的总线,只能一次传输一个数据位(bit)。串行总线的优点在于它的简单性,仅需要一根电线即可实现数据传输,因此造价较低且稳定性较高。另外,串行总线的带宽比并行总线要低,但它的传输速度往往较快,在系统中解决高速数据传输的问题时往往需要考虑使用串行总线。

　　常见的串行总线包括 RS-232、RS-485、USB、I2C、SPI 等。它们在不同的计算机系统和应用中有着不同的使用场景,例如,RS-232 常用于串行口通信,USB 常用于连接外部设备,I2C 常用于系统间的通信等。

　　并行总线（Parallel Bus）是指计算机系统中一种可以同时传输多个数据位的总线。通过多根电线同时传输数据,使得传输速度快,带宽高。

　　并行总线的优点在于它的高速数据传输能力,可以满足高速数据传输的需求。然而,由于使用了多根电线,因此并行总线的造价较高,实现较为复杂,对线路的稳定性也有一定的要求。

　　常见的并行总线包括 PCI、IDE、AGP 等。它们在不同的计算机系统和应用中有着不同的使用场景,例如,PCI 常用于实现主机和外部设备的连接,IDE 常用于硬盘存储设备等。

6.2　芯片技术

　　芯片是半导体元件产品的总称。集成电路（Integrated Circuit）或称微电路、微芯片、芯片,在电子学中是一种将电路(主要包括半导体器件,也包括无源元件等)集中制造在半导体晶片表面的小型化方式。

6.2.1　历史发展

1. 集成电路出现

　　在晶体管发明和大规模生产之后,各种固态半导体元件如二极管和晶体管被大量使用,取代了真空管在电路中的功能和作用。在 20 世纪中后期,半导体制造技术的进步使集成电路成为可能。与使用单个分立电子元件的手工组装电路相比,集成电路可以将大量的微晶体管集成到一个小芯片中,这是一个巨大的进步。集成电路的规模生产力和可靠性,以及电路设计的模块化方法,确保了标准化集成电路的迅速采用。

　　与分立晶体管相比,集成电路有以下两个主要优势:

　　(1) 低成本。

　　因为芯片将所有的元件通过光刻技术打印成一个单元,而不是一次只做一个晶体管。

　　(2) 性能高。

　　由于元件的快速切换,能量消耗低,这些元件很小,而且相互之间很接近。2006 年,芯片面积从几平方毫米到 $350mm^2$,每平方毫米可以达到一百万个晶体管。

　　集成电路的第一个原型是由杰克·基尔比(Jack Kilby)在 1958 年完成的,由一个双极晶体管、三个电阻和一个电容器组成,如图 6-4 所示,与今天的技术尺寸相比,这个原型看上去相当大,如图 6-5 所示。2000 年,杰克·基尔比因此被授予诺贝尔物理奖。

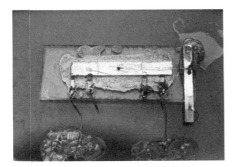

图 6-4　世界上首个集成电路

图 6-5　世界首个集成电路尺寸,对比人手

2. 集成电路未来发展

最先进的集成电路是微处理器或多核处理器的核心,即 CPU,它们控制着从数字微波炉和手机到计算机的一切。此外,内存和特定应用集成电路也是对现代信息社会非常重要的集成电路系列。虽然设计和开发一个复杂的集成电路的成本非常高,但当成本被分摊到数以百万计的产品上时,每个集成电路的成本是最小的。

集成电路的性能很高,因为小尺寸带来了短路径,使得低功耗的逻辑电路可以在快速开关速度下应用。多年来,集成电路不断向更小的外形尺寸发展,使每个芯片可以封装更多的电路。这增加了单位面积的容量,可以降低成本,增加功能。

根据摩尔定律预测,集成电路中的晶体管数量,每 1.5 年(18 个月)增加一倍。摩尔定律是英特尔创始人之一摩尔的经验法则,并不是自然规律。随着外形尺寸的缩小,几乎所有的指标都得到改善,单位成本和开关功耗下降,速度提高。然而,采用纳米级器件的集成电路的主要问题是泄漏电流。因此,对终端用户来说,速度和功耗的增加是如此明显,以至于制造商面临着使用更好的几何形状的严峻挑战。

摩尔定律仍在发挥作用。之前当芯片制造工艺进入 5nm 时代时,摩尔定律的极限时刻被提及,芯片厂商对于新工艺技术的开发,已经陷入了某种困境,技术突破的时间被进一步拉长。但是,2021 年 5 月,IBM 宣布它已经制造出了世界首个 2nm 芯片,突破了现阶段人们认为的摩尔定律的极限。

6.2.2　芯片技术概述

1. 分类

根据一个芯片上集成的微电子器件的数量,集成电路可以分为以下几类:

(1) 小型集成电路(Small Scale Integration,SSI):逻辑门 10 个以下或晶体管 100 个以下。

(2) 中型集成电路(Medium Scale Integration,MSI):逻辑门 11~100 个或晶体管 101~1k 个。

(3) 大规模集成电路(Large Scale Integration,LSI):逻辑门 101~1k 个或晶体管

1001～10k 个。

(4) 超大规模集成电路(Very Large Scale Integration,VLSI):逻辑门 1001～10k 个或晶体管 10 001～100k 个。

(5) 极大规模集成电路(Ultra Large Scale Integration,ULSI):逻辑门 10 001～1M 个或晶体管 100 001～10M 个。

(6) GSI(Giga Scale Integration):逻辑门 1 000 001 个以上或晶体管 10 000 001 个以上。

根据处理的信号不同,可以分为以下几类。

(1) 模拟集成电路。

指由电容、电阻、晶体管等组成的模拟电路集成在一起用来处理模拟信号的集成电路。模拟集成电路有许多种类,如运算放大器、模拟乘法器、锁相环、电源管理芯片等。模拟集成电路的主要构成部分有放大器、滤波器、反馈电路、基准源电路、开关电容电路等。模拟集成电路设计主要是通过有经验的设计师进行手动的电路调试模拟而得到,与此相对应的数字集成电路设计大部分是通过使用硬件描述语言在电子设计自动化(EDA)软件的辅助下自动完成设计、逻辑综合、布局、布线以及版图生成。

(2) 数字集成电路。

也称为数字电路,是由许多逻辑门组成的复杂电路。它主要进行数字信号的处理(即信号以 0 与 1 两个状态表示),因此抗干扰能力较强。数字集成电路有各种门电路、触发器以及由它们构成的各种组合逻辑电路和时序逻辑电路。一个数字系统一般由控制部件和运算部件组成,在时序脉冲的驱动下,控制部件控制运算部件完成所要执行的动作。数字电路中研究的主要问题是通过逻辑代数满足输出信号的状态("0"或"1")和输入信号("0"或"1")之间的逻辑关系,即实现电路的逻辑功能。

和模拟电路相比,具有不易受噪声干扰、可靠性高、能长期存储、便于计算机处理和科研高度集成化的优势。

2. 芯片中的纳米

芯片是人类智慧的结晶,一个指甲盖大小的芯片可以集成上百亿根晶体管,每秒实现万亿次的计算。搭载到智能手机、计算机等终端设备中,帮助人们解决复杂的运算问题,提高各行各业的生产效率。

我们经常听到 2nm 芯片,它的概念是什么呢? 芯片中的纳米指的是生产芯片的工艺制程,纳米如同厘米、分米和米一样,是长度单位。2nm 是处理器的蚀刻尺寸,就是在芯片上蚀刻一个单位的晶体的能力,有多大的尺寸。芯片就是集成电路。

5nm 的芯片相当于每个晶体管只有 20 个硅原子大小,一个芯片上有 100 亿～200 亿个这样的晶体管,一根头发丝的横截面上,就有 100 多万个原件。如果仅从用户体验来看,3nm 和 2nm 的芯片差别不大,或者说用户很难察觉,比如手机芯片,用来看视频、看图片、拍照,其实两者的差别是感觉不出来的。但如果在运行大型程序时,就会有差别。而我们使用的芯片,除了日常娱乐、工作外,还有很多专业领域,需要大规模计算,就需要更快的芯片来支持。

2021 年 5 月,IBM 宣布制造出了世界上首个 2nm 芯片,并表示新的 2nm 芯片相当于一个指甲盖大小上约有 500 亿个晶体管,每个晶体管的大小相当于两条 DNA 链。与 7nm 芯片相比,2nm 技术有望将性能提高 45%,能耗降低 75%。

习　题

1. 常见的输入和输出设备有哪些?

2. 什么是微型计算机的主板? 它的作用是什么?

3. 简述摩尔定律。有人认为摩尔定律已经不再起作用了,简述你的看法。

4. 微型计算机中的外部存储设备有哪些? 它们的区别在哪里?

5. CPU 的主要性能指标有哪些?

6. 计算机常见的接口有哪些?

第7章

计算机网络技术

计算机网络技术是现代信息时代的基石之一,它为我们提供了实现全球互联的基础设施。从互联网到局域网,计算机网络技术贯穿于我们日常生活和工作的方方面面。本章将深入探讨计算机网络技术的基本概念、原理和应用,帮助读者理解和应用这一关键领域的知识。

本章介绍了计算机网络的基本概念和发展历程。从早期的分散计算到现代的全球互联网,计算机网络技术的发展经历了多个重要阶段。接着了解计算机网络的体系结构和通信原理。之后介绍互联网的工作原理、基本协议和服务,包括 TCP/IP 协议和常见的应用层协议,如 HTTP、FTP 和 SMTP。最后将讨论一些计算机网络技术面临的挑战和未来发展方向。

7.1 计算机网络基础

7.1.1 计算机网络的发展

计算机网络是指将地理位置不同的、具有独立功能的、多台计算机及其外部设备,通过通信线路连接起来,在网络操作系统、网络管理软件及网络通信协议的管理和协调下,实现资源共享和信息传递的计算机系统。

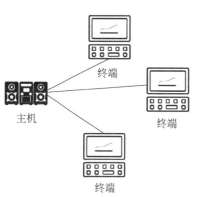

图 7-1　由主机-终端构成的早期计算机网络

计算机网络的发展基本上可以划分为以下 4 个阶段。

1. 形成阶段——面向终端的计算机网络

在 20 世纪 60 年代中期之前,属于第一代计算机网络。特征是以单个计算机为中心的远程联机系统,如图 7-1 所示。典型应用是由计算机和多个终端组成的飞机订票系统,终端通常是计算机的外围设备,包括显示器和键盘,无 CPU 和内存。当时,人们把计算机网络定义为"以传输信息为目的而连接起来,实现远程信息处理或进一步达到资源共享的系统",这样的通信系统已具备网络的雏形。

优势：解决了多个用户共享主机资源的问题。

存在问题：主机负担重,终端和主机的通信线路不共享,通信费用高。

2. 发展阶段——计算机和计算机网络

20 世纪 60 年代中期至 20 世纪 70 年代,计算机网络形式为以多个主机通过通信线路互联起来,为用户提供服务。这种网络形式兴起于 20 世纪 60 年代后期,典型代表是美国国防部高级研究计划局协助开发的 ARPANET(Internet 的前身)。主机之间不是直接用线路相连,而是由接口报文处理机(IMP)转接后互联的。IMP 和它们之间互联的通信线路一起负责主机间的通信任务,构成了**通信子网**。通信子网互联的主机负责运行程序,提供资源共享,组成**资源子网**,如图 7-2 所示。这个时期,网络概念为"以能够相互共享资源为目的互联起来的具有独立功能的计算机之集合体",形成了计算机网络的基本概念。

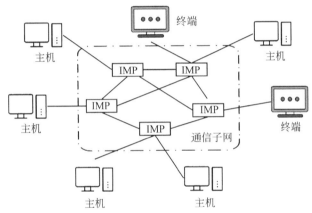

图 7-2　通信子网-资源子网构成的网络结构图

3. 互联互通阶段——计算机网络标准化

20 世纪 70 年代末至 20 世纪 90 年代的第三代计算机网络是一个开放和标准化的网络,具有统一的网络架构,并遵守国际标准。ARPANET 兴起后,计算机网络迅速发展,各大计算机公司纷纷推出自己的网络架构和实现网络的软硬件产品。由于没有统一的标准,不同厂商的产品很难互联互通,人们迫切需要一个开放的、标准化的实用网络环境,于是,国际上最重要的两种体系结构,即 TCP/IP 体系结构和国际标准化组织的 OSI 体系结构应运而生,为整个网络建立了统一的通信规则,用通信协议软件来实现网络内部和网络之间的通信,OSI 体系结构和 TCP/IP 体系结构将在后面的章节中详细介绍。

第三阶段计算机网络的特点：形成标准化的网络体系结构和网络协议,为整个网络建立了统一的通信规则,使计算机网络为用户提供透明服务。

4. 网络互联与 Internet 时代

20 世纪 90 年代至今的第四代计算机网络,由于局域网技术发展成熟,出现光纤及高速网络技术。例如,快速以太网、光纤分布式数字接口(FDDI)、快速分组交换技术(包括帧中继、ATM)、千兆以太网、B-ISDN 等一系列新型网络技术,这就是高速与综合化计算机网络阶段。

整个网络就像一个对用户透明的大的计算机系统,发展为以因特网(Internet)为代表的互联网,Internet 已经成为人类最重要的、最大的知识宝库。

7.1.2　计算机网络的功能

1. 网络的基本功能

计算机网络的基本功能是数据通信、资源共享和分布式处理,其定义如下。

1)数据通信

数据通信是计算机网络的最主要的功能之一。数据通信是依照一定的通信协议,利用数据传输技术在两个终端之间传递数据信息的一种通信方式和通信业务。它可实现以计算机和计算机、计算机和终端以及终端与终端之间的数据信息传递,是继电报、电话业务之后的第三种最大的通信业务。数据通信中传递的信息均以二进制数据形式来表现,数据通信的另一个特点是总是与远程信息处理相联系,是包括科学计算、过程控制、信息检索等内容的广义的信息处理。

2)资源共享

资源共享是人们建立计算机网络的主要目的之一。计算机资源包括硬件资源、软件资源和数据资源。硬件资源的共享可以提高设备的利用率,避免设备的重复投资,如利用计算机网络建立网络打印机;软件资源和数据资源的共享可以充分利用已有的信息资源,减少软件开发过程中的劳动,避免大型数据库的重复建设。

3)实现分布式处理

网络技术的发展,使得分布式计算成为可能。对于大型的课题,可以分为许许多多小题目,由不同的计算机分别完成,然后再集中起来,解决问题。

2. 网络的性能指标

对计算机网络进行评价的性能指标有很多,其中最重要的指标是速率和带宽。

1)速率

计算机网络中的速率是指在数字信道上传送数据的速率,用比特率 b/s 衡量,又称"二进制位速率",俗称"码率",表示单位时间内传送比特的数目。在现代数字通信中,数字化的视频等信息传输量较大,因此往往以每秒千比特或每秒兆比特为单位予以计量,分别写作 kb/s 和 Mb/s。

2)带宽

带宽一词最初指的是电磁波段的宽度,即信号的最高频率和最低频率之间的差异。现在,它在数字通信中被更广泛地用于描述通信线路承载数据的能力,定义为单位时间内从网络中的一个点传到另一个点的"最大数据速率"。计算机网络的带宽是可以通过网络的最高数据速率,即每秒多少比特。常用的单位是 b/s,它与速率的单位相同。

速率和带宽是不一样的。速率是指计算机在网络上传输数据的速度,而带宽是网络允许数据传输的最高速度。

7.1.3　网络的拓扑结构

计算机网络是将计算机连接而成的一种结构。采用什么样的连接方式呢？很容易想到的一种方式是全连接，即每台计算机跟其他的所有计算机都直接相连。显然，这种方式随着计算机规模的扩大，很快就会使得该方式变得不切实际。那么，如何连接各个计算机，在使得所有计算机可以互联互通的基础上，保证其可靠性、稳定性和高效性是一个必须首先解决的问题。

计算机网络的拓扑结构是指网上计算机或设备与传输媒介形成的结点与线的物理构成模式。主要由通信子网决定。网络的结点有两类：一类是转换和交换信息的转接结点，包括结点交换机、集线器和终端控制器等；另一类是访问结点，包括计算机主机和终端等。线则代表各种传输媒介，包括有形的和无形的。

计算机网络的拓扑结构主要有：总线型拓扑、环形拓扑、星形拓扑、树状拓扑和网状拓扑等。

1. 总线型拓扑

总线型结构由一条高速公用主干电缆即总线连接若干个结点构成网络，如图 7-3 所示。网络中所有的结点通过总线进行信息的传输。

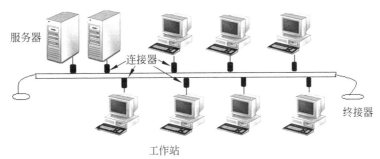

图 7-3　总线型网络连接结构

总线型拓扑结构的优势：

（1）结构简单灵活，非常便于扩充，网络响应速度快。

（2）某个站点失效不会影响到其他站点。

（3）共享资源能力强，极便于广播式工作，一个结点发送的数据帧所有结点都可接收。

（4）多个结点共用一条传输信道，信道利用率高，易于布线和维护；易于扩充，在任何点都可将欲增加的新站点接入或者通过中继器加上一个附加段来增加长度。

总线型拓扑结构的不足：

（1）一次仅能一个端用户发送数据，其他端用户必须等待到获得发送权。因为所有的结点共享一条公用的传输链路，所以一次只能由一个设备传输。需要某种形式的访问控制策略，来决定下一次哪一个站可以发送，通常采取分布式控制策略，访问获取机制较复杂。

（2）主干总线对网络起决定性作用，总线故障将影响整个网络。

总线型拓扑是使用最普遍的一种网络连接方式。

2. 环形拓扑

环形拓扑由各结点首尾相连形成一个闭合环形线路，如图 7-4 所示环形网络中的信息传送是单向的，即沿一个方向从一个结点传到另一个结点；每个结点需安装中继器，以接收、放大、发送信号。这种结构的特点是结构简单，建网容易，便于管理。其缺点是当结点过多时，将影响传输效率，不利于扩充。

3. 星形拓扑

星形拓扑由中央结点集线器与各个结点连接组成，如图 7-5 所示。这种网络各结点必须通过中央结点才能实现通信。星形结构的特点是结构简单、建网容易，便于控制和管理。其缺点是中央结点负担较重，容易形成系统的"瓶颈"，线路的利用率也不高。星形结构目前在企业以太局域网中应用广泛，集线器或交换机连接的各结点呈星形分布。它采用的传输介质是常见的双绞线，担当集中连接的设备是双绞线 RJ-45 以太网端口的集线器或交换机。

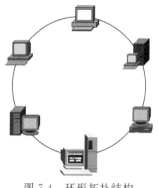 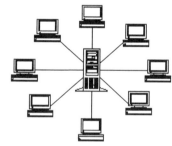

图 7-4　环形拓扑结构　　　　　　图 7-5　星形拓扑结构

4. 树状拓扑

树状拓扑是一种分级结构。在树状结构的网络中，任意两个结点之间不产生回路，每条通路都支持双向传输，如图 7-6 所示。这种结构的特点是扩充方便、灵活，成本低，易推广，适合于分主次或分等级的层次型管理系统。

5. 网状拓扑

主要用于广域网，由于结点之间有多条线路相连，如图 7-7 所示，所以网络的可靠性较高。缺点是结构比较复杂，建设成本较高，每一结点都与多点进行连接，因此必须采用路由算法和流量控制方法。

日常使用的局域网中，常见的拓扑结构是总线型或星形结构。

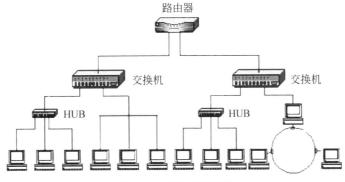

图 7-6　树状拓扑结构

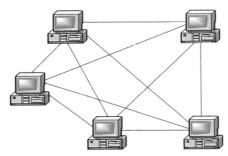

图 7-7　网状拓扑结构

7.1.4　计算机网络协议

计算机网络是一个复杂的具有综合性技术的系统,为了允许不同系统实体互连和互操作,不同系统的实体在通信时都必须遵从相互均能接受的规则,这些规则的集合称为协议(Protocol)。那这些协议是如何设计的呢?

1. 网络协议

计算机连接的协议一般有以下两个层次。

(1)**互连**:指不同计算机能够通过通信子网互相连接起来进行数据通信。

(2)**互操作**:指不同的用户能够在通过通信子网连接的计算机上,使用相同的命令或操作,使用其他计算机中的资源与信息,就如同使用本地资源与信息一样。

互操作是建立在互联的基础上,实际上,互联和互操作本身也可以分为小的、具有依赖性的功能。在计算机领域中,对于这样的问题,一般采用层次化的结构来进行设计,例如,操作系统的设计。在计算机网络中,同样采用了层次化的结构方式来进行体系结构设计。计算机网络体系结构为不同的计算机之间互连和互操作提供相应的规范和标准。

层次化的网络体系的优点:每层实现相对独立的功能,层与层之间通过接口来提供服务,每一层都对上层屏蔽如何实现协议的具体细节,使网络体系结构做到与具体物理实现无关。层次结构允许连接到网络的主机和终端型号、性能可以不一致,但只要遵守相同的协议即可实现互操作。高层用户可以从具有相同功能的协议层开始进行互连,使网络成为开放式系统。这里"开放"指按照相同协议任意两系统之间可以进行通信。因此层次结构便于系统的实现和便于系统的维护。

在计算机网络体系架构中,最著名的分层协议有两类:ISO/OSI 七层架构参考模型和 TCP/IP。

2. ISO/OSI 网络互联参考模型

国际标准化组织(International Standards Organization,ISO)在 20 世纪 80 年代提出开放系统互联参考模型(Open System Interconnection,OSI),这个模型将计算机网络通信协议分为七层。这个模型是一个定义异构计算机连接标准的框架结构,其具有如下特点。

(1)网络中异构的每个结点均有相同的层次,相同层次具有相同的功能。

(2)同一结点内相邻层次之间通过接口通信,相邻层次间接口定义原语操作,由低层向高层提供服务。

(3)不同结点的相同层次之间的通信由该层次的协议管理。

(4)每层次完成对该层所定义的功能,修改本层次功能不影响其他层。

(5)仅在最低层进行直接数据传送。

图 7-8 是一个发送端向接收端发送消息的过程。OSI 网络体系结构中定义的是抽象结构,并非具体实现的描述。除了物理层外,网络中数据的实际传输方向是垂直的。数据由用户发送进程发送给应用层,向下经表示层、会话层等到达物理层,再经传输媒体传到接收端,由接收端物理层接收,向上经数据链路层等到达应用层,再由用户获取。数据在由发送进程交给应用层时,由应用层加上该层有关控制和识别信息,再向下传送,这一过程一直重复到物理层。在接收端信息向上传递时,各层的有关控制和识别信息被逐层剥去,最后数据送到接收进程。

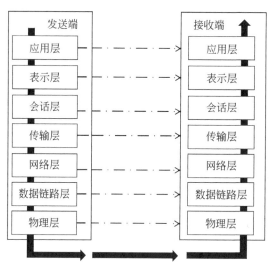

图 7-8 OSI 七层模型

现在一般在制定网络协议和标准时,都把 ISO/OSI 参考模型作为参照基准,并说明与该参照基准的对应关系。例如,在 IEEE802 局域网标准中,只定义了物理层和数据链路层,并且增强了数据链路层的功能。在广域网协议中,CCITT 的 X.25 建议包含物理层、数据链路层和网络层三层协议。一般来说,网络的低层协议决定了一个网络系统的传输特性,例如,所采用的传输介质、拓扑结构及介质访问控制方法等,这些通常由硬件来实现;网络的高层协议则提供了与网络硬件结构无关的,更加完善的网络服务和应用环境,这些通常是由网络操作系统来实现的。

模型的优点:ISO/OSI 网络参考模型的设计极其精巧,构思十分严密,分层逻辑清晰,是计算机发展史上分层设计的典范之作。OSI 的每一层提供不同抽象级别,各个层执行不同的功能,目的是使每一层独立地工作。每一层使用下一层中的信息,并给上面的层提供服务。

模型的不足:ISO/OSI 参考模型的层次过多,使得某些层之间的粒度过细。这一方面降低了网络协议的效率,另一方面也使得一些简单的实现也需要过度地考虑层次的分割问题。因此,Internet 上运行的 TCP/IP 最后占据了主导地位。

尽管如此,ISO/OSI 参考模型还是有巨大的参考意义,并且大家基本上都接受了这样的术语,因此,在日常的讨论中,人们经常还是可以听到说这是第七层或者第五层的实现问题,尽管他们实际上是在 TCP/IP 上编写代码。

3. TCP/IP

一般意义上的 TCP/IP,实际上是指 TCP/IP 协议族,是一个网络通信模型,以及一整个网络传输协议家族,为互联网的基础通信架构。它常被通称为 TCP/IP 协议族(TCP/IP Protocols),简称 TCP/IP。因为这个协议家族的两个核心协议,包括 TCP(传输控制协议)和 IP(网际协议),它们是这个家族中最早通过的标准。由于在网络通信协议普遍采用分层的结构,多个层次的协议共同工作时,类似计算机程序中的堆栈,因此又被称为 TCP/IP 协议栈(TCP/IP Protocol Stack)。这个协议套组由互联网工程任务组负责维护。

TCP/IP 提供了点对点的连接机制,将数据应该如何封装、寻址、传输、路由以及在目的地如何接收,都加以标准化。与 OSI 的七层体系结构不同,它将软件通信过程抽象化为四个抽象层,采取协议堆栈的方式,分别做出不同通信协议。协议套组下的各种协议,依其功能不同,被分别归属到这四个阶层之中,常被视为简化的七层 OSI 模型。

1983 年 1 月 1 日,在因特网的前身(ARPA 网)中,TCP/IP 取代了旧的网络控制协议(Network Control Protocol,NCP),从而成为今天的互联网的基石。最早的 TCP/IP 由文顿·瑟夫和罗伯特·卡恩开发,慢慢地通过竞争战胜了其他一些网络协议的方案,如国际标准化组织的 ISO/OSI 模型。TCP/IP 的蓬勃发展发生在 20 世纪 90 年代中期。当时一些重要而可靠的工具的出世,例如,页面描述语言 HTML 和浏览器 Mosaic,导致了互联网应用的飞速发展。

随着互联网的发展,目前流行的 IPv4 协议(网际协议第 4 版)已经接近它的能力极限。IPv4 最主要的缺陷在于:地址只有 32 位,IP 地址空间有限;不支持服务质量(Quality of Service,QoS)的想法,无法管理带宽和优先级,故而不能很好地支持现今越来越多的实时的语音和视频应用。因此 IPv6(网际协议版本 6)浮出水面,用以取代 IPv4。

TCP/IP 成功的另一个因素在于对为数众多的低层协议的支持。这些低层协议对应 OSI 模型中的第一层(物理层)和第二层(数据链路层)。每层的所有协议几乎都有一半数量支持 TCP/IP,例如,以太网(Ethernet)、令牌环(Token Ring)、光纤数据分布接口(FDDI)、端对端协议(PPP)、X.25、帧中继(Frame Relay)、ATM、Sonet、SDH 等。

TCP/IP 参考模型是一个抽象的分层模型,在这个模型中,所有的 TCP/IP 系列网络协议都被归类到 4 个抽象的"层"中。每一抽象层建立在低一层提供的服务上,并且为高一层提供服务。跟 ISO/OSI 参考模型对应,一般认为可以这样把 TCP/IP 协议族映射到 ISO/OSI 参考模型上。表 7-1 说明了 TCP/IP 和 OSI 协议之间的层次对应关系。

表 7-1　TCP/IP 体系结构和 OSI 参考模型对照表

TCP/IP 体系结构	OSI 参考模型	TCP/IP 协议栈
第 4 层:应用层	OSI 第 5~7 层: 应用层 表示层 会话层	HTTP、FTP、DNS 等协议
第 3 层:传输层	OSI 第 4 层: 传输层	TCP、UDP、RTP、SCTP 等
第 2 层:网际层	OSI 第 3 层: 网络层	因特网协议(IP 协议)
第 1 层:网络接口层	OSI 第 1 和 2 层: 数据链路层 物理层	以太网、WiFi、MPLS 等

7.1.5　联网设备

网络联网设备是把网络中的计算机连接起来形成网络,实现互通互联的各种设备的总称,这些设备包括网卡、双绞线、中继器、集线器、交换机和路由器等。这里主要讨论局域网中的设备,可分为**接口设备、传输介质和网络连接设备**。接口设备是连接计算机和网络的设备,主要是通过网卡将计算机接入网络;传输介质是通信网络中发送方和接收方之间的物理通路,包括双绞线、光纤、无线传输媒体;连接设备是将计算机连接成网络的设备,包括中继器、集线器和交换机。中继器工作在 OSI 参考模型的第一层,集线器和交换机工作在 OSI 参考模型的第二层,而路由器工作在 OSI 参考模型的第三层。

1. 网卡

网络接口卡是一个网络接口控制器,也被称为网络适配器或 LAN 适配器,是一块计算机硬件,旨在让计算机在计算机网络上进行通信,是计算机和网络之间的物理接口。它属于 OSI 模型的第二层,允许用户通过电缆或无线方式相互连接。每个网卡都有一个独特的 48 位序列号,称为 MAC 地址(也称物理地址),它被写在网卡的 ROM 中。计算机通过网卡接入计算机网络,因此网络上的每台计算机都有且必须有一个 MAC 地址。没有两个生产出来的网卡有相同的地址。这是因为电气和电子工程师协会(IEEE)负责为网络接口控制器供应商分配唯一的 MAC 地址。

网卡以前是作为扩展卡插到计算机总线上的,但是由于其价格低廉而且以太网标准普遍存在,大部分新的计算机都在主板上集成了网卡。除非需要多接口,否则不再需要一块独立的网卡。甚至更新的主板可能含有内置的双网络(以太网)接口。能够连接无线网络的网卡被称为无线网卡。根据连接的通信方式不同,网卡需要采用不同类型的接口,常见的接口有 RJ-45 接口(连接双绞线)、光纤接口(连接光纤)、无线网卡等,如图 7-9 和图 7-10 所示。

图 7-9　可以支持基于同轴电缆左边(左)和基于　　　　　图 7-10　无线网卡
　　　　　双绞线的(RJ-45,右)以太网网卡

2. 传输介质

传输介质是通信网络中发送方和接收方之间的物理通路,分为有线介质和无线介质。目前常见的有如下几种。

1) 双绞线

双绞线是由两条外面被覆塑胶类绝缘材料、内含铜缆线,互相绝缘的双线互相缠绕(一般以顺时针缠绕),绞合成螺旋状的一种电缆线,如图 7-11 所示。双绞线可减少发送中信号的衰减、减少干扰及噪声,并改善了对外部电磁干扰的抑制能力。它是由亚历山大·格拉汉姆·贝尔发明的。曾经多用于有线电话网,主要是用来传输模拟信号的,但现在同样适用于数字信号的传输,属于信息通信网络传输介质。双绞线的型号有多种,常用于局域网连接中的双绞线是五类双绞线,双绞线两端接 RJ-45 接头(俗称水晶头),如图 7-12所示一端接到计算机中的网卡上,另外一端和集线器或者交换机连接起来,将多台计算机组成了局域网。

图 7-11　双绞线内部结构图　　　　　　　　图 7-12　安装了电缆的 RJ-45 接口

2）光纤

光纤,全称光学纤维,是由玻璃或塑料制成的纤维,是一种光传输工具,利用这些纤维中传输的光的全内反射原理。微纤维被包裹在一个塑料护套中,使其能够弯曲而不断裂。通常情况下,光纤一端的发射装置使用发光二极管或激光束将光脉冲送入光纤,而光纤另一端的接收装置使用光敏组件检测脉冲。包含光纤的电缆被称为光缆。由于信息在光导纤维中的传输损失比电在电线中传导的损耗低得多,而且生产光纤的主要原料是硅,硅资源极其丰富,也比较容易开采,所以非常便宜,促使人们使用光纤作为远距离传输信息的媒介。

3）无线传输媒体

随着无线传输技术的日益发展,其应用越来越多地被各行各业所接受。目前,可以用于通信的有无线电波、微波、红外线等。无线局域网通常采用无线电波和红外线作为传输介质。

3. 中继器

中继器是一种放大模拟信号或数字信号的网络连接设备,通常具有两个端口。当数据离开源在网络上传送时,它是转换为能够沿着网络介质传输的电脉冲或光脉冲,这些脉冲称为信号。当信号离开发送工作站时,信号是规则的而且容易辨认出来的。但是,当信号沿着网络介质进行传送时,随着线缆越来越长,信号也变得越来越弱,越来越差。中继器的目的是在比特级别对网络信号进行重生和定向,它接收传输介质中的信号,将其复制、调整和放大后再发送出去,从而使信号能传输得更远,延长信号传输的距离。中继器不具备检查和纠正错误信号的功能,它只是转发信号。

中继器是位于第一层(OSI 参考模型的物理层)的网络设备。术语中继器(repeater)最初是指只有一个"入"端口和一个"出"端口的设备,现在有了多端口的中继器。

4. 集线器

集线器是构成局域网的最常用的连接设备之一。常用的集线器可通过两端装有RJ-45接头的双绞线与网络中计算机上安装的网卡相连,每个时刻只有两台计算机可以通信。集线器是运作在 OSI 模型中的物理层,可以让其连接的设备工作在同一网段。

由于集线器会把收到的任何数字信号,经过再生或放大,再从集线器的所有端口提交,这会造成信号之间碰撞的机会很大,而且信号也可能被窃听,并且这代表所有连到集线器的设备,都是属于同一个碰撞网域以及广播网域,因此大部分集线器已被交换机取代。

5. 交换机

图 7-13　交换机概述图

又称交换式集线器,如图 7-13 所示,在网络中用于完成与它相连的线路之间的数据单元的交换,是一种基于MAC(网卡的硬件地址)识别,完成封装、转发数据包功能的网络设备。在局域网中可以用交换机来代替集线器,其数据交换速度比集线器快得多。这是由于集线器不知道目标地址在何处,只能将数据发送到所有的端口。而交换机中会有一张地址表,通过查找表格中的目标地址,把数据直接发送到指定端口。除了在工作方式上与集线器不同外,交换机在连接方式、速度选择等方面与集线器基本相同。

交换机的带宽有 100Mb/s、1000Mp/s 和 10Gb/s 以及自适应的。

6. 路由器

路由器是一种连接多个网络或网段的网络设备,它能将不同网络或网段之间的数据信息进行"翻译",以使它们能够相互"读"懂对方的数据,实现不同网络或网段间的互联互通,从而构成一个更大的网络。目前,路由器已成为各种骨干网络内部之间、骨干网之间一级骨干网和因特网之间联接的枢纽。校园网一般就是通过路由器联接到因特网上的。

路由器是属于 OSI 第三层的产品,交换器是 OSI 第二层的产品。第二层的产品功能在于,将网络上各个计算机的 MAC 地址记在 MAC 地址表中,当局域网中的计算机要经过交换器去交换传递数据时,就查询交换器上的 MAC 地址表中的信息,将数据包发送给指定的计算机,而不会像第一层的产品(如集线器)给网络中的每台计算机都发送。而路由器除了有交换器的功能外,更拥有路由表作为发送数据包时的依据,在有多种选择的路径中选择最佳的路径。此外,它可以连接两个以上不同网段的网络,而交换器只能连接两个。

随着无线技术的发展,近年来无线路由器日益流行。无线网络路由器是一种用来联接有线和无线网络的通信设备,它可以通过 Wi-Fi 技术收发无线信号来与个人数码助理和笔记本电脑等设备通信。无线网络路由器可以在不设电缆的情况下,方便地创建一个计算机网络。

7.2 Internet 基础与应用

7.2.1 Internet 发展概述

1. Internet 发展历史

20 世纪 50 年代,通信研究者认识到需要允许在不同计算机用户和通信网络之间进行常规的通信。这促使了分散网络、排队论和数据包交换的研究。1960 年,美国国防部国防前沿研究项目署(ARPA)出于冷战考虑创建的 ARPA 网引发了技术进步并使其成为互联网发展的中心。1973 年,ARPA 网扩展成互联网,第一批接入的有英国和挪威的计算机。

1974 年,ARPA 的罗伯特·卡恩和斯坦福的温登·泽夫提出 TCP/IP,定义了在计算机网络之间传送报文的方法(他们在 2004 年也因此获得图灵奖)。1983 年 1 月 1 日,ARPA 网将其网络核心协议由 NCP 改变为 TCP/IP。

1986 年,美国国家科学基金会创建了大学之间互联的骨干网络 NSFnet,这是互联网历史上重要的一步。1994 年,NSFNET 转为商业运营。1995 年,随着网络开放予商业,互联网中成功接入的比较重要的其他网络包括 Usenet、Bitnet 和多种商用 X.25 网络。

20 世纪 90 年代,整个网络向公众开放。1991 年 8 月,蒂姆·伯纳斯-李在瑞士创立 HTML、HTTP 和欧洲粒子物理研究所的最初几个网页之后两年,他开始宣扬其万维网项目。1993 年,Mosaic 网页浏览器 1.0 版本被放出,1994 年年末,公共利益在前学术和技术的互联网上稳步增长。1996 年,"Internet"(互联网)一词被广泛流传,不过是指几乎整个的万维网。

互联网的快速发展要归功于互联网没有中央控制,以及互联网协议非私有的特质,前者造成了互联网快速的发展,而后者则鼓励了厂家之间的兼容,并防止了某一个公司在互联网上垄断。

互联网最初只是作为一个知识分享的平台出现的,但是人们发现其应用之广,几乎改变了人类生活的方方面面。在 Internet 诞生的二十多年的历史里,它改变了人们的生活方式。现在,人们在网上交友、看电影、听音乐、找工作、订机票、在家办公、在线和朋友互动、表达自己的意见等。在互联网时代长大的年轻人几乎不能想象没有互联网的世界。因此,互联网被公认为 20 世纪最伟大的 10 大发明之一。

尽管已经获得了巨大的成功,互联网技术还在蓬勃发展着。目前,互联网的主体已经逐步向移动设备倾斜,也就是人们常说的移动互联网。移动设备的接入,以及无线传感器等设备接入网络后,产生了巨量的无结构的数据,这些趋势的发展催生了互联网领域两大最热门的技术:大数据和云计算。

2. 我国互联网的发展历史

我国互联网的发展历史可以追溯到 20 世纪 90 年代。当时,中国开始推广互联网技术,并在 1997 年正式推出了中国首个因特网服务提供商。随着技术的不断提高和普及,互联网在中国逐渐得到了广泛应用。以下是我国互联网发展中的一些关键事件。

(1)1989 年,中国科学院承担了国家计划委员会立项的"中关村教育与科研示范网络"(NCFC)——中国科技网(CSTNET)前身的建设。

(2)1991 年,在中美高能物理年会上中国纳入互联网络的合作计划。

(3)1994 年 4 月,NCFC(中国科技网)与 NSFNET 直接互联,实现了中国与 Internet 全功能网络连接,标志着我国最早的国际互联网络的诞生。

(4)1994 年,CERNET 示范网工程建成,成为中国第一个全国性 TCP/IP 互联网。

(5)1994 年,中国教育与科研计算机网、中国科学技术网、中国金桥信息网、中国公用计算机互联网开始建成。

(6)1994 年,中国终于获准加入互联网并在同年 5 月完成全部中国联网工作。

(7)1995 年,张树新创立首家互联网服务供应商——瀛海威,从事互联网业务,让老百姓进入互联网。

(8)1998 年,CERNET 研究者在中国首次搭建 IPv6 实验床。

(9)2000 年,中国三大门户网站——搜狐、新浪、网易在美国纳斯达克挂牌上市。

21 世纪初,我国互联网行业进入了快速发展阶段。随着移动互联网的兴起,越来越多的人通过智能手机和平板电脑接入互联网,这也促进了互联网行业的发展。

在过去的几年中,我国互联网行业继续快速发展,行业内的公司和平台不断壮大。例如,阿里巴巴、腾讯和百度等公司成为我国互联网行业的领军者,而微信、支付宝和京东等平台则成为我国互联网用户日常生活中不可或缺的工具。

中国互联网络信息中心(CNNIC)2022 年 8 月发布了第 50 次《中国互联网络发展状况统计报告》,如图 7-14 所示,显示出,截至 2022 年 6 月,我国网民规模为 10.51 亿,互联网普及率达 74.4%。

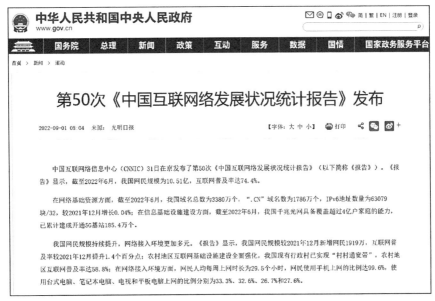

图 7-14   中国互联网发展报告网页

总体来说,中国互联网行业已经发展成为全球最大的互联网市场,并对全球互联网行业产生了重要影响。

7.2.2   TCP/IP 体系结构

在 Internet 上采用的是 TCP/IP。TCP/IP 是现今互联网和大多数其他计算机网络的核心协议,是网络通信的基础。它为网络中的计算机提供了一组标准的通信规则,使得不同的计算机和网络之间可以互相通信。它也采用了层次化结构,将复杂的网络互联功能分散到不同层。TCP/IP 是 4 层结构,如图 7-15 所示,下面具体介绍一下各层的功能。

1. 应用层

该层包括所有和应用程序协同工作,利用基础网络交换应用程序专用的数据的协议。应用层是大多数普通与网络相关的程序为了通过网络与其他程序通信所使用的层。

这个层的处理过程是应用特有的;数据从网络相关的程序以这种应用内部使用的格式进行传送,然后被编码成标准协议的格式。一些特定的程序被认为运行在这个层上。它们提供服务直接支持用户应用。这一层协议包括 HTTP(万维网服务)、FTP(文件传

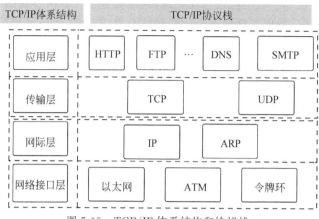

图 7-15　TCP/IP 体系结构和协议栈

输)、SMTP(电子邮件)、SSH(安全远程登录)、DNS 以及许多其他协议。一旦从应用程序来的数据被编码成一个标准的应用层协议,它将被传送到 IP 栈的下一层传输层,每一个应用层(TCP/IP 参考模型的最高层)协议一般都会使用到两个传输层协议之一:面向连接的 TCP(传输控制协议),无连接的包传输的 UDP(用户数据报文协议)。

运行在 TCP 上的协议如下。

(1) HTTP(HyperText Transfer Protocol,超文本传输协议):主要用于普通浏览。

(2) HTTPS(HyperText Transfer Protocol over Secure Socket Layer,或 HTTP over SSL,安全超文本传输协议):HTTP 的安全版本。

(3) FTP(File Transfer Protocol,文件传输协议):由名知义,用于文件传输。

(4) POP3(Post Office Protocol,version 3,邮局协议):收邮件用。

(5) SMTP(Simple Mail Transfer Protocol,简单邮件传输协议):用来发送电子邮件。

(6) TELNET(TELetype over the NETwork,网络电传):通过一个终端登录网络。

(7) SSH(Secure Shell,用于替代安全性差的 TELNET):用于加密安全登录用。

运行在 UDP 上的协议如下。

(1) BOOTP(Boot Protocol,启动协议):应用于无盘设备。

(2) NTP(Network Time Protocol,网络时间协议):用于网络同步。

其他协议还有 DNS(Domain Name Service,域名服务),用于完成地址查找、邮件转发等工作(运行在 TCP 和 UDP 上);ECHO(Echo Protocol,回绕协议),用于查错及测量应答时间(运行在 TCP 和 UDP 上);SNMP(Simple Network Management Protocol,简单网络管理协议),用于网络信息的收集和网络管理;DHCP(Dynamic Host Configuration Protocol,动态主机配置协议),用于动态配置 IP 地址;ARP(Address Resolution Protocol,地址解析协议),用于动态解析以太网硬件的地址。

2. 传输层

TCP/IP 协议族的传输层主要负责提供对应用层的端到端的可靠数据传输。它提供了一组协议,以确保数据的正确接收,并对应用层隐藏了网络的细节。

主要协议有以下两个。

(1) TCP(Transmission Control Protocol,传输控制协议):它是一种面向连接的协议,负责维护数据的正确传输。TCP 在每一个数据包中添加了控制信息,以确保数据的正确接收。如果在传输过程中丢失了数据包,TCP 将重新发送该数据包。

(2) UDP(User Datagram Protocol,用户数据报协议):它是一种面向无连接的协议,不提供数据的可靠传输。UDP 不对数据进行任何控制,并且不对丢失的数据进行重新发送。UDP 通常用于实时应用,例如,视频和音频流。

总的来说,TCP/IP 的传输层提供了两种不同类型的协议,可以满足不同类型的应用的需求。如果需要可靠的数据传输,则可以使用 TCP;如果需要快速的数据传输,则可以使用 UDP。

对于大多数网络应用程序,如 HTTP、FTP、SMTP 等,都是在 TCP 的基础上进行分组交换的。但是,在一些实时应用程序,如视频流媒体或在线游戏中,则更常使用 UDP。

3. 网际层

TCP/IP 协议族的网际层(也称为 Internet 层)主要负责维护数据在网络中的传输。它定义了一组协议,以确保数据在网络中从一个主机传输到另一个主机。网际层的主要协议是 IP 协议(Internet Protocol)。

IP 协议负责将数据包从一个主机传输到另一个主机。它为数据包添加了首部,以确定数据报的目标主机。IP 协议还为数据包选择最佳路径,以确保数据包在网络中的有效传输。

网际层还定义了另一个协议,称为 ARP(Address Resolution Protocol,地址转换协议),它负责确定与网络中的主机相关联的物理地址(如 MAC 地址)。

总的来说,TCP/IP 的网际层是网络中数据的核心,负责维护数据的传输和选择最佳路径。IP 协议是网际层的核心协议,负责将数据从一个主机传输到另一个主机。

4. 网络接口层

TCP/IP 协议的最底层,有时候也被称为数据链路层。它的主要任务是通过物理媒介(如有线电缆或无线网络)传输数据。网络接口层使用硬件(如网卡)和协议(如以太网协议)来实现数据的传输。

网络接口层负责为网络层提供有关数据帧的低层信息,并确保网络数据在物理媒介上的可靠传输。它还处理许多底层的网络问题,如冲突的检测和解决。

网络接口层有许多的协议,其中一些常见的如下。

(1) Ethernet(以太网):是最常用的数据链路层协议,用于在 LAN 中传输数据。

(2) WiFi(无线局域网):是一种无线局域网协议,用于在 WLAN 中传输数据。

(3) Bluetooth(蓝牙):是一种低功耗无线技术,用于在短距离内进行数据传输。

(4) FDDI(光纤数字数据接口):是一种光纤局域网协议,用于在大范围内传输高速数据。

（5）ATM（异步传输模式）：是一种用于高速数据传输的协议，通常用于在 WAN 中传输语音、数据和视频信息。

总的来说，数据链路层是 TCP/IP 的基础，它在网络通信的物理实现中扮演了重要的角色。

如今，大多数商业操作系统包括 TCP/IP 栈并且已经默认安装，对于大多数用户来说，没有必要去寻找它们在某个操作系统上的实现。TCP/IP 包含在所有的商业 UNIX 和 Linux 发布包中，同样也包含在 MacOS X 和微软视窗和视窗服务器版本中。

7.2.3 IP 地址和域名

1. IP 地址

IP 地址是在 Internet 上唯一标识计算机的数字标识符。它用于定位计算机以便在 Internet 上发送和接收数据。

IP 协议是一种为计算机网络互联通信而设计的协议。在互联网中，它是一套使所有连接到网络的计算机网络能够相互通信的规则，规定了计算机在互联网上进行通信时应遵循的规则。任何制造商生产的计算机系统只要符合 IP 协议，就可以与互联网互联。来自不同厂家的网络系统和设备，如以太网和分组交换网络，相互之间不能互通，主要是因为它们传输的基本数据单位（称为"帧"）的格式不同，但 IP 协议这一套软件程序组成的协议软件，能把各种不同的"帧"转换成"IP 包"格式，这样使各种计算机在互联网上都能互通，即具有"开放性"，实现了异构计算机系统的互联。

IP 协议中重要的内容，就是给 Internet 上的每台计算机和其他设备都规定了一个唯一的地址，叫作"IP 地址"。IP 地址分为两种类型：IPv4 地址和 IPv6 地址。IPv4 地址是一个 32 位数字，用 4 个整数表示，每个整数的范围是 0～255。例如，192.168.1.1 就是一个 IPv4 地址。IPv6 地址是一个 128 位数字，用 8 个十六进制整数表示，每个整数的范围是 0～65 535。

现有的互联网是在 IPv4 协议的基础上运行的。下一代互联网协议 IPv6 的提出，最初是因为随着互联网的快速发展，IPv4 定义的有限地址空间将被耗尽，而地址空间的缺乏必然会阻碍互联网的进一步发展。为了扩大地址空间，因此推出 IPv6 以重新定义地址空间。下面介绍 IPv4 地址，在后面的章节中除非特别说明，IP 地址都指 IPv4 地址。

2. IP 地址结构

IP 地址由网络地址和主机地址组成，如图 7-16 所示。IPv4 地址分为 5 类：A、B、C、D 和 E 类地址。

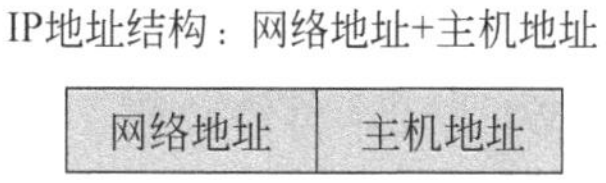

IP地址结构：网络地址+主机地址

| 网络地址 | 主机地址 |

图 7-16　IP 地址分类

（1）A 类地址：是最常见的地址类型，它们的第一个字节介于 1～126。这 1 个字节表示网络地址。A 类地址可用于大型网络，如公司或教育机构，并且具有超过 16 777 214 个可用的主机地址。

（2）B 类地址：用两个字节表示网络地址，IP 地址的第一个字节介于 128～191。B

类地址通常用于中等规模的网络,如城市或县的教育网络,并且具有超过 65 534 个可用的主机地址。

（3）C 类地址:用三个字节表示网络地址,IP 地址的第一个字节介于 192~223。C 类地址通常用于小型网络,如家庭或小型公司,并且具有超过 254 个可用的主机地址。

（4）D 类地址:第一个字节介于 224~239,它们专门用于多播,也就是一对多的通信。

（5）E 类地址:第一个字节介于 240~255,它们被保留用于未来的用途。

可以通过 IP 地址的点分十进制形式中第一个字节的值识别出来这些地址是哪一类的,例如,202.112.0.36 是 C 类地址。但有些 IP 地址被保留用作内部网络,不能在 Internet 上使用。

3. 域名

1）域名的定义

由于人们更容易记住有意义的字符串,而不是数字地址,因此在 IP 地址之外又引入了域名系统。域名是用来标识 Internet 上服务器的网络位置(如网站或电子邮件服务器)的字符串。它们替代了 IP 地址,例如想访问"百度",可以在浏览器地址栏中输入"baidu.com"。浏览器会将请求转换为 IP 地址,并连接到百度的服务器。

由于网络上的设备还是按照 IP 地址来标识自己,所以域名最终要转换为 IP 地址,这个转换工作是由域名系统(DNS)管理的,它是互联网上的一种分布式数据库,用于将域名与 IP 地址相关联。当用户请求一个网站时,浏览器会向 DNS 服务器查询该域名的 IP 地址,然后才能连接到网站。

2）域名的结构

域名也必须是全网唯一,为了避免重复,因此采用了层次结构,如图 7-17 所示。

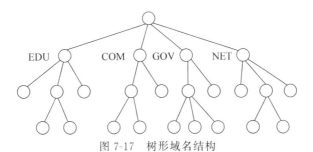

图 7-17　树形域名结构

这种层次结构图像是一棵倒放的树结构。这个树的最上一个结点是树根,在树根下第一层规定了几个互相不重名的字符串,这就是顶级域名。在顶级域名下又设置了二级域名,每个域名管理自己的下一级域名,保证自己下一级域名互相不重复。位于不同层的域名字符串可以重名。最终构成的域名是从这棵树的最小层域名开始,到顶级域名形成的路径上的字符串构成的名字,从右往左组织,并使用"."作为分隔符。最右边的部分称为顶级域名(TLD),例如.com、.org、.net。左边的部分则是主机名或子域名,它们与顶级域名一起构成完整的域名。由于在这种树结构中,一个结点下的同层的名字不能重复,因此这种层次结构的命名方式可以保证名字全网唯一。

例如,在域名"www.example.com"中,".com"是 TLD,"example"是子域名,"www"是主机名。字符串之间用"."来作为分隔符。

域名可以分为以下几种类型。

(1) 顶级域名(TLD):如.com、.net、.org 等,它们位于域名最顶部。

(2) 国家顶级域名(ccTLD):如.cn、.uk、.de 等,它们是根据国家或地区来确定的。

(3) 二级域名:如 example.com,它们位于顶级域名下面,是域名的主要部分。

(4) 三级域名:如 blog.example.com,它们位于二级域名下面,用于更细致地分类网站内容。

(5) 子域名:如 shop.example.com,它们也位于二级域名下面,可以用于给网站创建不同的分支。

域名的类型不仅决定了域名的价格和可用性,还影响到网站的可信度和用户体验。因此,在选择域名时,建议考虑合适的域名类型。这种域名组织方式允许每个组织对其网络资源(如网站、电子邮件服务器)进行组织和管理,并使用子域名来组织其不同的部分。

3) 顶级域名

顶级域名(TLDs)的数量是不固定的,它们通常是由国际域名分配机构 ICANN 管理的。截至 2021 年,全球公认的顶级域名有 22 个通用顶级域名(gTLDs)和 250 个国家/地区代码顶级域名(ccTLDs)。通用顶级域名包括.com、.net、.org、.info 等。国家/地区代码顶级域名则用于表示特定国家或地区,并通常由该国或地区的政府管理,例如,.cn 对应中国、.us 对应美国等。而通用顶级域名则不受地理限制。

通用顶级域名(gTLDs)通常不与特定机构类型对应,它们可以用于任何类型的组织或个人。但是,有一些通用顶级域名有一些限制或建议的使用方式。以下是一些通用顶级域名的列表,如表 7-2 所示,以及它们的一般用途。

表 7-2　部分通用顶级域名的一般用途

域　名	一　般　用　途
.com	用于商业用途,是最常用的通用顶级域名
.net	原用于网络服务提供商,但现在可以用于任何类型的组织
.org	原用于非营利性组织,但现在可以用于任何类型的组织
.info	用于提供信息的组织或个人
.biz	用于商业用途
.mobi	用于移动设备访问的网站
.pro	用于专业人员,例如律师、医生等
.tel	用于电话号码和通讯目录服务
.asia	用于亚洲地区的组织和个人
.name	用于个人姓名域名
.jobs	用于招聘和求职目的
.media	用于媒体和出版相关的组织和个人

7.2.4 Internet 应用

在计算机网络中,网络服务是在网络应用层之上运行的应用程序,它提供数据存储、处理、演示文稿、通信或其他功能。通常使用客户端/服务器或对等体(Peer to Peer,P2P)的对等体系结构,通常实现应用层网络协议。

每个服务通常通过一个或多个计算机上运行的服务器组件(通常由一个专用的服务器提供的多个服务),通过网络由在其他设备上运行的客户端组件进行访问。然而,客户端和服务器组件可以运行在相同的机器上。

网络服务的内容包罗万象,比如 DNS 服务用来将域名翻译为 IP 地址;DHCP 服务可以为网络中的计算机动态分配网络配置;授权服务可以为用户提供验证和授权服务;时间服务可以为所有客户端提供统一的时间;简单网络管理服务通过 SNMP(简单网络管理协议)对网络上的计算机进行管理和配置。下面简要介绍一些常见的网络服务。

1. 万维网

万维网(亦作"Web""WWW""W3",英文全称为"World Wide Web"),是一个由许多互相链接的超文本组成的系统,通过互联网访问。

万维网联盟(World Wide Web Consortium,W3C),又称 W3C 理事会,1994 年 10 月在麻省理工学院(MIT)计算机科学实验室成立。万维网的发明者是英国计算机科学家蒂姆·伯纳斯-李。

万维网并不等同互联网,万维网只是互联网所能提供的服务其中之一,是靠着互联网运行的一项服务。它主要是由许多用超文本标记语言(Hypertext Markup Language,HTML)编写的网页文档构成的信息系统,网页文档之间通过超链接进行关联和被访问。在这个系统中,每个可以被访问的事物,例如网页、视频等被称为"资源";并且由一个全局"统一资源标识符"(URL)标识;这些资源通过超文本传输协议(Hypertext Transfer Protocol,HTTP)传送数据给用户,用户通过网页浏览器,如 Google Chrome、Mozilla Firefox 和 Apple Safari 等,来提供对信息资源的访问。

万维网上有数以亿计的网页,涵盖了几乎所有的信息主题,从新闻和天气,到娱乐和教育,再到商业和购物。

万维网的核心部分是由以下三个标准构成的。

1)统一资源标识符

URL(统一资源定位符)是指一种定位互联网上资源(如网页、图像、视频等)的字符串。它是一种全球唯一的标识,可以帮助浏览器和其他客户端确定资源的位置,并且可以访问它。

一个 URL 通常分为三个部分:协议(例如,HTTP 或 HTTPS),服务器名称(例如,www.example.com)和资源的路径(例如,/index. html),如图 7-18 所示。

在这个例子中,协议是 HTTPS,服务器名称是 www.nwpu.edu.com,资源路径是/xxgk.htm。

https://www.nwpu.edu.cn/xxgk.htm

协议名　存放资源服务器域名　资源路径

图 7-18　URL 的组成

2）超文本传送协议

HTTP(Hypertext Transfer Protocol)是用于分布式、协作式和超媒体信息系统的应用层协议。它是一种请求/响应协议，是互联网上应用最为广泛的一种网络协议。HTTP是用于在万维网(WWW)上传输超文本的基础协议。

HTTP操作的是资源，即网络上的一个实体，如文件、图像、视频流等。HTTP使用一个简单的请求/响应模型，客户端向服务器发送请求，服务器返回响应。请求和响应都包含一个状态代码，说明请求/响应的结果，如200表示请求成功，404表示请求的资源不存在。

3）超文本标记语言

HTML(Hypertext Markup Language)是一种用于创建网页的标记语言。它是一种标记语言，不是编程语言，它使用标记来描述网页的结构和内容，其效果要通过浏览器展示。

HTML使用标签来定义文档的结构，例如：

<html>标签定义整个网页。

<head>标签定义网页的头部，包含网页的标题等信息。

<body>标签定义网页的主体，包含网页的内容。

<p>标签定义一个段落。

<h1>～<h6> 标签定义标题。

<a>标签定义一个链接。

<img>标签定义一个图像。

HTML还有许多其他的标签，用于定义列表、表格、表单等。HTML的标记可以包含属性，这些属性提供了关于标记的更多信息。例如，在链接标签<a>中，可以使用href属性来指定链接的目标URL。它可以与其他技术，如CSS和JavaScript，结合使用，以创建动态、交互式网页。

HTML的最新版本是HTML5，它提供了许多新的标签和特性，如新的媒体元素、地理定位、本地存储等。

2. DNS 服务

DNS(Domain Name System，域名系统服务)是因特网的一项核心服务，它作为可以将域名和IP地址相互映射的一个分布式数据库，能够使人们更方便地访问互联网，而不用去记住能够被机器直接读取的IP数串。

例如，人们经常访问和使用的百度搜索引擎，我们会在浏览器中直接输入www.baidu.com，但实际上所要访问的服务器的真实地址是180.76.3.151(或其他一些网址，因为像百度这样的大型网站，映射的服务器往往不止一台)。

那么DNS如何进行域名和IP地址转换呢？我们用下面的例子来简单说明一下过程。

例如，假设www.baidu.com作为一个域名和IP地址180.76.3.151相对应。DNS就像是一个自动的电话号码簿，我们可以直接拨打baidu的名字来代替电话号码(IP地址)。

DNS 在我们直接调用网站的名字以后就会将像 www.baidu.com 一样将便于人类使用的名字转换成像 180.76.3.151 一样便于机器识别的 IP 地址。转换过程如下。

（1）客户端发送查询报文"query www.baidu.com"至 DNS 服务器，DNS 服务器首先检查自身缓存，如果存在记录则直接返回结果。

（2）如果记录老化或不存在，则 DNS 服务器向根域名服务器发送查询报文"query www.baidu.com"，根域名服务器返回 .com 域的权威域名服务器地址，这一级首先会返回的是顶级域名的权威域名服务器。

（3）DNS 服务器向.com 域的权威域名服务器发送查询报文"query www.baidu.com"，得到 baidu.com 域的权威域名服务器地址。

（4）DNS 服务器向.baidu.com 域的权威域名服务器发送查询报文"query www.baidu.com"，得到主机 www 的 A 记录，存入自身缓存并返回给客户端。

由于全世界各地的服务器数目众多，因此各个服务提供商通常会提供 DNS 缓存的服务，这样可以大大提高 DNS 查找的速度。但是这也带来了一些问题，例如，域名更新时会有同步上的时延，以及 DNS 污染等问题。

3. 电子邮件服务

电子邮件（Electronic mail，Email 或 E-mail），又称电子邮箱，是指一种由一个寄件人将数字信息发送给一个人或多个人的信息交换方式，一般会通过互联网或其他计算机网络进行书写、发送和接收邮件，目的是达成发信人和收信人之间的信息交互。电子邮件服务是互联网上最早提供的服务之一，诞生于 20 世纪 70 年代早期。1971 年为 ARPA 网工作的麻省理工学院博士 Ray Tomlinson 在测试软件时发出第一封电子邮件，并且首次使用"@"作为地址间隔标示。

一些早期的电子邮件需要寄件人和收件人同时在线，类似实时通信。现在的电子邮件系统是以存储与转发的模型为基础。邮件服务器接收、转发、提交及存储邮件。寄信人、收信人及他们的计算机都不用同时在线。寄信人和收信人只需在寄信或收信时简短地连接到邮件服务器即可。

尽管互联网上又诞生了许多新的服务，比如社交服务、及时通信服务，但是电子邮件服务依然保持其旺盛的生命力。几乎每一个上网的人都拥有至少一个电子邮件，而绝大部分大型公司依然提供电子邮件服务器。

电子邮件的优点：传播速度快、非常便捷、成本低廉、广泛的交流对象、信息多样化、比较安全。另外，跟及时通信等服务相比，它还具有干扰性较小这样的特点。

常见的电子邮件协议有以下几种：SMTP（简单邮件传输协议）、POP3（邮局协议）、IMAP（Internet 邮件访问协议）。这几种协议都是由 TCP/IP 协议族定义的。

（1）SMTP（Simple Mail Transfer Protocol）：主要负责底层的邮件系统如何将邮件从一台机器传至另外一台机器。

（2）POP（Post Office Protocol）：版本为 POP3，POP3 是把邮件从电子邮箱中传输到本地计算机的协议。

（3）IMAP（Internet Message Access Protocol）：版本为 IMAP4，是 POP3 的一种替

代协议,提供了邮件检索和邮件处理的新功能,这样用户可以完全不必下载邮件正文就可以看到邮件的标题摘要,从邮件客户端软件就可以对服务器上的邮件和文件夹目录等进行操作。IMAP增强了电子邮件的灵活性,同时也减少了垃圾邮件对本地系统的直接危害,同时相对节省了用户查看电子邮件的时间。除此之外,IMAP可以记忆用户在脱机状态下对邮件的操作(例如移动邮件,删除邮件等)在下一次打开网络连接的时候会自动执行。

在大多数流行的电子邮件客户端程序里面都集成了对SSL连接的支持。除此之外,很多加密技术也应用到电子邮件的发送接收和阅读过程中。他们可以提供128~2048b不等的加密强度。无论是单向加密还是对称密钥加密,也都得到广泛支持。

4. 社交网络服务

社交媒体服务是目前互联网最炙手可热的领域之一。社交网络服务的主要作用是为一群拥有相同兴趣与活动的人进行在线互动和交流服务。这类服务往往是基于互联网,为用户提供各种联系、交流的交互通路,如电子邮件、实时消息服务等。此类网站通常通过朋友,一传十、十传百地把网络展延开去,极其类似树叶的脉络,我国一般称为"社交网站"。

多数社交网络会提供多种让用户交互起来的方式,可以为聊天、寄信、影音、文件分享、博客、讨论组群等。

社交网络为信息的交流与分享提供了新的途径。作为社交网络的网站一般会拥有数以百万的登记用户,使用该服务已成为用户们每天的生活。社交网络服务网站当前在世界上有许多,知名的包括Google+、Myspace、Twitter、Facebook等。在我国,以社交网络服务为主的流行网站有QQ空间、百度贴吧、微博等。

5. 即时通信服务

IM(Instant Messaging)是一种即时的、在线的、交互式的通信方式,允许用户通过互联网相互发送文字、语音和视频信息。

即时通信是一种交互性很强的通信工具,可以帮助用户快速、方便地与他人进行交流。它的主要特点是可以实时地收发消息,因此用户可以在实时交流中获得回复。

目前,即时通信技术广泛应用于个人和企业用户,帮助他们进行沟通和协作。常见的即时通信工具包括WhatsApp、WeChat(微信)、Facebook Messenger等。

我国有很多流行的即时通信软件,列举其中部分如下。

(1) WeChat:微信,腾讯公司产品,是一款非常受欢迎的即时通信工具,支持文字、语音和视频消息的发送。

(2) QQ:腾讯公司产品,提供了语音、文字、图片等多种通信方式。

(3) Ali Wangwang:阿里旺旺,是阿里巴巴公司推出的一款在线客服软件,可以帮助商家与客户进行实时通信。

(4) DingTalk:钉钉,是阿里巴巴公司推出的一款企业级即时通信工具,提供了多种通信和协作功能。

（5）MiTalk：米聊，是小米公司推出的一款即时通信工具，支持文字、语音和图片的发送。

总的来说，即时通信是一种方便、实用和快捷的通信方式，对于任何想要进行实时交流的人来说都是一个重要的选择。

习　　题

1．什么是计算机网络？它有什么功能？

2．什么是网络拓扑结构？它有哪些常见类型？

3．什么是网络协议？

4．什么是路由器和交换机？它们的主要作用是什么？

5．什么是 TCP/IP？它的作用是什么？

6．什么是 HTTP？它的作用是什么？

7．什么是 IP 地址？IP 地址有哪些分类？

8．请解释什么是域名以及它的作用。请列举出至少三个常见的域名后缀及其含义。

9．请解释什么是域名解析以及它的作用。请简述一下域名解析的过程。

10．请解释什么是 URL 以及它的作用。请列举出至少三个常见的 URL 组成部分及其含义。

11．请简述什么是万维网以及它的特点。

12．请简述什么是 HTTP 及其作用。

第8章

问题求解与实现

本章的目的是向读者介绍如何使用计算机的方法解决实际问题,涵盖了:①算法概念,定义了什么是算法,并对算法的有效性、可行性和正确性进行了讨论;②算法分析,讨论了如何评估算法的性能,包括时间复杂度和空间复杂度;③常见算法,介绍了一些常用算法,例如,排序算法、搜索算法等。

计算机中问题求解和算法是一个非常重要的领域,它在计算机科学和工程中有着广泛的应用。以下是计算机中问题求解和算法的重要性:①解决实际问题,通过算法和问题求解,可以解决很多实际问题,如图像处理、数据挖掘、人工智能等;②提高效率,通过合适的算法,可以提高问题的求解效率,并减少程序的运行时间和资源的消耗;③提高可读性,好的算法不仅能提高效率,还能使代码变得方便其他人理解和维护;④提高可维护性,使用算法的优化和解决问题的经验,可以提高代码的可维护性,使得代码更加稳定;⑤促进科学研究,通过研究和开发算法,可以促进科学研究,推动计算机科学的进步。

总的来说,问题求解和算法是计算机科学的重要组成部分,它不仅有助于解决实际问题,提高程序的效率、可读性、可维护性,并且促进了科学研究的进步。因此,对算法的研究和开发是计算机科学和工程的重要方向。

8.1 问题求解和算法表示

8.1.1 计算机中求解问题

1. 算法的定义

"算法"(Algorithm)这个词来自一位数学家的名字。公元 825 年,阿拉伯数学家阿科瓦里茨米(AlKhowarizmi)写了他著名的《波斯语教科书》,其中他概述了进行四种算术运算的规则。中世纪晚期,阿科瓦里茨米的另一本书《代数》在欧洲被广泛阅读,拉丁语的 algorismus 和英语的"algorism"都是他名字 AlKhowarizmi 的翻译。英文单词"algorithm"的现代含义是在 19 世纪末才具有的。

我国的算法研究有着悠久的历史。在古代,算法被称为"术",它们最早出现在《周髀算经》和《九章算术》中。其中,《九章算术》给出了四则运算、最大公约数、最小公倍数、开平方根、开立方根、高斯消元法解线性方程组等。魏晋时期的刘徽给出了求圆周率的算法:

刘徽割圆术。

刘徽是我国古典数学理论的奠基人之一,如图 8-1 所示。在我国数学史上做出了极大的贡献,他的杰作《九章算术注》和《海岛算经》,是我国最宝贵的数学遗产。2021 年 5 月,国际天文学联合会(IAU)批准中国在嫦娥五号降落地点附近月球地貌的命名,刘徽为八个地貌地名之一。

算法在数学和计算机科学中,指的是以计算机可以执行其指令的方式定义的一组有限的步骤或序列,通常用于计算、数据处理和自动推理。算法是一种有效的方法,它由一组定义明确的指令组成,可以在有限的时间和空间内明确表达。当其运行时能从一个初始状态和初始输入开始,经过一系列有限而清晰定义的状态,最终产生输出并停止于一个终态。一个状态到另一个状态的转移不一定是确定的。随机化算法在内的一些算法,包含一些随机输入。

算法的核心是创建问题抽象的模型和明确求解目标,之后可以根据具体的问题选择不同的模式和方法完成算法的设计。

图 8-1　刘徽(约 225—295 年),魏晋期间的数学家

2. 算法特征

Donald Knuth 在他的著作《计算机编程艺术》一书里对算法的特征做了如下归纳。

(1)输入:一个算法必须有零个或以上输入量。

(2)输出:一个算法应有一个或以上输出量,输出量是算法计算的结果。

(3)明确性:算法的描述必须无歧义,以保证算法的实际执行结果是精确地符合要求或期望,通常要求实际运行结果是确定的。

(4)有限性:依据图灵的定义,一个算法是能够被任何图灵完备系统模拟的一串运算,而图灵机只有有限个状态、有限个输入符号和有限个转移函数(指令)。而一些定义更规定算法必须在有限个步骤内完成任务。

(5)有效性:又称可行性,意思是算法能够实现。算法中描述的操作都是可以通过已经实现的基本运算执行有限次来实现。

3. 程序

计算机问题的解决有赖于程序的运行,那么什么是程序? 在日常生活中,程序是指按一定顺序安排的工作,即操作的序列。在计算机科学中,程序指计算机程序(Computer Program),是一组指示计算机每一步行动的指令,通常用某种编程语言编写,描述了计算机处理数据和解决问题的过程。

瑞士计算机科学家尼古拉斯·沃斯(Niklaus Wirth)提出了著名的的公式:"算法+数据结构=程序",他在 1984 年被授予图灵奖。他也是计算机编程语言 Pascal 语言之父(在 C 语言出现之前,Pascal 语言是最受欢迎的语言之一)。他提出的这个公式对计算机科学产生了深远的影响,展示出了程序的本质。

程序的两个基本要素是算法和数据结构。但是,编程的难点通常不是算法或者数据结构本身,而是如何理解和分解问题,并将其映射到最合适的算法或数据结构上。这个映射本身不是程序要解决的问题,是人脑在思维,是构造性思维、逆向思维、猜想与实验、设计思维等全脑思维的艺术,这一步至关重要。计算机求解问题可以按照如下基本步骤进行。

(1)确定数学模型或数据结构:通过抽象和分析,将现实中的问题映射为数学问题。

(2)算法分析和描述。

(3)编写程序。

(4)程序测试,如果程序测试出现问题,需要重新回到第三步,进行程序修改,然后重复第四步,直到问题得到解决。

8.1.2 算法的表示形式

算法可以有多种表示形式,包括自然语言、伪码、流程图、Drakon 图、图表以及编程语言或控制表(由解释器处理)。算法的表现形式变更是随着开发程序的设计思维而改变的。程序设计是一门技术,也是算法设计的基本工具,需要相应的理论、技术、方法和工具来支持。程序设计主要经历了结构化程序设计和面向对象程序设计的发展阶段,那么算法的表达方式也随着程序设计技术的发展而产生出不同类型。其中,由于算法的自然语言表达往往冗长而含糊,因此很少用于复杂的算法。伪码、流程图、Drakon 图、图表和控制表表达的算法可以避免自然语言的多义性。编程语言主要用于可被计算机执行的形式表达的算法,但经常被用来作为算法的定义或文档。

在计算机科学中,比较常用的算法表示形式有流程图、NS 流程图、伪代码和编程语言。伪代码和编程语言类似。

1. 流程图

流程图是一种图表类型,它表示一个算法、工作流程或程序,显示的每一个步骤为各种图块,它们之间的顺序用箭头连接。这种图表方式用于展示对某个问题的解决方案。流程图广泛适用于多种领域,也常常用于各个领域中的过程或程序的分析、设计、记录或管理。

在计算机科学领域,流程图也是最常用的算法表示形式之一。流程图有多种不同类型的图符号,最常用的图符号有如表 8-1 所示的几种。

表 8-1 流程图中常见符号含义

符　号	含　义
⬭	圆角矩形表示"开始"与"结束"
▭	表示普通的处理任务,如"对 X 加 1""去除重复数据",等等
◇	表示问题判断或判定环节
▱	平行四边形表示输入输出
↓	箭头代表处理流的方向

如图 8-2 所示,显示了一个简单的流程图。图 8-2 表示了一个简单的算法,该算法首先要求用户输入姓名、小时数和费率,然后计算该用户所需支付的费用,最后输出该用户所需支付的费用。

易于看出,流程图的优点在于直观简单,图块内可以使用自然语言,学习成本低。但是,对于计算机科学领域来说,其也有明显的不足:

(1) 对于外部因素的表现力不足。

外部因素主要表现为事件。在当前主流的操作系统下,大部分程序,尤其是与用户交互的程序,都广泛用到了事件驱动模型。而流程图在这方面的缺陷使其在事件驱动程序方面很难广泛使用。

(2) 结构性较差。

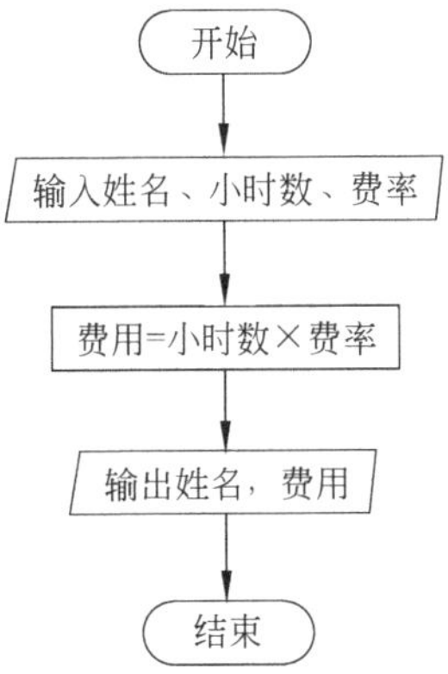

图 8-2　一个顺序结构流程图

由于其流式特性,很容易把一个流程图画得很大、很长。这一方面使得使用者很难把握其整体结构;另一方面,当需要做出修改时,也往往会修改很多部分的内容。

后面介绍的状态图和 NS 流程图则可以有效地克服这些缺点。

2. NS 流程图

NS 流程图的全称是 Nassi Shneiderman 图,在 1972 年由 Isaac Nassi 及其学生 Ben Shneiderman 提出,因此该图也以他们的名字命名。NS 流程图类似于流程图,但不同之处是 NS 图可以表示程序的结构。

在自顶向下的程序设计方法中,待处理的问题会逐步分解成一些较小的子程序,到最后只有简单的叙述及控制流程结构。NS 图对应了上述思维,利用嵌套的方块来表示子程序。NS 图中没有对应 GOTO 指令的表示,这和结构化编程中不使用 GOTO 的理念一致。NS 图的抽象层次接近结构化的代码,若程序重写,NS 图就需重新绘制,不过 NS 图在简述程序及高级设计时相当方便。

NS 图几乎是流程图的同构,任何的 NS 图都可以转换为流程图,而大部分的流程图也可以转换为 NS 图。其中,只有像 GOTO 指令或是 C 语言中针对循环的 break 及 continue 指令无法用 NS 图表示。

与结构化设计方法一致,NS 图也有三种不同类型的图块,分别对应于结构化程序设计的三种结构。

1) 标准过程块

标准过程块可以基本对应于程序设计中的顺序语句。它表示不需要再分解的基本步骤,当流程进行到一程序方块时,会进行程序方块中的动作,然后移至下一个方块。图 8-3 显示了 NS 流程图中标准过程块符号和示例。

2) 分支块

分支块可分为两种,第一种是简单的真/假二值分支块,对应 if 指令,会有两个对应的路径,根据条件是否成立,决定后续运行的程序,如图 8-4 所示。

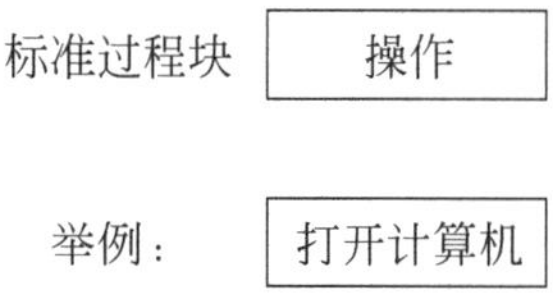

标准过程块　|　操作　|

举例：　|　打开计算机　|

图 8-3　NS 图,标准过程块

图 8-4　NS 流程图,真假二值分支示例

第二种是多重分支块,当使用类似 C 语言的 switch 指令,依表达式结果要从三个或三个以上的路径中选择一个时使用,此方块一般会有许多对应的选项和其对应的子程序,如图 8-5 所示。

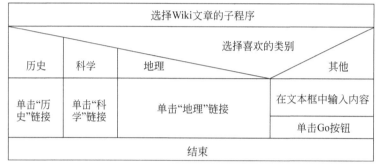

图 8-5　NS 图多重分支块

3) 条件循环块

条件循环块允许程序运行一个或一组特定程序,一直到某一特定条件满足为止。条件循环块可分为两部分:左侧长条状部分和方块上方(或下方的)的测试条件部分相连,测试循环方块内部的方块则是循环中可能要运行多次的程序。测试循环块可分为两种:先判断条件的循环块及后判断条件的循环块。二者的差异是条件判断次序的先后。在先判断条件的循环块中,在运行循环前会先判断特定条件是否成立,若不成立,才运行循环内的程序,之后再重新判断条件是否成立,若不成立,再运行循环内的程序,只要特定条件成立,就退出循环内的程序,继续运行后续的程序。由于在循环开始时就判断条件是否成立,有可能在循环内程序完全未运行过的情形下就退出循环,继续运行后续程序,如图 8-6 所示。

后判断条件的循环块会先运行一次循环内的程序,之后判断特定条件是否成立,若不成立,才运行循环内的程序。后测试的循环块中,循环内的程序至少会被运行一次,如图 8-7 所示。

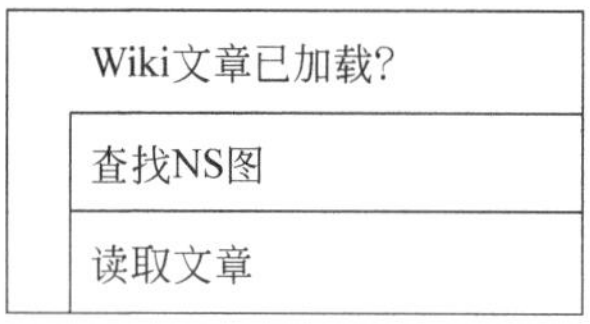

| Wiki文章已加载? |
| 查找NS图 |
| 读取文章 |

图 8-6　NS 先判断条件循环块

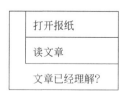

图 8-7　NS 后判断条件循环块

算法可以有多种表示方式,流程图是最常用的一种,它不光适用于计算机科学领域,还广泛适用于其他领域。NS 流程图则更加具有结构性,从 NS 流程图可以非常容易地对应到计算机程序中模块、方法和结构的概念。

3. 伪代码

伪代码是一种表示算法的文字形式,用于解释算法的思路和逻辑。它并不是真正的代码,而是一种通俗易懂的语言,类似于自然语言,用于描述算法的流程。

伪代码的主要目的是让读者能够更好地理解算法的思路,而不必纠结于编程语言的细节。它的语法简单易懂,可以让读者轻松地理解算法的逻辑。

例如,下面是一个求数组中最大值的伪代码。

```
MAXIMUM(A)
1. max = A[0]
2. for i = 1 to length(A) - 1
3.     if A[i] > max
4.         max = A[i]
5. return max
```

这段伪代码说明了一个简单的算法,用变量 max 作为检测值,用数组的第一个元素的值初始化它,然后遍历整个数组,如果找到比 max 中存放的当前最大值更大的值,就将其设为新的最大值对剩下的数组中元素继续进行比较。

伪代码的优点:

(1) 易于理解。伪代码使用简单明了的语言,把复杂的算法和程序概念转换为类似于人类语言的文字,更容易理解。

(2) 提高效率。在写代码之前,使用伪代码先预先考虑算法和程序结构,可以节省时间,提高效率。

(3) 易于调试。在编写完整的代码之前,通过伪代码预先检查算法的正确性,可以帮助发现问题并解决。

(4) 提高可读性。伪代码易于阅读和理解,使得团队成员之间的沟通和合作更加高效。

(5) 方便翻译。一旦编写出伪代码,它可以被简单地翻译成任何编程语言,从而方便项目的开发和维护。

伪代码的缺点:

(1) 不够精确。因为伪代码不是实际可执行的代码,有时它可能不够精确,导致算法实现不正确。

(2) 可读性问题。如果伪代码不是很清晰,它可能不易于理解,导致团队成员在沟通和合作时产生困难。

(3) 没有标准。伪代码没有一个统一的标准。

4. 编程语言表示

编程语言是用于编写计算机程序的语言。用编程语言描述算法,既可以描述算法的步骤,又可以用可执行的形式在计算机上运行,对结果进行直接验证。

编程语言中的常见结构,如循环和分支,可以用来表示算法的基本控制结构,如循环和递归。它们还提供了各种数据类型,如整数、浮点数和字符串,以及用于处理这些数据类型的操作,如加法、乘法和字符串连接。

例如,以下是用 Python 语言表示计算阶乘的算法。

```
def factorial(n):
    if n == 0:
        return 1
    else:
        return n * factorial(n-1)
```

以上代码定义了一个名为 factorial 的函数,该函数使用递归来计算给定整数 n 的阶乘。如果 n 等于零,则返回 1;否则,它将返回 n 乘以 $n-1$ 的阶乘。

通过使用编程语言表示算法,可以使算法具有可执行性,并且可以方便地在计算机上测试和使用。

编程语言表示的优点:主要优点就是可执行性,通过使用编程语言表示算法,可以使算法具有可执行性,并且可以方便地在计算机上测试和使用;可重复性,可以很容易地多次执行相同的算法,以获得相同的结果。

编程语言表示的缺点:学习难度,首先必须学习编程语言,这可能需要大量的时间和精力,特别是对于那些没有编程背景的人;受编程语言语法限制,需要选择适当的编程语言,来表示算法,这可能会受到编程语言的适用性和特定算法的要求的影响。

8.2 算法的分析

在计算机科学中,算法分析是分析执行一个给定算法需要消耗的计算资源数量(例如计算时间、存储器使用等)的过程。算法的效率或复杂度在理论上表示为一个函数。其定义域是输入数据的长度(通常考虑任意大的输入,没有上界),值域通常是执行步骤数量(时间复杂度)或者存储器位置数量(空间复杂度)。算法分析是计算复杂度理论的重要组成部分。

接下来介绍算法的时间复杂度分析方法和空间复杂度分析方法。

8.2.1 算法的时间复杂性

一个算法执行所耗费的时间,从理论上是不能算出来的,必须上机运行测试才能知道。但我们不可能也没有必要对每个算法都上机测试,只需知道哪个算法花费的时间多,哪个算法花费的时间少就可以了。并且一个算法花费的时间与算法中语句的执行次数成正比例,哪个算法中语句执行次数多,它花费时间就多。一个算法中的语句执行次数称为语句频度或时间频度,记为 $T(n)$。算法的时间复杂度是指执行算法所需要的计算工作量。

在刚才提到的时间频度中,n 称为问题的规模,当 n 不断变化时,时间频度 $T(n)$ 也会不断变化。但有时想知道它变化时呈现什么规律。为此,引入时间复杂度概念。

一般情况下,算法中基本操作重复执行的次数是问题规模 n 的某个函数,用 $T(n)$ 表示,若有某个辅助函数 $f(n)$,使得当 n 趋近于无穷大时,$T(n)/f(n)$ 的极限值为不等于零的常数,则称 $f(n)$ 是 $T(n)$ 的同数量级函数。记作 $T(n)=O(f(n))$,称 $O(f(n))$ 为算法的渐进时间复杂度,简称时间复杂度。例如,如果对某个算法有 $T(n)=O(n)$,则称其具有线性时间。如有 $T(n)=O(2^n)$,则称其具有指数时间。

下面简要介绍几种常见的时间复杂度。

1. 常数时间

若对于一个算法,$T(n)$ 的上界与输入大小无关,则称其具有常数时间,记作 $O(1)$ 时间。一个例子是访问数组中的单个元素,因为访问它只需要一条指令。但是,找到无序数组中的最小元素则不是,因为这需要遍历所有元素来找出最小值。这是一项线性时间的操作,或称 $O(n)$ 时间。但如果预先知道元素的数量并假设数量保持不变,则该操作也可被称为具有常数时间。

虽然被称为“常数时间”,运行时间本身并不必须与问题规模无关,但它的上界必须是与问题规模无关的确定值。例如,“如果 $a>b$ 则交换 a、b 的值”这项操作,尽管具体时间会取决于条件“$a>b$”是否满足,但它依然是常数时间,因为存在一个常量 t 使得所需时间总不超过 t。

如果 $T(n)=O(c)$,其中,c 是一个常数,这个记法等价于标准记法 $T(n)=O(1)$。

2. 对数时间

若算法的 $T(n)=O(\log n)$,则称其具有对数时间。由于计算机使用二进制的记数系统,因而对数常常以 2 为底(即 $\log_2 n$,有时写作 $\lg n$)。然而,由对数的换底公式,$\log_a n$ 和 $\log_b n$ 只有一个常数因子不同,这个因子在大 O 记法中被丢弃。因此记作 $O(\log n)$,而不论对数的底是多少,这是对数时间算法的标准记法。

对数时间的算法是非常有效的,因为每增加一个输入,其所需的额外计算时间会变小。递归地将字符串减半并且输出是这个类别函数的一个简单例子。它需要 $O(\log n)$ 的时间,因为每次输出之前都将字符串减半。这意味着,如果想增加输出的次数,需要将字符串长度加倍。

常见的具有对数时间的算法有二叉树的相关操作和二分查找算法。

3. 线性时间

如果一个算法的时间复杂度为 $O(n)$,则称这个算法具有线性时间,或 $O(n)$ 时间。这意味着对于足够大的输入,运行时间增加的大小与输入成线性关系。例如,一个计算列表所有元素的和的程序,需要的时间与列表的长度成正比。这个描述是稍微不准确的,因为运行时间可能显著偏离一个精确的比例,尤其是对于较小的 n。

达到线性时间的执行效率通常是一个算法的最佳目标。因为对于一个相对复杂的问题来说,求解时间随着问题规模的线性增长被认为是合理的。任何必须依赖全部输入内容才能得解的问题,它最少也得要线性时间才能得解,因为它至少得花线性时间来读取输入资料。

4. 多项式时间

在计算复杂度理论中,多项式时间指的是一个问题的计算时间 $m(n)$ 不大于问题大小 n 的多项式倍数。以数学描述的话,则可说 $m(n)=O(n^k)$,此 k 为一常数值(依问题而定)。

一般把"多项式时间长的算法"视为快速计算,相对应的是超多项式时间,表示任何多项式时间的输入数目只要够大,超多项式时间所需的解题时间终究会大大超过任何多项式时间的问题。指数时间就是一例。

常见的多项式时间算法如下。

(1)快速排序法:对于 n 个整数的排序,最多需要 $A \times n^2$ 次操作,其中,A 是常数,因此,快速排序法具有 $O(n^2)$ 的多项式时间。

(2)所有的基本算术操作(加、减、乘、除以及比较)可以在多项式时间内完成。

(3)图的最大匹配可以在多项式时间内完成。

以上的几种时间复杂度都被认为是快速的算法,是算法设计所追求的,超过多项式时间复杂度的,一般都被认为是慢速算法。

8.2.2 算法的空间复杂性

1.算法的空间复杂度

算法的空间复杂度(Space Complexity)$S(n)$ 定义为该算法所耗费的存储空间,它也是问题规模 n 的函数。渐近空间复杂度也常简称为空间复杂度。空间复杂度是对一个算法在运行过程中临时占用存储空间大小的量度。

一个算法在计算机存储器上所占用的存储空间,包括三个部分:存储算法本身所占用的存储空间、算法的输入/输出数据所占用的存储空间、算法在运行过程中临时占用的存储空间。

算法的输入/输出数据所占用的存储空间是由要解决的问题决定的,是通过参数表由调用函数传递而来的,它不随算法的不同而改变。**存储算法本身所占用的存储空间**与算法书写的长短成正比,要压缩这方面的存储空间,就必须编写出较短的算法。**算法在运行过程中临时占用的存储空间**随算法的不同而异,有的算法只需要占用少量的临时工作单元,而且不随问题规模的大小而改变,称这种算法是"就地"进行的,是节省存储的算法。

2. 时间与空间复杂度比较

对于一个算法,其时间复杂度和空间复杂度往往是相互影响的。当追求一个较好的时间复杂度时,可能会使空间复杂度的性能变差,即可能导致占用较多的存储空间;反之,当追求一个较好的空间复杂度时,可能会使时间复杂度的性能变差,即可能导致占用较长的运行时间。另外,算法的所有性能之间都存在着或多或少的相互影响。因此,当设计一个算法(特别是大型算法)时,要综合考虑算法的各项性能、算法的使用频率、算法处理的数据量的大小、算法描述语言的特性、算法运行的机器系统环境等各方面因素,才能够设计出比较好的算法。算法的时间复杂度和空间复杂度合称为算法的复杂度。

在硬件技术不断进步的今天,存储技术的发展一日千里,我们今天所使用的主流 PC 的外部存储(一般指硬盘)已经可以达到 1TB 甚至更高,远远超过一台大型服务器在 20 年前的存储能力。但是计算机的体系结构,依然采用冯·诺依曼的体系结构。因此,目前对算法复杂度的研究,更加注重于时间复杂度的分析,而空间复杂度的分析则相对重视程度较低。

对于某些问题,在冯·诺依曼的体系下,是无法获得更加快速的解法的,有些问题的求解可能会在新的计算体系下获得新的飞跃,如量子计算机、DNA 计算机等。这些技术在今天还处在研究阶段,但是已经显示出很大的潜力。有兴趣的读者可以查阅这方面的资料。

8.3 典型算法

8.3.1 基本排序算法

在计算机科学与数学中,一个排序算法是一种能将一串数据依照特定排序方式进行排列的算法。最常用到的排序方式是数值顺序以及字典顺序。有效的排序算法在一些算法(例如,搜索算法与合并算法)中是重要的,如此这些算法才能得到正确解答。排序算法也用在处理文字数据以及产生人类可读的输出结果。

虽然排序算法看起来是个简单的问题,但是从计算机科学发展以来,在此问题上已经有大量的研究。例如,冒泡排序在 1956 年就已经被研究。虽然大部分人认为这是一个已经被解决的问题,但是有用的新算法仍在不断地被发明。

为什么科学家们这么热衷于研究排序问题呢? 在过去,排序是速度和内存使用之间的平衡。如果有大量内存(或数据很小),那么可以另外用新的空间整理排序内容,并在新的空间进行排序。如果没有大量的可用空间,那么就必须在原存储位置来回移动条目。这就像重新布置一个房间,如果有另一个房间可以放一些东西,那就会比较容易;如果只有一个房间,所有的家具都在这个房间里,这个工作就困难许多。很多排序算法都针对不同级别的内存使用进行了优化。

有很多种不同的排序算法,主要分为以下几类。

(1) 插入排序:包括直接插入排序、希尔排序。

(2) 选择排序:包括简单选择排序、堆排序。

(3) 交换排序:包括冒泡排序、快速排序。

(4) 归并排序:归并排序是一种分治算法,通过递归分解问题,再合并答案的方式来实现。

(5) 桶排序:桶排序是计数排序的一种排序算法。

(6) 基数排序:基数排序是按照低位先排序,然后收集;再按照高位排序,然后再收集;以此类推,直到最高位。

(7)计数排序:计数排序不是基于比较的排序算法,而是线性排序算法。

以上是常见的排序算法,每种算法都有其独特的优点和使用场景。在实际应用中,应根据数据的特点和需求选择合适的排序算法。

算法效率的比较需要综合考虑多种因素,例如,时间耗费和空间耗费经常是互相矛盾的因素。也许一个算法是缓慢的,但只需要占用 1 个单位的额外内存。有另外一种算法也许速度较快,但需要足够的内存来容纳一半的数据。还有一种可能是速度更快,但需要所有数据的完整拷贝,从而内存使用将增加一倍。另外,不同算法还可能适用于不同的情况,例如,有些算法可能一般情况下效率不高,但是在某些情况下效率则可能很高(例如,整个数组只有少数元素未排好顺序的情况下,插入排序法具有很高的效率)。还需要考虑的情况包括数据的类型(整数、浮点数等)、稀疏程度等。

如上所述,在分析一个排序算法时,一般需要比较其时间复杂度、空间复杂度,同时还需要考察其普通和最坏情况下的表现。下面介绍几种典型常见的排序算法。

1. 插入排序

插入排序算法描述的是一种简单直观的排序算法。它的工作原理是通过构建有序序列,对于未排序数据,在已排序序列中从后向前扫描,找到相应位置并插入。插入排序在实现上,通常采用 in-place 排序(即只需用到 $O(1)$ 的额外空间的排序),因而在从后向前的扫描过程中,需要反复把已排序元素逐步向后挪位,为最新元素提供插入空间。

其算法步骤如下。

(1)从第一个元素开始,该元素可以认为已经被排序。

(2)取出下一个元素,在已经排序的元素序列中从后向前扫描。

(3)如果该元素(已排序)大于新元素,将该元素移到下一位置。

(4)重复步骤 3,直到找到已排序的元素小于或等于新元素的位置。

(5)将新元素插入到该位置后。

(6)重复步骤 2~5。

用 Python 语言的实现参考如下。

```
1. def insert_sort(A):              #插入排序
2.   for i in range(1,len(A)):      # 负责设置排序的趟数
3.       j = i-1
4.       temp=i
5.       while j >= 0:
6.         if A[temp] < A[j]:       #递增排序条件
7.             A.insert(j,A.pop(temp))
8.             temp = j
9.       else: break
```

2. 选择排序

选择排序是一种简单直观的排序算法。它的工作原理如下:首先在未排序序列中找

到最小(大)元素,存放到排序序列的起始位置;然后,再从剩余未排序元素中继续寻找最小(大)元素,然后放到已排序序列的末尾。以此类推,直到所有元素均排序完毕。

选择排序的主要优点与数据移动有关。如果某个元素位于正确的最终位置上,则它不会被移动。选择排序每次交换一对元素,它们当中至少有一个将被移到其最终位置上,因此对 n 个元素的表进行排序总共进行至多 $n-1$ 次交换。在所有的完全依靠交换去移动元素的排序方法中,选择排序属于非常好的一种。

其用 Python 语言的实现参考如下。

```
1.def selection_sort (A):              #选择排序
2.    N = len(A)
3.    for i in range(N-1):             # i 控制排序的趟数
4.        for j in range(i+1,N):       # j 表示比较范围内元素下标
5.            if A[j] < A[i]:          #递增的条件
6.                A[j], A[i]=A[i], A[j] #交换 A[i],A[j]的值
7.    return A
8.
9. print(selection_sort([12,34, 28, 23, 6]))
```

最后一行调用 print()函数输出排好序的序列。

3. 快速排序

快速排序是由东尼·霍尔所发展的一种排序算法。在平均状况下,排序 n 个项目要 $O(n\log n)$ 次比较。在最坏状况下则需要 $O(n^2)$ 次比较,但这种状况并不常见。事实上,快速排序通常明显比其他 $O(n\log n)$ 算法更快,因为它的内部循环可以在大部分的架构上很有效率地被实现出来。

快速排序使用分治法策略旨在将一个数组(或列表)分成两个子序列,其中一个子序列包含比另一个子序列中的所有元素都要小的元素,而另一个子序列包含比它们大的元素。这个算法的核心思想是选择一个基准数(通常为第一个数),将数组中小于基准数的数移动到基准数左边,将大于基准数的数移动到基准数右边,然后分别对左右两边的数组递归使用快速排序。

它的时间复杂度为 $O(n\log n)$,空间复杂度为 $O(\log n)$,是一种快速而高效的排序算法。

步骤为:

(1) 从数列中挑出一个元素,称为"基准"(pivot)。

(2) 重新排序数列,所有元素比基准值小的摆放在基准前面,所有元素比基准值大的摆在基准的后面(相同的数可以到任一边)。在这个分区退出之后,该基准就处于数列的中间位置。这个过程称为分区操作。

(3) 递归地把小于基准值元素的子数列和大于基准值元素的子数列排序。

递归的最底部情形,是数列的大小是 0 或 1,也就是默认已经被排序好了。虽然一直递归下去,但是这个算法总会退出,因为在每次迭代中,它至少会把一个元素摆到它适合的位置去。

用 Python 语言实现算法，代码如下。

```
1. def quicksort(A):
2.   if len(A) >=2:                #递归出口
3.      mid = A[0]                 #选择基准值，也可以选择中间值
4.      A.remove(mid)              #从原序列中删除基准值
5.      left,right= [],[]
6.      for num in A:
7.         if num >= mid:
8.            right.append(num)
9.         else:
10.           left.append(num)
11.     return quicksort(left)+[mid]+quicksort(right)
12.  else:
13     return A
14.
15. print(quicksort([12,3,56,10,6]))
```

从第 1 行到第 13 行定义了一个实现快速排序算法的函数 quicksort()，第 15 行通过 print()函数调用这个快速排序函数。

8.3.2 查找算法

查找是在大量信息中寻找特定的信息元素，是计算机应用中常用的基本操作。

查找是对具有相同属性的数据元素(记录)的集合(数据对象)进行的，称为表或文件，也称为字典。如果只对表进行查找操作，并且不能改变表中的数据元素，那么对表的查找就是静态查找；如果除了查找操作外，还可能对表进行插入或删除操作，那么就是动态查找。

通常情况下，把记录中的某个属性或者多个属性的值设定为关键字，要求不同的记录包含的关键字的值不能相同，关键字可以唯一确定这条记录。查找是确定是否存在一个记录满足指定的条件。

例如，在学生成绩表中，每行记录内容是关于某一位学生的学号、姓名、性别、系、专业、计算机课程成绩。在这种情况下，学生的学号是每条记录的关键字，如图 8-8 所示。

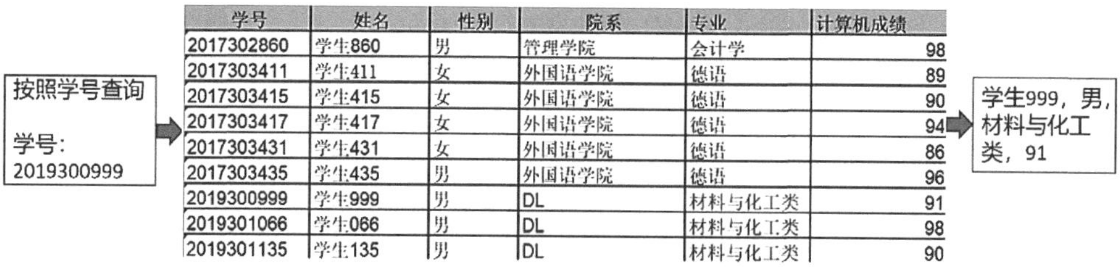

学号	姓名	性别	院系	专业	计算机成绩
2017302860	学生860	男	管理学院	会计学	98
2017303411	学生411	女	外国语学院	德语	89
2017303415	学生415	女	外国语学院	德语	90
2017303417	学生417	女	外国语学院	德语	94
2017303431	学生431	女	外国语学院	德语	86
2017303435	学生435	男	外国语学院	德语	96
2019300999	学生999	男	DL	材料与化工类	91
2019301066	学生066	男	DL	材料与化工类	98
2019301135	学生135	男	DL	材料与化工类	90

图 8-8 利用学号在学生成绩表中查找记录

常见的查找算法有线性查找算法和二分查找算法。

1. 线性查找算法

线性查找又称顺序查找，是一种最简单的查找方法，它的基本思想是从第一个记录开

始,逐个比较记录的关键字,直到和给定的值相等,则查找成功;若比较结果与文件中所有记录的关键字都不等,则查找失败。

例如,在一个用 Python 语法创建的数组 A 中存放了待查找数据,查找指定关键值 Key,如果在数组中找到,返回该记录在数组 A 中的下标。其实现过程如图 8-9(a)所示, Python 中代码如图 8-9(b)所示。

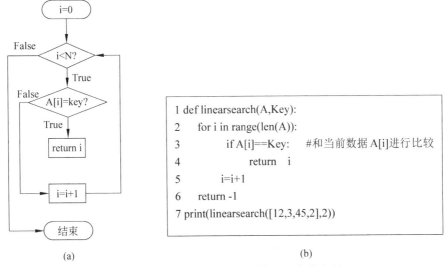

（a）　　　　　　　　　　　　　　　　　　　（b）

图 8-9　线性查找算法流程图表示和代码实现

从实现过程可以看出,线性查找需要从头开始不断地按照顺序检查数据,因此在数据量大且目标数据靠后,或者目标数据不存在时,比较的次数就会更多,也更为耗时。所以, 若数据量为 n,线性查找时间复杂度为 $O(n)$。

线性查找算法适合数据量较小的情况,而且对待查找数据不要求数据有序,实现简单。

2. 二分查找算法

在计算机科学中,二分查找算法,也被称为折半查找算法和对数搜索算法,是一种在有序数组中寻找特定元素的搜索算法。搜索过程定位到数组的中间元素,从这里开始比较,如果中间元素正好是要找的元素,则搜索结束;如果待查找元素比中间元素大或小,则在比中间元素大或小的那一半数组中进行搜索,和开始时一样定位到中间元素开始比较。如果数组在某一步所搜索的范围内已经没有待查找元素,则意味着没有找到。这种搜索算法在每次比较时都会将搜索范围缩小一半,因此和线性查找算法相比,效率较高,但要求待查找数据必须采用顺序存储结构,而且表中元素按关键字有序排列。

例如,在一个元素已经按照关键字递增排序的数组 A 中,查找指定关键字等于 key 的记录,采用二分查找算法。找到返回其在数据 A 中的下标。

分析:对数组的访问可以用两个变量 i 和 j 分别表示数组 A 中第一个元素下标和最后一个元素下标,Python 中数字下标从 0 开始,因此 i 等于 0;j 为数组 A 中待查找最后一个元素下标,假设数组元素个数为 N,则 j 初值为 $N-1$;数组 A 中中间元素的下标用 middle 表示,middle 初值等于 $j/2+i/2$,用流程图表示查找过程如图 8-10 所示。

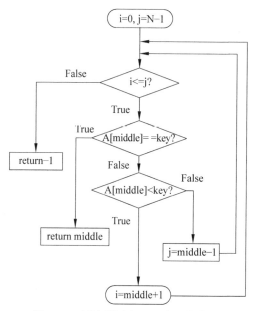

图 8-10　用流程图表示二分查找算法

用 Python 代码实现如下。

```
1. def binary_search(A,Key):            #二分查找算法
2.     i=0
3.     j=len(A)-1
4.     while i <= j:
5.         mid = (i//2+j//2)            #整数除法
6.         if A[mid]== Key:
7.             return mid
8.         elif A[mid]<Key:
9.             i=mid+1
10         else:
11.            j=mid-1
12.
return -1                              # 找不到返回-1
print(binary_search([3,7,45,89,90],45))  //key值等于 45
```

二分查找利用已经排好序的序列,每一次查找都可以将查找范围缩写一半。假设每次进行下一次查找的时候都可以将数据集合平均分为两份,则数据量为 n 的数组,将其长度减半 $\log_2 n$ 次后,就能找到目标数据,因此时间复杂度为 $O(\log_2 n)$。

8.3.3　迭代算法

1. 方法定义

迭代是重复一个反馈过程的活动,通常是为了接近一个期望的目标或结果。该过程的每次重复被称为"迭代",每次迭代的结果被用作下一次迭代的初始值。迭代法在数学上和计算机科学中都是一种重要的求解问题的方法。

在计算机科学中用程序实现迭代算法比人类计算更加方便,它是用计算机解决问题的一种基本方法。它利用了计算机速度快、适合重复操作的特点,因此可以重复执行一组指令(或一定数量的步骤),每次执行这组指令(或这些步骤)时,都会从变量的当前值中推出一个新的值。其基本特征是从已知推出未知,即从一个已知值开始,通过递推公式,不断更新变量的新值,直到有可能解决所需问题。

要使用迭代算法解决问题,需要确定其中三个要素。

(1) 迭代变量和起点。用迭代算法解决的问题中,至少存在一个直接或间接地不断由旧值递推出新值的变量,这个变量就是迭代变量,这个变量的已知值通常就是起点。

(2) 迭代关系式。它是关于如何从一个变量的当前值推出下一个新值的公式或关系,是这种迭代式问题解决的关键。

(3) 确定迭代结束条件。什么时候停止迭代,一般可以分为两种情况:一种情况是迭代次数已经知道,是一个确定的值;另一种情况是需要的迭代次数不知道,这通常需要从问题中确定结束迭代的条件。

接下来通过例子来学习一下迭代算法。

2. 迭代算法示例

有一些问题天然就存在迭代关系,例如,数学上的斐波那契数列就符合这个条件,因此适合用迭代算法来解决问题。斐波那契数列又称黄金分割数列,是数学家列昂纳多·斐波那契(Leonardoda Fibonacci)以兔子繁殖为例子而引入,故又称为"兔子数列"。

例 8-1 求斐波那契数列(黄金分割数列)中第 20 个数。数列中的数类似如下:

$$1,1,2,3,5,8,13,21,34,\cdots$$

分析:按照数学定义,斐波那契数列满足如下定义。

$$F(1)=1,F(2)=1,F(n+2)=F(n+1)+F(n), \quad n \geqslant 1$$

$F(n)$ 是函数,表示数列中第 n 个数的值,参数为 n。这里用迭代方法来求解问题。迭代三要素里面,从数列定义公式就可以知道,迭代变量是 n,迭代起点是 $F(1)$ 和 $F(2)$;第二个要素迭代条件也非常容易找到,就是这个公式 $F(n+2)=F(n+1)+F(n)$。问题是要找到第 20 个数,就是当 $n=20$ 的时候,$F(n)$ 等于多少,因此这里迭代次数也可以确定。下面看一下怎么用 Python 编程实现。

```
1. def fib_rec(n):              #斐波那契数列的 Python 迭代算法实现
2.   a, b = 1, 1
3.   while n > 2:
4.     a, b = b, a+b
5.     n = n-1
6.   return b
7. print(fib_rec(20))          #调用函数
```

上述程序中行号不属于编码内容,是为了代码讲解方便加上去的。Python 实现的语句中,定义了一个函数来计算数列中第 n 个数,n 也是函数参数;第 2 行是迭代起点,a,b

两个变量初值为1；第3行，用条件 $n>2$ 控制迭代的次数；第4行体现了迭代关系式，每一次执行这行语句，就会计算出一个数列中的新数，存放在变量 b 中。同时，变量 a 也更新为这个新数在数列中的前一个数值，为下一次的迭代准备好了条件；第8行通过 print() 函数调用了这个函数来计算，实参等于 20。它的运行结果是 6765。

牛顿迭代法是牛顿在 17 世纪提出的一种解方程的近似方法。求解二次方程的根是有求根公式的，但是很多高次方程没有求根公式，因此求精确根非常困难，牛顿迭代法是寻找方程近似根的最重要方法之一，被广泛在计算机求解方程根中使用。其基本思想是在对应于多项式的曲线上取一个任意点，然后找到与该点的切线，用切线的根来近似求多项式的解，经过多轮次的迭代，最终找到一个符合精确度要求的近似根。

例 8-2 用牛顿迭代法求一个数 a 的平方根，迭代公式如下。

$$x_{n+1} = \frac{1}{2} \times \left(x_n + \frac{a}{x_n} \right)$$

Python 实现的代码如下。

```
1. def sqrt(a):                    #迭代算法实现求 a 的平方根
2.    if a < 0:
3.      return -1
4.    x0 = a
5.    x1 = (x0 + a/x0) / 2
6.    while abs(x1-x0) > 1e-8:      # x0 和 x1 之间相差误差允许范围 10⁻⁸
7.      x0 = x1
8.      x1 = (x0 + a/x0) /2
9.    return x1
10. print (sqrt(2))
```

以上代码是用 Python 编程语言对这个算法的实现。可以看到上面代码中，第一行中用 Python 语法定义了一个函数 sqrt()，它的参数就是变量 a，第二行对 a 的合法性进行判断，如果 $a<0$，说明是负数，则执行第 3 行代码，返回 -1，函数运行结束。否则跳到第 4 行执行，迭代起始从 x0＝a 开始，第 5 行算出 x1，为后面的循环做准备，在第 6～9 行是一个实现迭代功能的循环结构，由于这里求的是近似根，所以需要通过 x0 和 x1 的间距控制迭代的次数。间距设为 1e-8，就是小于 10^{-8} 的时候迭代结束。在第 11 行通过 print() 函数调用了 sqrt() 函数，参数是 2，并打印出结果，最终结果是 1.414。

8.3.4 递归算法

1. 递归方法

在计算机科学中递归方法是指一种通过重复将问题分解为同类的子问题而解决问题的方法。递归方法可以被用于解决很多的计算机科学问题，因此它是计算机科学中十分重要的一个概念。绝大多数编程语言支持函数的自调用，在这些语言中函数可以通过调用自身来进行递归。计算理论证明递归可以完全取代循环，它为我们提供了除了循环模型外用来实现重复结构的另外一种选择，因此在很多函数编程语言（如 Scheme）中习惯用递归来实现循环。

对于初学者来说,递归常常让人感到有点迷惑,但是,一旦掌握了这种方法,会发现很多复杂的问题都可以简化为很简短的算法轻易化解。

有些问题很容易想到用递归的方法解决,这通常是因为该问题本身直接显示出很强的递归属性。一般有如下两类。

(1) 函数的定义是按递归定义的。

例如,斐波那契数列的递归定义、阶乘的定义等,这些函数的定义本身或者直接显示出很强的递归性。这些函数的求解很容易令人想到用递归解决。

(2) 数据的结构形式是按递归定义的。

例如,树和图,因此,在这些数据结构上进行的操作一般会容易想到使用递归算法。例如,树的遍历、图的搜索等。

(3) 可转换为同类型的子问题的。

问题本身并不显示出明显的递归性,但是通过分析,发现其可以分解成子问题,在更小规模上解决后再回推回问题本身的解决。这样的问题有很多,如用于解决排序问题的归并排序和快速排序,如著名的汉诺塔问题和八皇后问题等。通过细致的分析,将这些问题用递归的方式解决,会大大降低问题解决的复杂性,有时还能大幅度提高效率(如快速排序)。

2. 递归算法示例

递归方法的关键是找到如何转换为规模较小的子问题。让规模越来越小,最终使得子问题容易求解。很多程序设计语言(包括 C♯,C,C++,Java,Python)中都支持递归功能,它们允许函数从内部代码中调用自己。

用递归算法解决问题,要确定其中的两个关键要素:

(1) 一个可以反复执行的递归过程,即递归公式。

(2) 跳出递归过程的出口,即结束递归的条件。

接下来通过两个例子来实践一下。这个例子是已经按照递归方法定义的阶乘问题。

例 8-3 计算数 n 的阶乘,公式定义如下:

$$n! = \begin{cases} 1, & n=1 \\ n(n-1)!, & n>1 \end{cases}$$

这个阶乘公式已经是一个递归定义形式。首先代入一个具体的数分析一下这个问题里的两个递归要素。例如,$n=5$,根据递归定义,可以写成 $5 \times 4!$,这样求 5! 的问题就转变为求 4! 的问题,以此类推,可以逐步转换到求 1! 的问题。从 5! 变成求 4! 直到求 1! 问题,这就是递归要素中不断递归的过程。那么递归出口是什么呢?到 1! 的时候就可以很容易对它进行求解,结果是 1,不再继续递归。这就是递归的第二个要素——递归出口,即递归结束的条件,就是当 $n=1$ 的时候不再递归。然后通过 1! 的问题解决,反推计算出 2!,3!…,直到 5! 的值。这个过程就是子问题不断得到解决,最终解决原始问题的过程。

从图 8-11 可以看出,递归解决问题的过程其实包括两个子过程,一个是问题规模不断降低的反复执行的递归过程,在这个过程中,并没有进行子问题的求解,例如,求 5! 变成求 4! 等。另外一个子过程是当达到递归结束条件后,从最底层开始不断向上反推,一个个子问题得到求解的过程,例如,从 1!得到答案,然后就知道了它的上一层问题 2!的解,最终反推到最上层的,得出最终答案 5!的解。

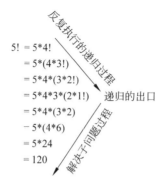

$$5! = 5*4!$$
$$= 5*(4*3!)$$
$$= 5*4*(3*2!)$$
$$= 5*4*3*(2*1!)$$
$$= 5*4*(3*2)$$
$$- 5*(4*6)$$
$$= 5*24$$
$$= 120$$

图 8-11　递归程序调用过程

```
1. #阶乘的递归函数
2. def fact(n):
3.     if n==1:                      #递归出口
4.         return 1
5.     else:
6.         return n * fact(n-1)      #递归调用
7.
8. print(fact(3))
```

用 Python 语言将求阶乘写成一个独立的函数,那么函数的递归定义就可以这样实现。从第 2 行到第 6 行是函数的定义。第 6 行中对函数 fact() 进行了调用,这就是表明是递归函数的语句,因为是自己调用自己。

函数执行的时候首先检查是否满足递归出口的条件,这也是递归结束的条件,如果满足,则直接返回结果 1,否则,返回 $n*(n-1)!$ 的结果,这将会通过调用 fact$(n-1)$ 来进行计算,即问题规模降级了。第 8 行是对函数的调用,参数是 3。

3. 递归算法的优缺点

递归算法的优点:结构清晰,可读性强,而且容易用数学归纳法来证明算法的正确性,因此它为设计算法、调试程序带来很大方便。

递归算法的缺点:

(1) 递归算法运行效率较低,无论是耗费的计算时间还是占用的存储空间都比非递归算法要多。

(2) 递归的思想比较抽象,需要一段时间的训练才能掌握和运用。

(3) 递归算法不容易调试。尽管在思路上很明确,但是一旦遇到问题,如果想利用现代调试器的功能进行跟踪,往往会比较困难。

由于递归算法的优缺点都十分突出,一些人想出了折中的方案,利用递归的方式来分析问题,然后将其转换为非递归算法。这方面的主要方法有直接转换法和间接转换法。有兴趣的读者可以进一步阅读相关资料。需要指出的是,虽然将递归函数转换为迭代函数可以提高程序效率,但是转换后的迭代函数往往可读性差,难以理解,不易维护。所以只有在特殊情况下,比如对栈空间有严格要求的嵌入式系统,才需要转换递归函数。大部分情况下,递归并不会成为系统的性能瓶颈,一个代码简单易读的递归函数常常比迭代函数更易维护。

习　　题

1. 什么是算法?请简述算法的特征。

2. 请简述什么是时间复杂度和空间复杂度?它们有什么作用?

3. 请简述什么是排序算法及其分类方法。

4. 请简述什么是递归算法。请列举并解释递归算法实现的关键要素。

5. 请简述什么是流程图及其作用。请列举出至少三个常用的流程图符号及其含义。

6. 请简述什么是伪代码及其作用?请给出一个简单的伪代码示例,例如,求 3 个数中的最大数。

7. 描述算法有几种方法?比较它们的优点和缺点。

8. 简述计算机求解问题的一般过程。

第 3 部分

交 叉 篇

第9章

信息交叉

学科交叉是指不同学科之间相互交叉、融合、渗透,来解决通常单一学科难以解决的问题。

随着科学技术的快速发展,依靠单一学科研究或仅从单一视角及层面已经很难解决复杂而充满不确定性的科学问题,学科之间的深度交叉融合为科技创新提供了新的突破点。学科交叉涌现出了许多新兴交叉学科,这些交叉学科的不断发展大大地推动了科学进步,近代科学发展特别是科学上的重大发现、国计民生中的重大社会问题的解决等,常常涉及不同学科之间的相互交叉和相互渗透。随着知识与技术的不断创新,信息时代全面到来,信息技术促进新技术的变革,推动了科学技术的进步,计算机技术已越来越多地应用于各个领域。计算机技术的应用,使得原本用人工需要花费几十年甚至上百年才能解决的复杂计算,如今可能用几分钟就能完成。信息技术在基础学科中的应用以及和其他学科的融合,促进了新兴学科和交叉学科的产生和发展。计算机学科与其他学科之间的交叉融合也日益增多,其中影响较大的包括统计学、生物科学、经济学等学科。

9.1 计算生物学

9.1.1 计算生物学定义

计算生物学(Computational Biology)是一门典型的交叉学科,是指开发和应用数据分析及理论的方法、数学建模和计算机仿真技术等,用于生物学、行为学和社会群体系统的研究的一门学科。计算生物学是运用计算机的思维解决生物问题,用计算机的语言和数学的逻辑构建和描述并模拟出生物世界。

进入 21 世纪,人类迎来了生命科学的时代,其重要标志就是历时 13 年、耗资数十亿的人类基因组计划(Human Genome Project,HGP)。随着 HGP 研究的深入,生命科学迎来了"后基因时代",生命科学关注的范围越来越大,涉及的问题越来越复杂,生物学数据积累出现了前所未有的飞跃。越来越巨大的数据想要通过人工阅读并从中发现规律将是非常困难的,必须借助计算机技术来存储和分析。面对海量且高度复杂的各种生物学数据,如何进行计算和分析,成为生物学家、数学家、计算机专家所面临的巨大挑战。生物学数据的急速海量积累,在人类的科学研究历史上是空前的,不仅数据量呈指数级增长,同时,也从单一的生理生化数据向遗传信息数据飞跃,以及进一步向遗传与结构功能相互关系信息数据飞跃。如果继续用单一的生物学的理论方法去分析研究,生命科学是无法深入下去的。

20 世纪 80 年代以来,随着计算机科学与技术的发展,以及生物化学、分子生物学系统论的建立,计算生物学作为一门新兴学科,在国际上受到高度重视。计算生物学涉及计算机、数学和生物学等领域广泛的科学知识和方法,将计算机科学发展成熟的知识、技术和方法应用到生物学的前沿,利用其卓越的数值计算能力来进行生物学的研究。计算生物学利用统计学方法和计算机算法分析遗传和基因组数据,强调以生物学数据为基础,用数学、统计学、计算机科学的方法进行分子进化、分子分类、分子遗传、群体遗传等方面的研究,且涉及动物、植物、病毒、微生物等物种,是一门典型的交叉学科。计算生物学处理的是极大量的生物学资料、数据及对其复杂的计算。要达到这个目标,需要先进的计算机硬件,适用而有效率的软件或演算方法,这些是计算生物学所必需的重要条件。当前,计算生物学在基因与蛋白质的计算机辅助设计、比较基因组分析、生物系统模型、细胞信号传导与基因调控网络研究、专家数据库、生物软件包等领域发挥着重要作用。

美国和欧洲的一些国家一直走在计算生物学研究领域的前列。1989 年,在美国召开了生物化学系统论与生物数学的国际会议,讨论了生物系统理论的计算机模型研究方法,开创了计算生物学的发展,后来改为国际分子系统生物学会议(ICMSB)。2002 年,英国《自然》杂志推出一个关于计算生物学的专辑,介绍了计算生物学的学科概念、研究现状和发展前景。2004 年,美国卫生研究院启动了“生物信息学和计算生物学”计划,建立了数个“国立生物医学计算中心”,开发了相关软件和数据管理工具,推动了美国 21 世纪生物学研究水平的提高。近年来,斯坦福大学、芝加哥大学、威斯康星大学等美国高校均成立了计算生物学中心,德国、法国、澳大利亚、意大利等国也纷纷建立了计算生物学研究机构。

我国的计算生物学研究起步较晚,与欧美国家相比,在研究机构的数量和规模、研究人员的组成以及资金投入等方面都存在比较大的差距。近十余年来,计算生物学研究在国内逐渐受到重视,相关的学术会议相继召开。2005 年 10 月 13 日,中国科学院上海生命科学研究院计算生物学研究所正式揭牌,是我国第一个计算生物学研究所。2009 年,中国科学院德国马普上海计算生物学研究所成功举办第 11 届国际分子系统生物学会议。2011 年,中国运筹学会计算系统生物学分会正式成立,进一步促进和推动了国内计算生物学的发展和国际交流与合作。北京大学、复旦大学、山东大学、清华大学、北京师范大学、北京林业大学、中国科学院大学等高校均开设了计算生物学专业。

9.1.2 研究内容

计算生物学侧重于计算,通过计算来解决问题,并使用计算技术对生物学问题进行研究。计算生物学的研究内容主要包括以下几个方面。

1. 生物序列的片段拼接

基因组计划的目标是获得所研究的生物的全基因组序列,而序列拼接是基因组测序阶段生物信息学研究的最基本、最重要的问题。序列拼接任务即将测序生成的短片段拼接起来,恢复出原始序列。该问题是序列分析的最基本任务,是基因组研究成功与失败的关键,拼接结果直接影响到序列标注、基因预测、基因组比较等后续任务。人类细胞中的DNA、RNA 以及蛋白质通常都表示成序列的形式,人类细胞中整个 DNA 序列的长度大约为 30 亿个,我们很难对这么长的序列做完整的分析研究。为了读出这些序列,必须先将较长的 DNA 序列打断成很短的片段,再通过测序仪精确地将这些小的片段序列一一测出,最后根据这些小片段序列间的重叠关系用计算机将它们进行拼接,以期得到目标序列的一个或多个较长的连续段。这一任务靠人工是无法完成的,这就需要计算机专家设计优良的算法,并建立相应的数值模型来优化定序工具从而加速完成这项定序工程。

2. 序列对比

序列对比是序列相似性分析的常用方法,又称序列联配,是指为确定两个或多个序列之间的相似性以至于同源性,而将它们按照一定的规律排列。序列比对是生物信息学的基本组成和重要基础。序列比对的理论基础是进化学说,如果两个序列之间具有足够的相似性,就推测二者可能有共同的进化祖先,经过序列内残基的替换、残基或序列片段的缺失,以及序列重组等遗传变异过程分别演化而来。序列对比通过将两个或多个核酸序列或蛋白序列进行比对,显示其中相似的结构域,这是进一步相似性分析的基础。通过比较未知序列与已知序列的一致性或相似性,可以预测未知序列功能。序列比对是生物序列分析领域最重要的研究方向之一,已被广泛应用于进化分析、功能预测、相似性搜索、生物制药、疾病诊断与治疗等方面。

在高吞吐量的基因时代,随着大规模测序工作的日益成熟,序列比对的方式已发生巨大变化。过去几十年,比较一个给定基因的所有直系同源基因仅需要与几千条序列进行比对。近年来,随着人们对生物序列认识的逐渐加深,越来越多的蛋白质三维结构及其功能被人们认识,新的序列结构信息、功能信息、进化关系等也加入到序列比对模型中。在未来几十年,比较一个给定基因的所有直系同源基因可能需要与几十亿条相关联的序列进行比对,这使得序列比对越来越复杂、耗时,相当一部分序列比对算法已经不适用于解决大规模序列比对问题。序列对比依然是计算生物学中一个非常重要且具有挑战性的研究课题。

3. 基因识别

基因识别是生物信息学的一个重要分支,使用生物学实验或计算机等手段识别 DNA序列上的具有生物学特征的片段。基因识别的对象主要是蛋白质编码基因,也包括其他具有一定生物学功能的因子,如 RNA 基因和调控因子。基因识别的主要手段是基于活的细胞或生物的实验,通过对若干种不同基因的同源重组的速率的统计分析,能够获知它们在染色体上的顺序。若进行大量类似的分析,可以确定各个基因的大致位置。人类长达 30 亿的 DNA 序列中只有 3%～5% 是基因。阐明人体中全部基因的位置、结构、功能、表达等,计算能力扮演了一个重要的角色,一个重要应用就是模拟基因表达数据集。现在,由于人类已经获得了巨大数量的基因组信息,依靠较慢的实验分析已不能满足基因识别的需要,而基于计算机算法的基因识别得到了长足的发展,成为基因识别的主要手段。

DNA 是最为终极的个人生物标识,不可能被伪造,基因识别是基因组研究的基础。如今,基因识别技术已经被广泛应用于现实生活中,如案件侦查、考古、亲子鉴定等。

4. 种族树的建构

科学家认为各生物种族之间的关系如树状,可用图来表示其状态,这是计算机科学中数据结构研究的经典内容。可以根据生物核苷酸/蛋白序列的相似程度将其归结成分支和簇,从而推测一组基因、蛋白质或生物间的进化关系。如果我们手边有一大堆序列,就能够根据这些序列的内容来画出涵盖这些序列的种族树,进一步判断哪些序列之间有亲缘关系,以及亲缘关系有多亲。而判断序列之间的亲缘关系就必须建立 DNA 序列的种族树,以生物序列的比较来求得种族之间的两两距离,从而判断亲缘关系。构建种族树的常见目的有:物种鉴定、基因功能鉴定、追溯基因起源等。

5. 蛋白质结构预测

蛋白质结构预测是指从蛋白质的氨基酸序列中预测蛋白质的三维结构,也就是说,从蛋白质一级结构预测它的折叠和二级、三级、四级的蛋白质结构。蛋白质结构预测的基本原理是根据已知序列(或称为模式),通过计算机进行模拟,并与实验值比较来确定蛋白质分子中氨基酸残基排列顺序和空间构象等信息,从而对蛋白质的结构做出预测。蛋白质分子的结构信息蕴含分子层面的功能信息,其结构对于理解生物基本反应是至关重要的。一种蛋白质的生物学功能由其三维结构决定,而蛋白质结构又由其氨基酸单体的一维链进行编码,如何利用氨基酸的一维序列预测蛋白质的三维结构是生物学家于 1959 年提出的问题,距今已经有半个多世纪。

蛋白质的很多特性、功能和它实际的三维结构相关,任意给一段蛋白质序列,生物学家就可以用传统的生物学方法求出其结构,但这不但成本高而且费时,计算生物学的蛋白质结构预测工具通过序列分析可以直接得出其结构,然后再用实验验证这种结构的正确性,相对传统方法而言,要高效省时得多。蛋白质结构预测是生物信息学与理论化学所追求的最重要目标之一,它在医学上(例如,在药物设计)和在生物技术上(例如,新的酶的设计)都是非常重要的。了解蛋白质的结构有助于人们更好地认识蛋白质的功能、功能机制和执行方式,充分发掘其生物信息。蛋白质结构预测已成为一个多学科交叉领域,包含物理、化学、生物乃至计算机和材料科学领域,正确预测蛋白质结构对于生物学、医药学等领域的研究发挥着至关重要的作用。

6. 生物数据库

生物数据库是指以存储、索引、查询和分析生物数据为主的数据库系统。生物数据库是被组织起来的大量生物数据,这些数据通过计算机可以被方便地访问、管理及更新。生物数据库主要分为一级数据库和二级数据库。其中,一级数据库的数据直接来源于实验获得的原始数据(DNA 序列、蛋白质序列、蛋白质结构等),只经过简单的归类、整理和注释,主要包括一级核酸数据库、一级蛋白质序列数据库和一级蛋白质结构数据库;二级数据库是在一级数据库、实验数据和理论分析的基础上,针对不同的研究内容和需要,对生物学知识和信息的进一步整理得到的数据库,旨在使基本数据库更加便于使用,主要有人类基因组图谱库 GDB、转录因子和结合位点库 TRANSFAVC、蛋白质序列功能位点数据库 Prosite 等。

近年来,随着生物科技和信息科技的迅猛发展,基于生物学的大数据积累和应用均已达到前所未有的程度。生物学数据量不断增长,每 14 个月基因研究产生的数据就会翻一番,海量的数据单单依靠观察和实验已无能为力。传统的数据库技术这时显示了强大的威力,例如,CATH 蛋白结构分类数据库、果蝇交互数据库。生物数据库可以给分子生物学及相关领域研究人员提供最新实验数据和便捷迅速的数据支持。多元的生物数据库资源,特别是急剧增长的生物学大数据在生物化学与分子生物学研究中得到了广泛应用,对生物学、生物医学的基础研究和转化应用起到了助推器的作用。

9.2　计算经济学

9.2.1　计算经济学定义

计算经济学是以计算机为工具而研究人和社会经济行为的社会科学。计算经济学是经济学、管理学与计算机技术交叉融合而形成的新兴交叉学科,它的主要特征是运用计算机技术研究经济学领域的问题,其方法论的本质特征是运用求解数学问题的数值解(而非解析解)的计算方法开展研究。计算方法在经济学中应用的方式可以分为三类:一是将经济问题转换成数学优化问题并进行数值求解,例如,可计算一般均衡模型和动态随机一般均衡模型;二是运用计算机程序来模拟经济活动并开展模拟实验,典型的方法是 ABM (Agent-based Model,基于主体的模型)、系统动力学模型;三是运用机器学习算法对海量数据进行建模,以对经济现象进行预测或分析。

经济学为我们分析人类生产、分配、消费行为提供了方法,帮助我们进行预测和决策。而计算机科学告诉我们如何设计、分析、运行各种算法,使我们从大规模复杂计算中解脱出来。近年来,这两个重要学科的发展出现了越来越多的交叉与融合。经济学研究中涌现出对计算的需求,借助计算手段对经济行为进行分析以设计最优策略,计算机的研究也越来越离不开经济学的分析方法。虽然传统单线程算法假设算法的输入是给定的,但多人交互时的算法却由不同人执行,其运行不仅取决于传统计算机所关注的算法复杂度,也取决于提供输入的个体动机。最适用的算法设计不仅是计算机科学问题,也要符合基于经济学原理的个体优化原理。两个学科相互交融,不断交叉产生新方向,特别是互联网的高速发展让互联网经济应运而生。计算经济学就是处理这种环境中不同人群的交互行为而产生的计算机科学和经济学的交叉方向。计算经济学以微观经济学、宏观经济学、行为经济学、制度经济学等学科中的相关理论为基础,所研究的话题覆盖个体与组织经济行为、产业、金融、贸易、经济政策与经济制度等各个经济学领域,并与计量经济学、数理经济学、博弈论、实验经济学、行为经济学等学科在研究方法上交叉互补。

一般认为,计算经济学的诞生以 1988 年国际期刊《计算经济学》(*Computational Economics*)创刊、1994 年计算经济学会(Society of Computational Economics)创立和

1996 年《计算经济学手册》(*Handbook of Computational Economics*)第一卷出版等一系列事件为标志。《计算经济学》期刊的主编 Hans M. Amman 在该刊创刊 10 周年之际对计算经济学给出的定义是:"借助计算机器来解决经济问题的一种新兴方法论"(Amman,1997)。20 世纪 90 年代以来,得益于计算机运算能力的增强和计算机编程的普及,仿真建模逐渐成为计算经济学的重要工具,它能够灵活地刻画经济系统中复杂的非线性关系。近年来,大数据分析和机器学习技术越来越多地被用于经济学研究中,计算经济学这门学科发展迅速,业已成为计算经济学"工具箱"的新成员。经济学研究中涌现出对计算的需求,借助计算手段对经济行为进行分析以设计最优策略;计算机的研究也越来越离不开经济学的分析方法。计算经济学在经济个体的异质性、经济系统中的复杂互动、微观行为与宏观结果的关联、经济趋势预测等研究中表现出独特的优势,产出了诸多重要成果。

9.2.2　研究方法

计算经济学是一门方法论学科,计算经济学主要运用计算能力来认识和解决经济学中的一些问题,这些方法与计量经济学、博弈论等其他经济学中的数学方法的一个根本区别是,需要解答的核心数学问题都难以或者无法求解,而只能通过获得数值解给出近似的结果。而获得数值解所进行的数值近似计算通常需要穷尽或者充分覆盖变量及其组合的各种可能取值,进行超出人脑运算能力次数的运算,因此必须借助计算机工具来实现。

计算经济学研究的三种基本方法,即数学规划、计算机仿真和机器学习。

1. 数学规划

数学规划,也称数学优化,是数学中的一个分支,它主要研究在给定的区域中寻找可以最小化或最大化某一函数的最优解。数学规划模型能够较好地刻画经济决策问题:经济活动的收益最大化或成本最小化的目标可以用目标函数来表示,经济活动所受的条件限制可以用约束条件来表示。数学规划方法在经济学建模中的应用主要包括基于递归方法的动态优化分析以及一般均衡视角下的宏观动态经济模型分析。

动态优化分析中采用递归方法的依据是 Bellman 最优化原理,即一个过程的最优策略必须满足两个条件:第一,一个最优策略的子策略,对于它的初态和终态而言也必然是最优的;第二,下一阶段的状态只与当期决策有关,而与当期决策之前的状态无关。递归方法在个体决策动态最优化研究中发挥了重要作用,例如,其在微观劳动经济学中被广泛使用,典型的应用有求解生命周期下的劳动力供给模型和激励约束的最优策略模型。

一般均衡视角下的宏观动态经济模型包括可计算一般均衡(Computable General Equilibrium,CGE)模型、动态随机一般均衡(Dynamic Stochastic General Equilibrium,DSGE)模型、代表性主体新凯恩斯(Representative Agent New Keynesian,RANK)模型和异质性主体新凯恩斯(Heterogeneous Agent New Keynesian,HANK)模型。

2. 计算机仿真

计算机仿真是应用电子计算机对系统的结构、功能和行为以及参与系统控制的人的思维过程和行为进行动态的模仿。当应用于经济学领域时,其将经济研究问题抽象为一个复杂系统,强调系统在微观与宏观层面的非线性互动。计算机仿真运用编程思想,将经济模型转换为计算机模型,通过计算机仿真程序进行运算,将实验结果与理论预计进行比较,还可以通过改变一些参数和设置来重新运行,以观察在不同情况下的不同结果。相对于主流经济学使用解析给出具体的函数形式与严格的公式,计算机仿真能够在解析解不能表达显式函数时进行求解。计算经济学中的计算机仿真的代表性方法主要包括 ABM 与系统动力学。

ABM(Agent-based Model,ABM),基于主体(Agent)的模型,是一种重要的计算机仿真方法。在多主体系统中,主体是一个软件对象,存在于一个可执行的环境中,具有主动学习和适应环境的能力。在经济学问题中,主体代表现实中的经济行为主体或社会行为主体,它以并列的方式模拟非线性因果的社会经济系统,使人们更好地理解经济现象,发现现象背后的机制,从而做出预测和辅助决策。ABM 能够说明模型的动态属性、检验结果对参数和假设的依赖性,可以系统性地探索一般计量经济学方法难以解决的问题。目前用于构建基于主体模型的常用软件包括 NetLogo、Mason、Swarm、Repast 等,它们在不同研究领域、运行速度、用户友好等方面各具优势。ABM 广泛应用于个体行为、市场运行、经济系统演化、经济政策制定等领域。

系统动力学是基于控制理论与现代非线性动力学,以计算机仿真为主要技术手段,研究系统复杂性的方法。在计算经济学研究中,系统动力学是通过分析社会经济系统内部各变量之间的反馈结构关系来研究系统整体行为的理论。相较于传统计量方法,系统动力学具有以下优势:第一,适用于精度要求不高的复杂系统,对于解决非线性、高阶次的复杂性问题具有独特优势;第二,适用于处理长期性和周期性的问题,如自然界的生态平衡、人的生命周期和社会问题中的经济危机等;第三,适用于处理数据不足的社会经济问题,建模中常常遇到数据不足或某些数据难以量化的问题,相较于传统计量研究方法,系统动力学不需要大量的实证数据便可以开展研究;第四,系统动力学能够在未实施政策前进行仿真实验模拟系统演化结果,探究政策的作用机理与效果,减小政策实施的风险。常见的系统动力学建模软件包括 Vensim、Stella、Powersim、Dynamo 等,它们在图形与编辑语言、模型组件与控制等方面各有优势。系统动力学广泛应用于区域经济、能源效率等问题的研究中。

3. 机器学习

机器学习是一门多领域交叉学科,属于人工智能的学科,主要使用计算机作为工具研究如何模拟人类的学习方式,研究如何在经验学习中改善具体算法的性能。机器学习涵盖概率论、统计学、逼近论、凸分析、算法复杂度理论等多门学科,是人工智能中最具智能特征、最前沿的研究领域之一。具体而言,机器学习使用一定的算法从海量数据中识别和挖掘变量之间的关联及其所呈现的模式特征,进而预测变量的变化趋势或推断变量之间的因果关系。不同于数学规划和计算机仿真两类方法,该方法中数学模型的形式不是给定的,而是通过求解确定的。机器学习的算法主要分为两种类型:监督学习和非监督学习。监督学习要求有含有标签(即是否存在对变量的先验知识)的数据样本,建立一个将输入准确映射到输出的模型;非监督学习的训练集中没有人为标注的结果,通过学习过程来推断数据中存在的内在结构。

机器学习当前在经济学中的应用主要体现在三个方面:经济信息获取、经济预测和经济因果关系推断。经济信息获取是指通过机器学习能够从海量数据中筛选和提取经济相关信息,这些数据不仅包括经济学研究中通常使用的结构性数据,还包括文本、图像、音频、视频等非结构性数据,机器学习能够通过文本挖掘和图像识别等方式获得数据,拓展了数据可得性。大数据背景下经济数据的数量和多样性都明显提高,传统的计量经济学难以满足要求,机器学习理论中的决策树、支持向量机、深度学习等技术可以处理复杂的关系,机器学习中的分层结构提取深层特征、强化重要因素以及过滤噪声等处理,能够有效提升经济预测准确率。经济学实证研究的核心是因果识别,鉴于机器学习精准的预测能力,机器学习有望精准估计虚拟事实,从而帮助人们精确识别与预测经济因果关系。

9.3 计算新闻学

9.3.1 计算新闻学定义

计算新闻可以定义为将计算应用于新闻活动,例如,信息收集、组织、构建和传播新闻信息,同时维护新闻的价值,例如,准确性和可验证性。该领域借鉴了计算机科学的技术方面,包括人工智能、内容分析(NLP、NLG、视觉、试听)、可视化、个性化和推荐系统以及社会计算和信息科学的各个方面。计算新闻学是对计算新闻所展开的学术研究,当下的新闻业已经进入了一个大数据时代,不同类型的数据涉及新闻的数量大量涌现,正在并将继续对当代新闻业产生重要影响,而研究数据及与其相关的算法、计算机代码、编程、自动化等在新闻中的应用正在成为一个快速增长的领域。

计算新闻在新闻业中的应用和实践早已有之,现有研究通常将其源头追溯到20世纪60年代的计算机辅助报道(Computer-Assisted Reporting,CAR)。时至今日,计算新闻专注于计算的处理能力,特别是对信息进行聚合、自动化和抽象化的能力,早已经超越了CAR体现出的计算水准。尽管计算新闻的形式早已有之,但作为一个学术概念提出的时间不算太长。计算新闻的兴起与大数据时代的到来有着密不可分的关系,作为一个学术概念,它在计算社会科学成为当前的学术热点后渐渐为学者们所使用。现在依然存在着不同类型的计算新闻的实践形式,这一现状导致在涉及数据与新闻业的领域存在着不少相近但又不互相统属的概念,可见计算新闻仍是一个相当分散的研究领域。

无论是何种形式的计算新闻,其核心都是计算思维。计算思维是指运用计算机科学的基础概念去求解问题、设计系统和理解人类的行为,它的本质是抽象和自动化,其中,抽象能力如抽象算法、模型、语言、协议等,自动化能力如系统、程序、编译等。计算过程则体现着具体的计算思维,泰勒(Taylor)勾勒了计算过程在新闻工作中能够发挥基础性作用的三个领域:自动化、算法和抽象。自动化提升了数据收集和解释、数字处理、网络分析、排序和处理等活动的能力,否则这些工作就要由人工完成;算法允许操作者遵循预定步骤来实现目标、识别问题,在大量替代方案中找到合适的解决方案,并以可靠、一致和有效的方式验证信息;抽象使得不同层次或角度的新观点有可能被呈现,探索新的方向。将计算方法和技术扩展到新闻业的意义在于,计算新闻可以使得信息技术专家和记者共同开发新的计算工具,为原创的调查新闻提供新的基础,并扩大与读者互动的范围,使记者免于从事发现和获得事实的低水平工作,而是更加重视新闻的核查、解释和传播,为公众提供准确、原创、可靠和对社会有用的信息。

9.3.2 计算新闻实践

计算新闻的实践形态已经表现出更为丰富的样式,其中涉及的计算深度和广度也各有不同。就现有研究而言,计算新闻学主要有数据新闻、程序员新闻和算法新闻三种计算新闻实践。

1. 数据新闻

数据新闻,又叫数据驱动新闻,是指基于数据的抓取、挖掘、统计、分析和可视化呈现的新型新闻报道方式,通过现有数据的分析,得出某些规律性,然后以新闻报道的形式表现出来。数据新闻在大数据技术的推动下发生质和量的飞跃。数据新闻是随着数据时代的到来出现的一种新型报道形态,是数据技术对新闻业全面渗透的必然结果,它的出现在一定程度上改变了传统新闻生产流程。

数据新闻有别于精确新闻和数字新闻。精确新闻指记者在采访新闻时运用调查、实验和内容分析等社会科学研究方法来收集资料、查证事实,从而报道新闻。精确新闻的特点是用精确的具体数据分析新闻事件,以避免主观的、人为的错误,侧重于微观的具体调查、实验和内容分析。数字新闻则指以数字、公式、字母等静态形式来辅助文字报道。数据新闻显现的是对大数据的挖掘与处理的结果,可以通过复杂的交互式、动态化的图片和视频来呈现这类新闻。

数据新闻的四个功能如下。

(1)新闻叙事。大数据新闻的报道方式能够在宏观上对某个事件看得更加清楚与全面,事件复杂的演进过程以及这个过程中的各个方面,都能描述得直观且有趣。

(2)事实判断。可以利用大数据的分析结果做一些事件的系列报道。

(3)预测走向。大数据能够预测社会和人们日常生活中的各个方面,通过挖掘大数据,传媒在技术上可以制作出可视化、交互式的图表,告知很多事项。

(4)信息定制。利用大数据的分析结果,满足网民的信息个性化要求,根据用户需求提供个性化的大数据服务,是未来的发展趋势。

数据新闻特征是以服务公众利益为目的,以公开的数据为基础,依靠特殊的软件程序对数据进行处理,挖掘隐藏在宏观、抽象数据背后的新闻故事,以形象互动的可视化的方式呈现新闻。

2. 程序员新闻

程序员新闻侧重于讨论各类技术人员在新闻室中的角色、认同和作用,此类人员的出现是新闻业加强与计算机编程技术合作趋势的一种体现。不同学者对此使用了不同的称谓,如程序员记者、黑客记者等。

程序员和记者合作的工作模式在不同的新闻室中各有侧重点。在德国和瑞士,记者和程序员的不同角色有着清晰的界定:记者负责新闻产品的研究和内容,程序员和工程师则负责其中的视觉或互动成分。而《纽约时报》的成功就在于程序员和设计师都属于新闻小组,每个组员都像记者一样思考和行事,这种创新性的态度是《纽约时报》成功的关键。挪威新闻室的记者和工程师都在新闻室而非技术部门工作,记者和工程师的相互依赖似乎强于他们在工作文化上的差异,这些工程师从事计算新闻的前提是要像记者一样行事,他们把新闻传统放在比技术更为重要的位置。在英国的新闻室中,记者和工程师是两种截然不同的专业,记者没有学习如何写代码,工程师也坚决否认自己是记者,记者、程序员和设计师是在数据驱动项目中进行紧密的合作。还有人研究新闻世界和技术世界如何在新闻创新的共同目标下携手合作。有一个叫"黑客和黑客"(Hacks/Hackers)的跨国草根组织,该组织的成员对于通过开源软件编程为新闻寻找技术解决方案方面拥有共同兴趣。该组织有四种与新闻业既有关联也有偏移的开源文化:透明性、修补、迭代和参与,开源给技术人员和记者们提供了一起去思考传统新闻学拥护的新价值的机会。

3. 算法新闻

算法新闻是以计算机算法技术为基础,利用算法工具自动完成生产新闻、分发新闻以及助推新闻的落地等一系列流程的一种方法或系统。算法新闻突出了算法的核心地位,即在算法程序的引领下,新闻机器人在保障精准度和可靠性的同时,自动生产新闻的过程,具体包括算法新闻写作、编辑、算法推荐机制和平台聚合分发机制及营销等业务的自动化新闻生产流程。

算法新闻是运用智能算法工具自动生产新闻并实现商业化运营的过程、方法或系统,它包括信息采集、存储、写作、编辑、展示、数据分析及营销等业务的自动化实现。广义的算法新闻指包括生产和分发中运用算法,在生产环节运用算法工具自动生成新闻内容,在分发环节引入推荐算法,在销售环节实现了传者、受众和消费者的聚合,造就了流程更清晰、作业更高效、销售更精准、目标更明确、成本更低廉的业务链条。

算法新闻的出现展示了新闻生产颠覆性的模式改变,对未来新闻传播领域的发展意义深远。从新闻生产的角度看,算法的介入在一定程度上替代了传统新闻传播业部分信息采集环节,高效处理大量的信息内容,降低了劳动成本,提高了生产力。从新闻分发的角度看,算法通过对用户信息的智能收集和归类,能够更为精确地进行内容推送,为用户"量身定制"个性化信息成为常态。从新闻覆盖角度看,算法作为一种人的新"延伸",介入信息产销的整个环节中,通过计算机程序在海量的信息中完成话题抓取,突破并且延伸了人类所能触及的视野,带来了更大范围和更多维度的报道。

9.4 计算社会学

9.4.1 计算社会学定义

计算社会学是社会学的一门分支,是指使用计算机模拟、人工智能、复杂统计方法以及社会性网络分析等新的途径,由下而上地塑造社会互动的模型,来发展与测试复杂社会过程的理论。计算社会学不同于以往借助社会调查抽样数据进行描述和经典模型回归分析的定量研究,而是借助复杂模型和社会计算工具对复杂社会现象与过程进行描述、解释和预测的定量社会学新领域。计算社会学是当代社会学界借助计算机、互联网与人工智能技术等现代科技手段,利用大数据、新方法来获取数据与分析数据,从而研究与解释社会的一种新的范式或思维方式。其目的是要克服既有社会学研究方法的局限与不足,达到对人类行为与社会运行规律的真实认知与科学解释。计算社会学主要包含两个方面,其一是使用计算方法来探讨社会学问题,其二是利用计算方法和社会资源实现智能化社会信息处理及服务。

"计算社会学"一词最早出现在美国社会学家瑞泽尔(George Ritzer)于 2007 年出版的《布莱克威尔社会学百科全书》(*Blackwell Encyclopedia of Sociology*)中。按照《布莱克威尔社会学百科全书》中的定义,计算社会学是"利用计算机模拟和人工智能去发展理论和开展实证研究的新社会学路径"。2014 年 8 月,美国社会学界的多位学者在斯坦福大学计算社会科学中心举办学术研讨会,会上推出了"新计算社会学"的概念,"新计算社会学"主要是利用大数据新方法来获取数据与分析数据,从而研究与解释社会的一种新的方式或思维方式,更强调大数据、质性定量研究融合、互联网社会实验、仿真建模和其他新型社会计算工具的使用。"新计算社会学"中的"新",其一是指新计算社会学在理念、方法、思路、工具应用等方面比此前的社会学研究中的"计算"都更为先进和复杂;其二是"计算社会学"这个名词已在 2007 年出版的《布莱克威尔社会学百科全书》中出现,只是该书中"计算社会学"词条的内容与"新计算社会学"不同,为了与之区别,2014 年的斯坦福会议才提出"新计算社会学"。本书中的计算社会学,实质上是指新计算社会学。

计算社会学的产生是大数据时代社会学发展的必然结果。当代计算机科学、互联网与人工智能技术的发展是新计算社会学产生的基础条件,而社会学家对社会学研究新方法的不懈探索与追求,是新计算社会学产生的内在动力。作为一种社会学研究的新范式,计算社会学的研究对象主要集中在宏观经济社会现象和复杂网络现象与社会过程,往往使用社会网络分析、仿真建模、机器学习以及高级计量模型或实验等手段对大数据和多来源复杂数据进行研究。计算社会学的数据来源既包括来自传统上通过抽样调查获得的数据,又涵盖了来自互联网、物联网等新平台的海量信息、图像和资料。借助这些新数据和新方法,社会学家视距的边界得到前所未有地扩展,因而能够全景式地观察人际互动和社会运作的模式,从中发现前人未能发现的新现象,并进行分析、总结和提炼,从而提出新的观点并由此为本土化理论构建工作提供材料。

9.4.2　研究内容

计算社会学实际上是一个全面创新的社会学研究方法体系,有五个互相关联的组成部分:大数据的获取与分析、质性研究与定量研究的融合、互联网社会实验研究、计算机社会模拟研究和新型社会计算工具的研制与开发。

1. 大数据的获取与分析

大数据社会学研究所采用的数据量远大于传统的实证社会学研究。数据、资料的获取与分析是社会学研究的两大关键问题。大数据分析比传统数据收集更具有优势,主要体现在:第一,传统数据样本量一般较小,因为采样困难,多采取抽取的方式采样,而大数据样本则动辄数十万、上百万,大数据环境下,样本几乎等于总体,研究者甚至没有进行抽样的必要;第二,传统数据常用问卷调查的方式获取,存在数据主观性高、可信性低的问题,而大数据所采用的基本上是"自然数据",是在现实生活中自动形成,正式性、客观性要高;第三,传统数据的产生过程是"搜集",设计问卷后进行调查,问卷的针对性强,为一个研究而进行的问卷数据搜集很难很好地应用于另一项研究,而大数据社会学研究则重在数据的"挖掘",是从真实世界的自然记录这种客观数据中进行研究,同样的数据可以服务于不同的研究内容,产生多种不同目的的研究结果。

2. 质性研究与定量研究的融合

质性研究是对事物质的探索和分析,意在以人为中心认识世界,自然地观察和揭露事物的本质并加以解释,常用于定义研究问题。定量研究是以实证主义为基础,是对事物量的探索和分析,在控制条件下统计事物的数学信息加以分析,揭示各变量间的内在逻辑关系,常用于验证研究假设。而如何更加有效地利用文本、影音等质性资料开展研究,是社会学长期以来面临的难题。有效研究方法的缺乏,造成了质性研究与定量研究之间一直无法弥合的鸿沟。大数据时代的到来,为社会学的发展提供了更加有效的研究方法与研究工具,使定量研究与定性研究的融合成为可能。

定性研究与定量研究融合的关键是文本资料分析工具的研制与开发。随着现在人工智能、计算技术的快速发展,文本内容分析软件工具不断问世,对文本资料分析的研究不断深入。今后各种更为先进、精细的文本分析工具(包括中文分析工具)会不断问世,定性与定量研究的融合成为可能,由此引发的将不仅是研究方法上的创新,更为重要的是导致人文社会科学研究理念和思维方式上的变革。

3. 互联网社会实验研究

互联网社会学实验研究既属于大数据研究的一个分支,也属于社会学实验研究的一个分支。互联网社会学实验研究是运用互联网这个平台而开展的社会学实验研究,是在自然条件下进行的社会学实验研究。互联网社会实验研究的出现是社会研究发展、互联网相关技术进步与普及的必然结果。运用互联网这个平台来进行社会学的实验研究,是一种创新,而且有可能使实验法成为未来社会学研究的主流方法。研究者可以就某个问题在互联网上邀请参与实验者进行社会学实验,如开展调查问卷或调查投票等,参与实验者可以位于网络的任何一端,这种实验不受时间和空间的限制,也非常便于开展。

运用传统的实验方法来研究人类行为和社会现象存在诸多难以克服的障碍,所以在以往的社会学研究中,运用实验研究的方式并不多。互联网社会实验研究以计算机、互联网和人工智能技术等为平台,在高度控制的条件下,通过操作某些因素,利用云计算等新方法来获取与分析数据。互联网社会实验的优势在于它可以不受时间和空间的限制,可以研究几乎所有的人类行为和社会现象。互联网社会实验可能会成为未来社会学研究的主流之一。

4. 计算机社会模拟研究

计算机社会模拟研究是借助计算机的计算(模拟计算、数学计算,或者二者混合)来分析系统的行为在给定初始条件和参数的情况下,随时间变化方式的一种方法,其实质是在计算机上做实验。社会科学是一门从认知、决策、行为、团体、组织、社会和世界体系等多个层面上对人类行为、社会动态以及社会组织进行考察分析的学科领域,早期的社会科学中很难开展实验研究方法。随着复杂性理论和计算机技术的发展,通过计算机建立模型来研究社会现象逐渐成为可能。计算机社会模拟研究可以针对不同的社会问题进行模拟实验,从而找到问题的原因,发现社会的规律。计算机社会模拟研究现在成为一种非常重要的研究方法,在社会科学领域也得到广泛的重视和发展。

计算机模拟可以描述微观层面上的行动者互动如何演化为宏观层面上的社会现象,因而这种方法预示着一种连接微观与宏观、理论与实证的可能性。"基于主体的模型"(Agent-based Modeling,ABM)是一种常用的社会学计算机模拟研究方法。ABM 计算机模拟方法在研究复杂社会现象的演化过程与变化机制方面,具有其他研究方法所无法比拟的独特优势。随着 ABM 方法的不断完善与成熟,它在社会学研究中的运用会越来越普遍。但它的运用也对研究者的数学能力提出了比较高的要求,有些研究者具有很强的理工科背景,其使用的数学方法更是艰深。

5. 新型社会计算工具的研制与开发

计算社会学是一个新的社会学研究方法体系,它产生和发展的物质基础是互联网,其支撑条件是计算机、人工智能等新技术。在计算社会学实现其研究目标的过程中,需要综合运用互联网技术、计算机以及人工智能技术,根据数据获取与分析的要求,开发出能够有效实现研究目标的具体操作工具,我们称为新型社会计算工具的开发。新型社会计算工具多种多样,从一些项目(如 Blog 和 Really Simple Syndication(RSS))到社会网络站点和 Wiki,可以根据具体研究的需要进行研制与开发。这些社会计算工具已经对世界带来很大的影响,方便人们了解和企业相关的信息,如社会网络站点可以帮助人们执行很少的操作就可以连接到行业中的其他人,如在站点添加好友等。为了进行某项课题研究,社会学研究者与精通计算机技术的专家合作,可以量体裁衣地开发出研究所需要的某些小型工具。但对于那些大型且功能复杂工具的研制,则需要依赖多学科的共同努力,借助专业公司的力量,甚至依靠国家的实力才能完成。

习　　题

1. 什么是计算生物学? 计算生物学的研究内容是什么?
2. 简述计算生物学的研究价值。

3. 什么是计算经济学？计算经济学的研究方法有哪些？

4. 简述计算经济学的研究价值。

5. 什么是计算新闻学？计算新闻学具体有哪些实践形态？

6. 简述计算新闻学的研究价值。

7. 什么是计算社会学？计算社会学的研究内容是什么？

8. 简述计算社会学的研究价值。

第10章

前沿技术

　　狭义的计算是一种数学用语,是将单一或复数之输入值转换为单一或复数之结果的一种思考过程。而广义的计算是一门多学科的研究领域,包括数学计算、逻辑推理、集合论的函数、组合数学置换、图形图像的编号等,还包括人工智能解空间的遍历、图论的路径问题、上下文感知与推理等,甚至包括数字系统设计(如逻辑代数)、软件程序设计、机器人设计等设计问题。

　　计算不仅是数学的基础技能,而且是整个自然科学的工具。计算的发展经历了漫长的历史阶段,伴随着人类文明的演进和需求的变迁,从远古时期的人工计算、结绳计算,发展到后来的算盘,最后发展到电子计算机时代。在计算机时代,又经历了集中计算的大型计算机及超级计算机时代、分布式客户端/服务器时代、个人计算机时代、UNIX 工作站时代、互联网时代、Web 2.0 时代、网格计算时代、电子商务时代,现在来到了"云计算时代"。计算机的计算性能越来越强大,计算作为服务功能越来越便捷和经济。随着科学的不断发展,计算模式在不断发展着新的演进,针对不同的应用,涌现出了各种新的计算模式,如普适计算、感知计算、云计算、情感计算等。计算是当今社会发展的基础,计算技术已经在教育、商业、科学研究等领域有着广泛应用,正确使用计算技术,不仅可以解决实际问题,而且还可以改善人类的生活质量。

10.1　普 适 计 算

10.1.1　普适计算定义

　　普适计算(Ubiquitous Computing,Pervasive Computing),又称普存计算、普及计算、遍布式计算、泛在计算,是一个强调和环境融为一体的计算概念,是指无所不在的、随时随地可以进行计算的方式。在普适计算的模式下,计算机本身则从人们的视线里消失,人们能够在任何时间、任何地点,以任何方式进行信息的获取与处理。

　　传统的计算模式是以计算机为中心的计算,一方面计算机的使用方法不符合人类的习惯,另一方面为了完成一项任务,需要与计算机进行的对话过于烦琐。传统的计算模式采用基于桌面的使用模式,用户要使用计算机,就需要坐在计算机面前,这种模式本质上说是一种私有模式,难以适应一个用户可能在不同地点和环境,甚至在移动过程中使用多台计算设备进行工作的情况。计算机技术进一步发展迫切地需要全新的计算模式。随着计算机及相关技术的发展,通信能力和计算能力的价格正变得越来越便宜,所占用的体积也越来越小,各种新形态的传感器、计算/联网设备蓬勃发展,同时由于人类对生产效率、生活质量的不懈追求,人们开始希望能随时、随地、无困难地享用计算能力和信息服务,由此带来了计算模式的新变革。

普适计算的思想是由美国科学家 Mark Weiser 在 1988 年提出的。他根据所从事的研究工作,预测计算模式将来会发展为普适计算模式。强调把计算机嵌入环境或日常工具中去,让人们注意的中心回归到要完成的任务本身。Weiser 的思想在 20 世纪 90 年代后期开始在国际上得到广泛关注和接受,目前已经成为一个极具活力和影响力的研究领域。

普适计算的核心思想是小型、便宜、网络化的处理设备广泛分布在日常生活的各个场所,计算设备将不只依赖于命令行、图形界面进行人机交互,而更依赖"自然"的交互方式,计算设备的尺寸将缩小到毫米甚至纳米级。普适计算是信息空间与物理空间的融合,在这个融合的空间中人们可以随时随地、透明地获得数字化的服务。"随时随地"指人们在工作、生活的现场就可以获得服务,而不需要离开这个现场而去端坐在一个专门的计算机面前,即像空气一样无所不在;"透明"指获得这种服务时不需要花费很多注意力,即这种服务的访问方式是十分自然的甚至是用户本身注意不到的,即蕴涵式的交互(Implicit Interaction)。"透明"是普适计算更本质的要求,是其与桌面计算模式最本质的区别。

普适计算的含义十分广泛,所涉及的技术包括移动通信技术、小型计算设备制造技术、小型计算设备上的操作系统技术及软件技术等。在信息时代,普适计算可以降低设备使用的复杂程度,使人们的生活更轻松、更有效率。实际上,普适计算是网络计算的自然延伸,它使得不仅个人计算机,而且其他小巧的智能设备也可以连接到网络中,从而方便人们即时地获得信息并采取行动。

10.1.2　研究内容

普适计算环境由普适计算设备、系统软件及其网络等部分构成。普适计算的研究内容主要包括以下几个方面。

1. 普适计算设备

在普适计算模式下,具有计算能力的智能设备能够感知周围环境的变化并依此做出相应的行为,普适计算和智能空间需要大量的异构的普适设备来支持它们的应用。普适计算应用的领域广泛,每个具体应用的智能设备也复杂多样。

普适计算设备根据功能不同可以分为信息访问终端、感知设备、智能物体等。

（1）信息访问终端:普适计算环境中的终端可感知各种物理环境状态,感知用户位置信息,为用户提供包括视听、嗅觉等可感知信息,具有通信能力等。信息访问终端可以通过有线或无线的方式与网络连接,使用者可以随时随地按需获取各种信息和服务。典型的信息访问终端包括 PDA(Personal Digital Assistant)、PC、智能手机、计算机等,其中,智能手机被认为是当前普适计算的首选平台。

（2）感知设备:包括用于标识对象身份的设备(如射频标签 RFID)和用于感知物理

对象和环境状态的设备(如传感器、智能灰尘、照相机、摄像机等)。

(3) 智能物体:通过将计算和通信能力嵌入日常生活的常见物体中,如家具、家电、咖啡杯等,将其变为智能物体,从而实现计算机对这类设备的感知和控制,建立物理世界与虚拟世界联系的桥梁。

2. 普适网络

普适计算是在网络技术和移动计算的基础上发展起来的,其重点在于提供面向客户的、统一的、自适应的网络服务。普适计算环境是一种普遍互连的环境,除当前常见的计算机之间的互连外,各种物体都通过不同方式与其他物体相连。普适计算环境下的网络环境包括 Internet、移动网络、无线网络、电话网、电视网等,还包括 RFID 网络、无线传感器网络、GPS(Global Positioning System)网络等多种不同类型的网络。

普适计算网络支持异构环境和多种设备的自动互连,由于设备可能随时加入或退出网络,计算系统的结构处于动态变化中,计算系统对环境的动态变化具有自适应性,提供无处不在的信息服务。当前普适计算网络的研究主要集中在无线和移动网络、自组网(AD HOC)、无线传感器网络。

3. 系统软件

系统软件是对普适计算中大量的联网设备、物体、计算实体进行管理,为它们之间的数据交换、消息交互、服务发现、任务协调、任务迁移等提供系统级的支持。由于普适计算环境是一个组成、结构都经常变化的工作环境,这就导致计算系统的结构也需要经常发生动态变化,计算系统需要感知和推断用户需求,自发地提供用户需要的信息服务,普适系统中计算过程对于用户是透明的。普适计算系统中的硬件经常是异构的、只具有有限的资源,所以系统软件只能开展在计算自由相对有限的设备上的轻量计算。

在普适计算系统中,物理世界中的物体都同时具有信息空间中的意义,普适计算的系统软件就必须对这些物理实体具有一定的管理能力。系统软件有两层含义:把物理实体看作一种资源,需要建立对这些资源的位置、结构、功能的表示,而且需要反映动态的实际情况,这需要上下文感知计算的支持;当物理实体嵌入有传感、计算、效应能力时,必须提供对它们的高层接口,即相当于传统的驱动程序。

4. 人机交互

自然人机交互为人与普适计算环境之间提供更和谐、更高效的交互方式,典型的交互方式包括语音输入、手写输入、电子纸、眼镜显示器等。除鼠标键盘输入等由人驱动的显式人机交互外,普适计算的人机交互方式会向隐式和多模式的人机交互方式方向发展。

5. 上下文感知计算

上下文感知计算(Context-Aware Computing)指能够根据上下文的变化自动地做相适应的改变和配置,为用户提供合适的服务。其中上下文指任何可用于表征实体状态的信息;实体可以是个人、位置、物理的或信息空间中的对象。上下文感知计算就是为了实现每当用户需要时,利用上下文向用户提供适合于当时任务、地点、时间和人物的信息或服务。常见的上下文信息包括时间、位置、场景等环境信息,屏幕大小、处理能力等设备信息以及身份、操作习惯、个人喜好、情绪状态等用户信息。感知上下文计算涉及上下文信息感知、上下文建模、上下文感知应用等多个方面。

6. 智能空间

智能空间(Smart Space)是嵌入了计算机、信息设备和多模态传感装置的工作或生活空间,具有自然便捷的交互接口,目的是使用户能够方便地访问信息和获得计算机系统的服务,可以高效地实现个人目标和与他人协同工作。普适计算是信息空间和物理空间的融合,可以在不同尺度上得到体现,以家庭、办公室、教室、超市或机场等离散环境为基础,逐步实现互连并扩大至全球。

NIST(美国国家技术标准研究院)给出的智能空间具备的功能和为用户提供的服务包括:能识别和感知用户以及他们的动作和目的,理解和预测用户在完成任务过程中的需求;用户能方便地与各种信息源(包括设备和数据)进行交互;用户携带的移动设备可以无缝地与智能空间的基础设施进行交互;提供丰富的信息显示;提供对发生在智能空间中的经历的记录,以便在以后检索回放;支持空间中多人的协同工作以及与远程用户的沉浸式的协同工作。

7. 可穿戴计算

可穿戴计算是指通过把计算和交互设备穿戴在身上,方便人们随时随地获得计算和信息服务的技术。可穿戴计算是普适计算设备研究的一个重要方面,典型的可穿戴计算设备是指穿戴式战场计算机、智能衣服、智能手套、智能手表等。可穿戴计算是一种比较先进的计算方法,它会随着电子技术的发展不断朝着微小型方向发展,以及运用新的计算机、微电子和一些通信理论与现代计算,体现了"以人为本,人机合一"和"无处不在的计算"的理念。

可穿戴计算系统与人类紧密结合成一个整体,能够拓展人的视觉、听觉,增强人的大脑记忆和应对外界环境变化的能力,延伸了人的大脑与四肢。可穿戴计算能在工作和日常生活中发挥很多作用,可广泛用于抢险救灾、远程支援、医疗救护、社会治安、新闻采访、社会娱乐与军事方面等。经过多年来的发展和研究,可穿戴计算技术已经用于实际操作中,例如,导航地图、健康状况检测、帮助记忆等。近年来,可穿戴计算领域的研究范畴不断得到扩展和充实,已成为国际计算机学术领域稳定的前沿研究方向。

10.2　感　知　计　算

10.2.1　感知计算定义

感知计算是将语音、手势识别等新技术集合在一起,以更加自然、直观、身临其境的方式,重新定义用户的计算体验。计算感知主要研究用计算机模拟和实现生物外显或宏观感知功能的科学和技术,将通过视觉、听觉、触觉、语音,甚至感情和情境等多重感官方式,让计算设备能感知人类的意图,从而实现人与设备间更为自然的交互,重塑计算体验。

今天,大多数用户使用自己熟悉的键盘和鼠标与计算机进行交互。这些设备为计算机提供了一个直接的、可识别的输入集合,并为软件环境提供了简单的数据点以进行评估。当用户按键或单击鼠标时,这些操作不会被误判或曲解。然而,这些操作会将用户限制在单一界面。感知计算的研究目的就是让计算机像我们一样认知周围的环境,使它们能够处理周围的大量信息,并根据用户的意图得出合乎逻辑的结论。当人们在与其他人或周围的环境交互时,常常会无意识地利用到诸如手势、眼神、情境、环境状况等上下文信息,并依此进行推断得出结论并做出适当的反应;与之相反,计算机系统却很少能有效地利用这些信息。

2012 年一年中,许多科技公司都在研究计算机的自然输入方式,例如,通过眼球、手势及语音来实现控制。英特尔希望开发一种统一的解决方案,将这些新技术集成在一起,提出了"感知计算"的概念。感知计算涉及计算机科学、认知科学和数学等多个学科,它是一种人机交互的全新方式。键盘加鼠标已不再是唯一的输入方式,感知计算将通过触摸、手势、声音和语音识别以及一切其他事物作为输入,人类将以更自然的方式,进一步改变人类与计算的互动方式。例如,通过触摸屏幕或者语音,用户可以控制自己的计算机、手机等多种终端;非接触式手势控制也正在走进现实,用户已经可以摆脱操控杆,只要挥舞手臂即可完成指令下达;通过眼球追踪技术,用户只要盯着想要单击的图标,就可以打开需要的软件。在英特尔计算技术的不断进步和推动下,在不久的将来,消费者将能够在超极本等多种设备上期待增强现实、语音智能、眼球追踪、生物识别等多种感知计算功能。我们努力赋予计算设备以人类的感觉,使之能够自然地感知我们的意图。

感知计算将会改变人类与设备的交互方式,人类将以更自然的方式与计算进行互动。感知计算的潜在应用领域与人类的生活息息相关,如在商务会议上主持人可使用手势来移动幻灯片,而不需要"点击",他们只要摇动一下手即可实现翻页;服装设计师可使用自己的双手、手臂和躯干,穿戴计算机设计的服饰;手上沾有面粉的厨师在看食谱时,只要挥下手就能翻页;在疗养院,计算机能知道疗养的人整天没有起床,就会通知护工或家庭成员等。

10.2.2　研究范畴

感知计算实质上是视觉、听觉、触觉、语音等多种感官作为输入的一种全新的计算模式,主要研究范畴如下。

1. 人脸识别

人脸识别是基于人的脸部特征信息进行身份识别的一种生物识别技术。人脸识别技术是用摄像机或摄像头采集含有人脸的图像或视频流,并自动在图像中检测和跟踪人脸,进而对检测到的人脸进行脸部识别的一系列相关技术,通常也叫作人像识别、面部识别。广义的人脸识别实际包括构建人脸识别系统的一系列相关技术,包括人脸图像采集、人脸定位、人脸识别预处理、身份确认以及身份查找等;而狭义的人脸识别特指通过人脸进行身份确认或者身份查找的技术或系统。人脸识别问题涉及广泛,涉及多方面的知识,如图像处理、计算机视觉、优化理论等,与此同时,又与其他学科的研究领域产生密不可分的联系,如认知学、神经科学、生理心理学。

人脸与人体的其他生物特征(指纹、虹膜等)一样与生俱来,它的唯一性和不易被复制的良好特性为身份鉴别提供了必要的前提。人脸识别是一项热门的计算机技术研究领域,其中包括人脸追踪侦测、自动调整影像放大、夜间红外侦测、自动调整曝光强度等技术。人脸识别属于生物特征识别技术,是通过生物体(一般特指人)本身的生物特征来区分生物体个体,并与其他类型的生物体比较,人脸识别具有如下特点:

(1)非强制性:用户不需要专门配合人脸采集设备,几乎可以在无意识的状态下就可获取人脸图像,这样的取样方式没有"强制性"。

(2)非接触性:用户不需要和设备直接接触就能获取人脸图像。

(3)并发性:在实际应用场景下可以进行多个人脸的分拣、判断及识别;除此之外,还符合视觉特性,即"以貌识人"的特性,以及操作简单、结果直观、隐蔽性好等特点。

因此,相比于指纹或虹膜识别等传统上被认为更加稳健的生物识别方法,人脸识别成为对用户最友好的生物识别方法,人们往往更偏爱人脸识别。

作为一种通过获取人面部的特征信息进行身份确认的技术,人脸识别近年来一直是人工智能、计算机视觉、心理学等领域的热门研究问题。类似已用于身份识别的人体其他生物特征(如虹膜、指纹等),人脸具备唯一性、一致性和高度的不可复制性,为身份识别提供了稳定的条件。人脸识别产品已广泛应用于金融、司法、军队、公安、边检、政府、航天、电力、工厂、教育、医疗及众多企事业单位等领域。人脸识别技术在手机解锁、刑侦破案、证件验证、视频监控、入口控制等方面优势突出,随着软硬件的更新发展,其必将给人类社会带来更大的便利。目前,人脸识别技术已广泛应用于各个行业,如楼宇人脸门禁、人脸考勤系统、互联网移动支付终端、交友、相亲终端 App 系统等。随着技术的进一步成熟和社会认同度的提高,人脸识别技术将应用在更多的领域。

2. 眼动追踪

眼动追踪也称为眼球追踪,是一项科学应用技术,主要研究眼球运动信息的获取、建模和模拟,用途颇广。该技术将眼球运动转换为数据流,其中包含瞳孔位置、每只眼睛的注视方向和注视焦点等信息。从本质上讲,该技术对眼球进行检测,并将相应的信号代替传统的输入信号(如手动输入、语音、动作识别等)。眼球追踪也是一种传感器技术,可以实时检测一个人的眼球并跟踪判断它们正在看什么。另外,当人的眼睛看向不同方向时,眼部会有细微的变化,这些变化会产生可以提取的特征,计算机可以通过图像捕捉或扫描提取这些特征,从而实时追踪眼睛的变化,预测用户的状态和需求,并进行响应,达到用眼睛控制设备的目的。

眼球追踪技术的具体研究方法有:根据眼球和眼球周边的特征变化进行跟踪;根据虹膜角度变化进行跟踪;主动投射红外线等光束到虹膜来提取特征。而获取眼球运动信息的设备除了红外设备外,还可以是图像采集设备,甚至一般计算机或手机上的摄像头,其在软件的支持下也可以实现眼球跟踪。眼球追踪技术的主要设备包括红外设备和图像

采集设备。在精度方面,红外线投射方式有比较大的优势,大概能在 30in(1in＝2.54cm)
的屏幕上精确到 1cm 以内,辅以眨眼识别、注视识别等技术,已经可以在一定程度上替代
鼠标、触摸板,进行一些有限的操作。此外,其他图像采集设备如计算机或手机上的摄像
头,在软件的支持下也可以实现眼球跟踪,但是在准确性、速度和稳定性上各有差异。在
日常生活中,眼球追踪技术最热门的载体是手机。三星和 LG 都推出了搭载有眼球追踪
技术的产品。例如,三星之前的旗舰机三星 Galaxy S III 就可以通过检测用户眼睛状态
来控制锁屏时间,只要检测到用户正盯着手机屏幕,即使用户没有进行任何操作,屏幕也
不会关闭。此外,LG 的 Optimus 手机也支持通过眼球运动控制视频播放,只要用户转移
视线,视频播放器会自动暂停,直至视线重回屏幕。

　　眼动追踪有很广泛的应用前景。眼球识别追踪设备也可以作为一种新的输入设备,
当与其他输入方式结合使用时,眼动追踪可以为应用程序开发人员提供新的思路去开发
具有更好用户体验的应用程序,譬如阅读浏览、游戏、摄影等领域的 App。心理学方面的
应用是显而易见的,可以辅助心理从业人员更全面地了解被测试人员的心理状态。推而
广之,对于婴幼儿,在没有语言能力的期间可以帮助成人了解婴儿的需求,这需要大量的
机器学习来发现眼神与心理之间的关联。在市场营销方面,广告平台可以统计用户聚焦
于广告上的次数和时长来更为理性地判断投放广告的效果,而非页面打开量。临床医学
方面,对于病人,该技术可以为失去表达能力的人提供一种新的表达途径。对于教育行
业,老师可以通过各个学生的眼睛焦点来判断学生的关注点,并做出相应的回应。

3. 手势识别

　　在计算机科学中,手势识别是指通过数学算法来识别人类手势。手势识别可以来自
人的身体各部位的运动,但一般是指脸部和手的运动。用户可以使用简单的手势来控制
或与设备交互,让计算机理解人类的行为。手势识别可以被视为计算机理解人体语言的
方式,从而在机器和人之间搭建比原始文本用户界面甚至 GUI(图形用户界面)更丰富的
桥梁,无须任何机械设备即可自然交互。本领域中的当前焦点包括来自面部和手势识别
的情感识别,姿势、步态和人类行为的识别也是手势识别技术的主题。手势识别核心技术
为手势分割、手势分析以及手势识别。

　　随着机器视觉的智能化高速发展,人机交互中的手势识别、手指骨骼关键点信息的定
位越来越适应人类的发展需求。在手指识别技术中,通过视觉检测手指的关键点信息,通
过对手指关键点信息的位移信息确定人体五根手指的复杂动作,进而判断手势的类型。
视觉动态捕捉手指的动作应用于影视、游戏、动漫等领域。传统的动捕识别技术一般都是
采用光学动作捕捉,需要对目标人进行标记,还需要在固定的场地,成本相对较高,这就让
很多动画师难以实现,但是通过手机拍摄获取手指的骨骼动画数据,即可实现手指的动作
捕捉,费用较低,工作效率大大获得提高。

　　对手指进行动态手势识别,采用视觉捕捉技术可以实时、快速地收集动作数据;不受
环境影响,对于模糊、遮挡等要求不高,只需要一个摄像头进行拍摄即可输出数据;性价比
较高,大大降低了成本。除此之外,动态手势识别在 VR/AR 中也被广泛应用,VR/AR
中的交互方式目前有很多种,如眼球、触觉、语音、手势动作等,目前最有效的可以说是肢

体和手势动作的交互,无论对于微交互还是深交互的场景,其优势十分明显和突出。手势识别技术的高速发展,必将对生活、娱乐、教育、医疗、工业等诸多领域产生巨大的影响,也必将凭借其易用性、精确度、实时性等特点成为一项更具挑战的发展方向和目标。

4. 语音识别

语音识别技术,也被称为自动语音识别(Automatic Speech Recognition,ASR),其目标是将人类语音中的词汇内容转换为计算机可读的输入,例如,按键、二进制编码或者字符序列。语音识别技术属于人工智能方向的一个重要分支,是一门交叉学科,涉及信号处理、计算机科学、语言学、声学、生理学、心理学等许多学科。语音识别技术是人机自然交互技术中的关键环节,其本质是一种模式识别,通过对未知语音和已知语音的比较,匹配出最优的识别结果。不同的智能语音识别系统的具体实现程序不同,但它们采用的基本技术却是相似的,主要包括特征提取技术、语音信号建模技术和模型训练技术三个基本技术。

与机器进行语音交流,让机器明白你说什么,这是人们长期以来梦寐以求的事情。中国物联网校企联盟形象地把语音识别比作"机器的听觉系统"。语音识别技术就是让机器通过识别和理解过程把语音信号转变为相应的文本或命令的技术。近二十年来,语音识别技术取得了显著进步,已经从实验室走向市场。随着人工智能进入人们的日常生活中,当今市场上语音识别技术相关的软件涉及人类生活的方方面面,语音识别的实用性已经得到充分的印证。如今语音识别技术已经成为人类社会智能化的关键一步,能够极大提高人们生活的便捷度,具有广阔的应用前景,如语音检索、命令控制、自动客户服务、机器自动翻译等。

语音识别使声音变得"可读",让计算机能够"听懂"人类的语言并做出反应,是人工智能实现人机交互的关键技术之一。当今信息社会的高速发展迫切需要性能优越、能满足各种不同需求的自动语音识别技术。语音识别技术逐渐走进人们的视野,使得人们充分体验到了现代科学技术带来的便利,得到了人们的喜爱。语音识别技术在现代生活中的应用越来越广泛,语音识别技术将进入工业、家电、通信、汽车电子、医疗、家庭服务、消费电子产品等各个领域。典型的语音识别应用有智能家居中语音电器的应用,可以通过语音识别来完成电视、空调、照明等系统的自动操作;在医务系统中,可以通过智能语音识别进行电子病历录入;还有如网页搜索、车载搜索、游戏娱乐中的语音聊天等;智能语音识别技术还可以应用到航空、军事等领域。

10.3 物 联 网

10.3.1 物联网定义

物联网(Internet of Things,IoT)指通过各种类型的传感器件,并借助特定的信息传播媒介,实现物物相连、信息交换和共享的新型智慧化网络模式。物联网通过各种信息传感器、射频识别技术、全球定位系统、红外感应器、激光扫描器等各种装置与技术,实时采集任何需要监控、连接、互动的物体或过程,采集其声、光、热、电、力学、化学、生物、位置等各种需要的信息,通过各类可能的网络接入,实现物与物、物与人的泛在连接,实现对物品和过程的智能化感知、识别和管理。物联网是新一代信息技术的重要组成部分,IT 行业又叫泛互联,意指物物相连,万物万联。物联网即"万物相连的互联网",是互联网基础上的延伸和扩展,是将各种信息传感设备与网络结合起来而形成的一个巨大网络,实现任何时间、任何地点、人、机、物的互联互通。物理网通过智能感知、识别技术与普适计算、泛在网络的融合应用,被称为继计算机、互联网之后世界信息产业发展的第三次浪潮。

物联网的基本特征从通信对象和过程来看,物与物、人与物之间的信息交互是物联网的核心。物联网的基本特征如下:

(1) 全面感知,即利用射频识别、二维码、智能传感器等感知设备随时随地感知获取物体的信息。

(2) 可靠传输,通过对互联网、无线网络的融合,将物体的信息实时、准确地传送,以便信息交流、分享。

(3) 智能处理,利用各种智能技术,对海量的数据、信息进行分析和处理,对物体实施监测与智能化控制。

根据物联网对信息感知、传输、处理的过程将其分为三层结构,即感知层、网络传输层和应用层,每层的具体功能如下:

(1) 感知层:主要用于对物理世界中的各类物理量、标识、音频、视频等数据的采集与感知,数据采集主要采用传感器、RFID、二维码等。

(2) 网络层:主要用于实现网络互联,将收集到的数据信息可靠、安全地进行传送,主要通过互联网、无线通信网、卫星、有线电视网等通信网络进行传输。

(3) 应用层:对信息流进行处理和分析,向应用程序和服务发送数据,提供反馈以控制应用程序。

10.3.2　应用领域

物联网的应用领域涉及人们生产和生活的许多领域,如智能交通、智能物流、智能医疗、智能家居、数字农业、数字林业、数字环保等领域。

1. 智能交通

智能交通系统是将先进的科学技术(信息技术、计算机技术、数据通信技术、传感器技术、电子控制技术、自动控制理论、运筹学、人工智能等)有效地综合运用于交通运输、服务控制和车辆制造,加强车辆、道路、驾驶员三者之间的联系,从而形成一种保障安全、提高效率、改善环境、节约能源的综合运输系统。

物联网技术在道路交通方面的应用比较成熟。随着社会车辆越来越普及,交通拥堵甚至瘫痪已成为城市的一大问题。道路导航系统将道路状况信息实时传递给驾驶人,让驾驶人及时做出出行调整,有效缓解了交通压力;高速路口设置道路自动收费系统(ETC),免去进出口取卡、还卡的时间,提升车辆的通行效率;公交车上安装定位系统,乘客通过一些软件能及时了解公交车行驶路线及到站时间,免去不必要的时间浪费。以及机场和车站的客流疏导系统、城市交通智能调度系统、高速公路智能调度系统、运营车辆调度管理系统、机动车自动控制系统等多种应用,都是物联网在交通运输中的应用。

2. 智能物流

智能物流就是利用条形码、射频识别技术、传感器、全球定位系统等先进的物联网技术通过信息处理和网络通信技术平台广泛应用于物流业运输、仓储、配送、包装、装卸等基本活动环节,实现货物运输过程的自动化运作和高效率优化管理,提高物流行业的服务水平,降低成本,减少自然资源和社会资源消耗。物流领域是物联网相关技术最有现实意义的应用领域之一。

物联网的建设,会进一步提升物流智能化、信息化和自动化水平。物联网为物流业将传统物流技术与智能化系统运作管理相结合提供了一个很好的平台,进而能够更好、更快地实现智能物流的信息化、智能化、自动化、透明化、系统化运作模式。智能物流自动化系统主要用于物品的拆/码垛、输送、搬运、存储、拣选、包装等作业,具有节约用地、减少劳动需求、减轻劳动强度、提高物流效率、减少货物损坏或遗失、降低货物拣选差错率、提高仓储管理水平、减少流动资金积压等诸多优势。由于欧美发达国家对物流自动化的应用较早,长期的技术积累下,国外企业在仓储物流软硬件技术、产品质量、系统稳定性、行业经验和品牌知名度等方面积累较大优势,在汽车、机械制造、机场等行业中占有较高的市场率。国内智能物流设备及系统提供商数量较多,但规模通常较小。

3. 智能医疗

智能医疗是通过打造健康档案区域医疗信息平台,利用最先进的物联网技术,实现患者与医务人员、医疗机构、医疗设备之间的互动,逐步达到信息化。智能医疗不仅是数字化医疗设备的简单集合,而是把当代计算机技术、通信及信息处理技术应用于整个医疗过程的一种新型的现代化医疗方式。随着人均寿命的延长、出生率的下降和人们对健康的关注,国内医疗需求不断上升、医疗资源严重缺乏、卫生人员整体素质有待提升、卫生资源相对不足以及部分医疗资源浪费严重等问题越来越凸显,现代社会人们需要更好的医疗系统。这样,远程医疗、电子医疗就显得非常急需。借助于物联网/云计算技术、人工智能的专家系统、嵌入式系统的智能化设备,可以构建起完美的物联网医疗体系,使全民平等地享受顶级的医疗服务,解决或减少由于医疗资源缺乏,导致看病难、医患关系紧张、事故频发等现象。

早在 2004 年,物联网技术便应用于医疗行业,当时美国食品药品监督管理局采取大量实际行动促进 RFID 的实施和推广,政府相关机构通过立法,规范 RFID 技术在药物的运输、销售、防伪、追踪体系中的应用。美国医院采用基于 RFID 技术的新生儿管理系统,利用 RFID 标签和阅读器,确保新生儿和小儿科病人的安全。2008 年年底,IBM 提出了"智能医疗"概念,设想把物联网技术充分应用到医疗领域,实现医疗信息互联、共享协作、临床创新、诊断科学以及公共卫生预防等。在不久的将来,医疗行业将融入更多人工智慧、传感技术等高科技,使医疗服务走向真正意义的智能化。例如,通过无线网络,使用手持 PDA 便捷地连通各种诊疗仪器,使医务人员随时掌握每个病人的病案信息和最新诊疗报告,随时随地地快速制定诊疗方案;在医院任何一个地方,医护人员都可以登录距自己最近的系统查询医学影像资料和医嘱;患者的转诊信息及病历可以在任意一家医院通过医疗联网方式调阅等。随着医疗信息化的快速发展,这样的场景在不久的将来将日渐普及,智慧医疗正日渐走入人们的生活。

4. 智能家居

智能家居是以住宅为平台,利用综合布线技术、网络通信技术、安全防范技术、自动控制技术、音视频技术将家居生活有关的设施集成,构建高效的住宅设施与家庭日常事务的管理系统,提升家居安全性、便利性、舒适性、艺术性,并实现环保节能的居住环境。智能家居并不是一个单一的产品,而是通过技术手段将家中所有的产品连接成一个有机的系统,利用先进的计算机技术、网络通信技术、智能云端控制、综合布线技术、医疗电子技术等依照人体工程学原理,融合个性需求,将与家居生活有关的各个子系统如安防、灯光控制、窗帘控制、煤气阀控制、信息家电、场景联动、地板采暖、健康保健、卫生防疫、安防保安等有机地结合在一起,通过网络化综合智能控制和管理,实现"以人为本"的全新家居生活体验。

智能家居系统是人们的一种居住环境,其以住宅为平台安装有智能家居系统,实现家庭生活更加安全、节能、智能、便利和舒适。随着人类消费需求和住宅智能化的不断发展,今天的智能家居系统将拥有更加丰富的内容,系统配置也越来越复杂。智能家居包括网络接入系统、防盗报警系统、消防报警系统、电视对讲门禁区系统、煤气泄漏探测系统、远程抄表(水表、电表、煤气表)系统、紧急求助系统、远程医疗诊断及护理系统、室内电器自动控制管理及开发系统、集中供冷热系统、网上购物系统、语音与传真(电子邮件)服务系统、网上教育系统、股票操作系统、视频点播、付费电视系统、有线电视系统等。目前市面上的智能家居产品品种繁多,主要有万能遥控器、网络远程控制系统、定时器、场景设置器、安防报警系统、综合布线系统、指纹锁、宠物保姆等。以定时器为例,用户可以通过智能设备提前设定某些产品的自动开启、关闭时间,如电饭煲每天 10:30 开始煮饭,热水器每天 7:30 开始加热,22:30 自动关闭,这样既保证了用户的正常使用,又实现了节能环保的目的。智能家居系统让用户轻松享受生活,如出门在外,可以通过电话、计算机来远程遥控家居各智能系统,在回家的路上提前打开家中的空调和热水器;到家开门时,借助门磁或红外传感器,系统会自动打开过道灯,同时打开电子门锁,安防撤防,开启家中的照明灯具和窗帘迎接用户的归来;回到家里,使用遥控器可以方便地控制房间内各种电器设备,可以通过智能化照明系统选择预设的灯光场景,读书时营造书房舒适的安静氛围,卧室里营造柔和的灯光氛围……

10.4 云 计 算

10.4.1 云计算定义

云计算(Cloud Computing)是分布式计算的一种,指的是通过网络"云"将巨大的数据计算处理程序分解成无数个小程序,然后,通过多部服务器组成的系统处理和分析这些小程序,得到结果并返回给用户。"云"实质上就是一种提供资源的网络,使用者可以随时获取"云"上的资源,按需求量使用,并且可以看成是无限扩展的,只要按使用量付费就可以。云计算是与信息技术、软件、互联网相关的一种服务,这种计算资源共享池叫作"云"。云计算把许多计算资源集合起来,通过软件实现自动化管理,只需要很少的人参与,就能让资源被快速提供。实际上,计算能力成为一种商品,可以在互联网上流通,就像水、电、煤气一样,可以方便地取用,且价格较为低廉。总之,云计算不是一种全新的网络技术,而是一种全新的网络应用概念,云计算的核心概念就是以互联网为中心,在网站上提供快速且安全的云计算服务与数据存储,让每一个使用互联网的人都可以使用网络上的庞大计算资源与数据中心。

云计算是继互联网、计算机后在信息时代又一种革新,核心是可以将很多的计算机资源协调在一起,使用户通过网络就可以获取到无限的资源,同时获取的资源不受时间和空间的限制。许多企业需要运算能力较强的服务器,对于规模比较大的企业来说,一台服务器的运算能力显然还是不够的,那就需要企业购置多台服务器,甚至演变成为一个具有多台服务器的数据中心,而且服务器的数量会直接影响这个数据中心的业务处理能力。除了高额的初期建设成本外,计算机的运营支出花费在电费上的金钱要比投资成本高得多,再加上计算机和网络的维护支出,这些总的费用是中小型企业难以承担的。而云计算就解决了这个问题,通过计算机网络形成的计算能力极强的系统,可存储、集合相关资源并可按需配置,向用户提供个性化服务。

云计算的可贵之处在于高灵活性、可扩展性和高性价比等,与传统的网络应用模式相比,其具有如下优势与特点。

(1)虚拟化技术:云计算最显著的特点是突破了时间、空间的界限,虚拟化技术包括应用虚拟和资源虚拟两种。

(2)动态可扩展:云计算具有高效的运算能力,在原有服务器基础上增加云计算功能能够使计算速度迅速提高,最终实现动态扩展虚拟化的层次,达到对应用进行扩展的目的。

(3)按需部署:云计算平台能够根据用户的需求快速配备计算能力及资源。

(4)灵活性高:云计算的兼容性非常强,大多数 IT 资源、软硬件都支持虚拟化。

(5)可靠性高:用户不再需要昂贵、存储空间大的主机,可以选择相对廉价的 PC 组成云,一方面减少费用,另一方面计算性能不逊于大型主机。

(6)可扩展性:用户可以利用应用软件的快速部署条件来为已有业务以及新业务进行扩展。

10.4.2　云分类

云计算不针对特定的应用,在"云"的支撑下可以构造出千变万化的应用,同一个"云"可以同时支撑不同的应用运行。云计算在很大程度上是从作为内部解决方案的私有云发展而来的,按照服务范围分类,云计算有以下几个大类:公共云、私有云、混合云、社区云、行业云等。

1. 公共云

公共云环境由外包云提供商所有,许多企业可以通过互联网以按使用付费的模式应用。公共云一般可通过 Internet 使用,可能是免费或成本低廉的。公共云的最大意义是能够以低廉的价格,提供有吸引力的服务给最终用户,创造新的业务价值,公共云作为一个支撑平台,还能够整合上游的服务(如增值业务、广告)提供者和下游最终用户,打造新的价值链和生态系统。这种部署模型为希望节省 IT 运营成本的企业提供服务和基础设施,但负责创建和维护资源的是云提供商。公共云非常适合预算紧张的中小型企业,它们需要一个快速简单的平台来部署 IT 资源。公共云的优点是易于扩展、没有地域限制、成本效益、高度可靠、易于管理,缺点是不太安全。

2. 私有云

这种云部署模型是由单个企业拥有的定制基础架构,它提供对数据、安全性和服务质量的最有效控制。在该环境中,对 IT 资源的访问更加集中在企业内部。私有云可部署在企业数据中心的防火墙内,也可以将它们部署在一个安全的主机托管场所。尽管私有云托管可能很昂贵,但对于大型企业来说,它可以提供更高级别的安全性和更多自主权来定制存储、网络和计算组件以满足其 IT 需求。私有云极大地保障了安全问题,目前有些企业已经开始构建自己的私有云。私有云的优点是安全级别高、能更好地控制服务器、可定制;缺点是较难从远程位置访问数据、需要 IT 专业知识进行使用和维护。

3. 混合云

混合云是公共云和私有云两种服务方式的结合。对于寻求私有云和公共云部署模型的企业来说,混合云环境是一个不错的选择。混合云是目标架构中公共云、私有云和/或者公共云的结合。由于安全和控制原因,并非所有的企业信息都能放置在公有云上,这样大部分已经应用云计算的企业将会使用混合云模式。很多企业将选择同时使用公共云和私有云,有一些也会同时建立公共云。

因为公共云只会向用户使用的资源收费,所以集中云将会变成处理需求高峰的一个非常便宜的方式,如对一些零售商来说,他们的操作需求会随着假日的到来而剧增,或者是有些业务会有季节性的上扬。同时混合云也为其他目的的弹性需求提供了一个很好的基础,如灾难恢复,这意味着私有云把公共云作为灾难转移的平台,并在需要的时候去使用它,这是一个极具成本效应的理念。混合云的优点是高度灵活和可扩展、成本效益兼顾、增强的安全性;缺点是网络级别的通信可能会发生冲突,因为它同时用于私有云和公共云。运营商目前多数部署云计算采取的都是混合云的模式。

4. 社区云

社区云是利用内网、专网及 VPN,为多家关联部门提供云计算服务。"社区网站云计算"是阿里云计算第一个上线的创业者云计算解决方案,以阿里云计算旗下 PHPWind 为依托,通过社区软件系统+软件托管平台+网站运营工具等一揽子服务模式,有效降低了中小互联网社区创业者的起步门槛,从而帮助他们的企业低成本快速成长。

5. 行业云

行业云由行业内或某个区域内起主导作用或者掌握关键资源的组织建立和维护,以公开或者半公开的方式,向行业内部或相关组织和公众提供有偿或无偿服务的云平台。这个概念是由国内厂商浪潮提出的。经过十几年的建设,中国各个行业已经具有完备的信息化基础,行业客户需要云平台实现数据向服务的转换。但是当前行业信息化,还是以内部服务为主,只能解决办公效率的问题,而对社会、对大众提供的信息服务几乎是空白。在国家数据大集中、电子政务升级等政策下,各个行业机构迫切需要转换职能,对外输出服务,以不断提升服务能力。目前有医疗云、金融云、政府云、教育云、电信运、云制造等行业云。

10.5　情　感　计　算

10.5.1　情感计算定义

情感计算(Affective Computing,AI),是基于系统和设备的研究和开发来识别、理解、处理和模拟人的情感。它是一个跨学科领域,涉及计算机科学、心理学、社会学和认知科学的综合性学科。情感计算研究就是试图创建一种能感知、识别和理解人的情感,并能针对人的情感做出智能、灵敏、友好反应的计算系统,即赋予计算机像人一样的观察、理解和生成各种情感特征的能力,来建立和谐人机环境,并使计算机具有更高的、全面的智能,它是一个高度综合化的跨学科领域。

传统的人机交互,主要通过键盘、鼠标、屏幕等方式进行,只追求便利和准确,无法理解和适应人的情绪或心境。而如果缺乏这种情感理解和表达能力,就很难指望计算机具有类似人一样的智能,也很难期望人机交互做到真正的和谐与自然。由于人类之间的沟通与交流是自然而富有感情的,因此,在人机交互的过程中,人们也很自然地期望计算机具有情感能力。情感计算就是要赋予计算机情感特征的能力,最终使计算机像人一样能进行自然、亲切和生动的交互。计算机通过对人类的情感进行获取、分类、识别和响应,进而可以帮助使用者获得高效而又亲切的感觉,并有效减轻人们使用计算机的挫败感,甚至帮助人们理解自己和他人的情感世界,更重要的是服务于人类,提高人类的生活质量。

在计算机领域,1995 年,由美国麻省理工学院(MIT)媒体实验室 Rosalind Picard 教授首次提出 Affective Computing,研究的目的是使得情感能够模拟和计算。这个技术也可以让机器人能够理解人类的情绪状态,并且适应它们的行为,对这些情绪做出适当的反应。这是一个日渐兴起的新兴领域,情感计算相关应用广泛活跃在社交媒体、电商网站、客服系统、智能语音助手等平台。近年来,有关情感计算在精神健康(如抑郁症检测)等方面的应用也逐渐兴起,情感计算也可以对抑郁症患者等进行监控,能有效地监控人们的心理健康状态。还有项目研究将智能座椅应用于汽车的驾座上,用于动态监测驾驶人的情绪状态,并提出适时警告。意大利的一些科学家还通过一系列的姿态分析,对办公室的工作人员进行情感自动分析,设计出更舒适的办公环境。在信息家电和智能仪器中,增加自动感知人们情绪状态的功能,以便提供更好的服务。在远程教育平台中,情感计算技术的应用能增加教学效果。利用多模式的情感交互技术,可以构筑更贴近人们生活的智能空间或虚拟场景等。

10.5.2　情感计算分类

情感计算是一个高度综合化的技术领域。到目前为止,有关研究已经在人脸表情、姿态分析、语音的情感识别和表达方面获得了一定的进展。

1. 语音的情感识别

语音情感识别是计算机对人类情感感知和理解过程的模拟,利用计算机分析情感,提取出情感特征值,并利用这些参数进行相应的建模和识别,建立特征值与情感的映射关系,最终对情感分类。具体操作是从采集到的语音信号中提取表达情感的声学特征,并找出这些特征与人类情感的映射关系。

语音作为语言的第一属性,是日常生活中交流的主要媒介,在语言中起决定性的支撑作用,不仅包含说话人所要表达的文本内容,也包含说话人所要表达的情感信息。人们通过语音能够明显地感受到对方的情绪变化,例如,通过特殊的语气词、语调发生变化等。在人们通电话时,虽然彼此看不到,但能从语气中感觉到对方的情绪变化。人类之所以能够通过聆听语音捕捉对方情感状态的变化,是因为人脑具备了感知和理解语音信号中能够反映说话人情感状态的信息(如特殊的语气词、语调的变化等)的能力。自主神经系统的各种变化可以间接地改变一个人的言语,而情感技术可以利用这些信息来识别情绪。例如,在恐惧、愤怒或欢乐的状态下产生的言语,会迅速、响亮、准确地发音,音调更高、范围更广,而诸如疲倦、无聊或悲伤等情绪往往会产生缓慢、低沉和含糊不清的言语。但人类的语音情感变化是一个抽象的动态过程,难以使用静态信息对其情感交互进行描述,人工智能的兴起为语音情感识别的发展带来了新的契机。

目前,国际上对情感语音的研究主要侧重于情感的声学特征的分析这一方面。一般来说,语音中的情感特征往往通过语音韵律的变化表现出来。例如,当一个人发怒的时候,讲话的速率会变快,音量会变大,音调会变高等,同时一些音素特征(共振峰、声道截面函数等)也能反映情感的变化。中国科学院自动化研究所模式识别国家重点实验室的专家们针对语言中的焦点现象,首先提出了情感焦点生成模型。这为语音合成中情感状态的自动预测提供了依据,结合高质量的声学模型,使得情感语音合成和识别率先达到了实际应用水平。语音情感识别是人机情感交互的关键,对语音情感的有效识别能够提升语音可懂度,使各种智能设备最大限度理解用户意图,提高机器人性化水平,从而更好地为人类服务。

2. 面部表情识别

人脸表情蕴含丰富的情感信息,是人类传递信息的一种重要方式,能够直观地反映出人类的内心想法,在人际交往的过程中起着不可或缺的作用。随着人工智能技术的发展,人们对人机交互提出了更高的要求,希望计算机可以更"拟人化",可以正确认知用户的情感并做出积极且准确的反馈。面部表情识别是人工智能领域的一个新兴的研究课题,研究目标是让一些人工智能产品(如机器人)能够自动地识别出人的表情,进而分析人的情感。表情识别,作为实现这一目标的关键环节之一,在过去的数十年中已得到研究者们越来越广泛的关注。

在生活中,人们很难保持一种僵硬的脸部表情,通过脸部表情来体现情感是人们常用的较自然的表现方式,其情感表现区域主要包括嘴、脸颊、眼睛、眉毛和前额等。人在表达情感时,只稍许改变一下面部的局部特征(如皱一下眉毛),便能反映一种心态。1972年,著名的美国心理学家Ekman提出了脸部情感的表达方法(脸部运动编码系统FACS),通过不同编码和运动单元的组合,即可以在脸部形成复杂的表情变化,如幸福、愤怒、悲伤等。人脸表情识别技术通过提取人脸面部的表情特征,对表情特征进行分类,从而判断人脸表情的所属类别。该成果已经被大多数研究人员所接受,并被应用于人脸表情的自动识别与合成。

目前,人脸识别精度已经超过人眼,同时大规模普及的软硬件基础条件也已具备,应用市场和领域需求很大。人脸表情识别作为人脸识别技术中的一个重要组成部分,是近几十年来才逐渐发展起来的。由于面部表情的多样性和复杂性,并且涉及生理学及心理学,表情识别具有较大的难度。因此,与其他生物识别技术如指纹识别、虹膜识别、人脸识别等相比,发展相对较慢,应用还不广泛。但是表情识别对于人机交互却有重要的价值,因此国内外很多研究机构及学者致力于这方面的研究,并已经取得了一定的成果。例如,在游戏的制作方面,可以根据人类情感做出实时反映,增强玩家沉浸感;在远程教育方面,可以根据学生表情调整授课进度、授课方法等;在安全驾驶方面,可以根据驾驶人表情,判断驾驶人驾驶状态,避免事故发生;在公共安全监控方面,可以根据表情判断是否有异常情绪,预防犯罪;可以帮助广告制作者找出最佳的logo植入点,还可以帮助电影制作方寻找出一部电影中最吸引人的部分来制作电影的预告片。表情识别是一个很有发展前景的方向,近年来在人机交互、安全、机器人制造、自动化、医疗、通信和驾驶领域得到了广泛的关注,成为学术界和工业界的研究热点,相关研究成果已被用于远程教育、车载安全系统、公安测谎系统等多个领域。

3. 肢体语言识别

身体语言是一种非言语的交流方式,凭借与身体部位相关的表情、动作及距离来传情达意。尽管这种"语言"是无声的,不容易被人们捕捉,但是识别其所蕴含的潜在信息意义却是重大的。人的姿态一般伴随着交互过程而发生变化,它们表达着一些信息。例如,手势的加强通常反映一种强调的心态,身体某一部位不停地摆动,则通常具有情绪紧张的倾向。相对于语音和人脸表情变化来说,姿态变化的规律性较难获取,但由于人的姿态变化会使表述更加生动,因而人们依然对其表示了强烈的关注。

目前,人们与计算机交互主要限于打字、鼠标单击和触摸屏等。虽然智能语音交互技术也被添加到该列表中,但却很难让计算机识别人们的肢体语言。肢体语言通常非常微妙,包括可以被物体或其他人遮挡的个体手指位置的细节。自动动作分析可以被有效地用来检测用户的特定情绪状态,特别是当与语音和人脸识别结合使用时,准确率更高。这种识别主要根据具体的动作、手势等,比如当你不知道一个问题的答案的时候会抬起你的肩膀。再如,当使用一个物体的时侯,我们可以指向它们、移动、触摸或处理它们。这些动作计算机能够捕捉并且识别,分析上下文并以一种有意义的方式做出响应,以便有效地用于人机交互。基于人体姿态的情感计算有广阔的应用空间,在很多大尺度场景(如商场、车站、广场等公共场所)中,用户的表情、声音等属于微观情感,需要近距离地交互才可以采集到,而用户的动作姿态也是表达感情的重要载体,相对容易采集,目前尚未得到充分的利用。此外,对于失聪失语人群、面部表情障碍人群等,语音和表情的情感表达较难实现,动作姿态是他们表达感情的主要通道。检测个体之间非语言交流的细微差别将允许机器人在社交空间中服务,允许机器人感知周围的人正在做什么,他们处于什么样的情绪以及他们的工作是否可以被打断。

针对肢体运动,科学家专门设计了一系列运动和身体信息捕获设备,例如,运动捕获仪、数据手套、智能座椅等。国外一些著名的大学和跨国公司,例如,麻省理工学院、IBM等构筑了智能空间。同时也有人将智能座椅应用于汽车的驾座上,用于动态监测驾驶人的情绪状态,并提出适时警告。意大利的一些科学家还通过一系列的姿态分析,对办公室的工作人员进行情感自动分析,设计出更舒适的办公环境。美国卡内基·梅隆大学机器人研究所的研究人员利用全景工作室研发出了一种新型计算机代码,可以使计算机读懂多人的身体姿势和动作,其识别范围甚至可以缩小到手指。这项技术为自动驾驶汽车及监控设备等感知机器的研究铺平了道路,还可用于多种应用程序,例如,提高自动驾驶汽车预测行人动作的能力、用于运动分析或行为诊断。肢体语言识别的应用范围很广,如一辆自动驾驶的汽车可以通过监控肢体语言来预警行人即将步入街道,使机器能够理解人类行为,也可以为自闭症、阅读障碍和抑郁症等疾病提供行为诊断和康复的新方法。让计算机理解人类的肢体语音,为人们和机器之间的相互作用开辟了新的方式,人们可以使用机器更好地了解周围的世界。

4. 身体数据监控识别

在情感计算研究中还可以使用很多种生理指标,例如,皮质醇水平、心率、血压、呼吸、皮肤电活动、掌汗、瞳孔直径、脑电 EEG 等。近年来,通过不同种类的生理信号进行情感识别的研究逐渐增多。一方面,相较于表情、姿态和语音等易受人的主观意识影响的外在表现,生理信号直接由人的自主神经系统和内分泌系统控制,不易受主观意识影响,基于生理信号的情感识别更客观可靠。另一方面,传感器技术的进步,使得对人体生理信号的采集变得越发容易。

生理信号可用于检测和分析情绪状态,通常被分析的 4 个主要生理特征是血容量脉搏、皮肤电活动、面部肌电图和面部颜色。血容量脉搏可以通过光电容积扫描法来测量,记录峰值代表着心搏周期中血流被泵到肢体末端的值,当被测者受到惊吓或感到害怕时,往往会心跳加速,导致心率加快,从而在光电容积描记图上可以清楚地看到波峰与波谷间的距离变小;当被测者平静下来后,血液流回末端,心率回归正常。面部肌电图是一种通过放大肌肉纤维收缩时产生的微小电脉冲来测量面部肌肉电活动的技术,皱眉肌和颧大肌是两个主要用来检测情绪的面部肌肉群,皱眉肌将眉毛向下拉成皱眉,是对消极的、不愉快的情绪的反应;当微笑时,颧大肌负责将嘴角向后拉,是用于测试积极情绪反应的肌肉。皮肤电活动(Electrodermal Activity,EDA)是皮肤电特性改变的普遍现象,测量皮肤的电阻或电导率可以量化自主神经系统交感神经分支的细微变化,当汗腺被激活时,甚至在皮肤出汗之前,EDA 的水平就可以被捕获,并用于辨别自主神经唤醒的微小变化,例如,被测者越兴奋,皮肤导电反应就越强烈。人脸表面由大量血管网络支配,这些血管中的血流变化会在脸上产生可见的颜色变化,而面部颜色的变化可以用来提高识别一个人情绪的准确性。

通过监测和分析用户的生理信号来检测用户的情绪状态的研究还处于相对初级阶段,目前市场上比较多的设备都是测量压力这种情绪的,主要是血容量脉搏、皮肤电活动、面部肌电图。这一领域正在发展壮大,许多潜在应用会和人们的生活息息相关。如在公共安全领域,通过可穿戴设备实时监控有犯罪史的人的情感,可以有效阻止他们再次犯罪;在交通安全领域,通过可穿戴设备监控驾驶人的情感状态,可以预防因状态"路怒症"导致的事故;在医疗看护领域,通过可穿戴设备来获取患者的情感可以让医护人员更好地调节康复训练等方案的内容和强度。

5. 多模态情感识别

虽然语音、面部表情、姿态和生理信号等能独立地表示一定的情感,但人们在相互交流的过程中却总是通过上面信息的综合表现来进行的。每个人都有自己的主观感受,身体会出现一系列的生理反应,并且通过表情、言语和肢体动作等行为方式表示情感。如人们在高兴时说话节奏欢快,表现在说话的音调和语速上,同时面部会微笑、眯眼,此时语音和表情同时表达出高兴的情感状态;当一个人难过时,往往不怎么会说话,情感识别难以单靠语音单模态信息,难过体现在表情上往往伴随着面部嘴角下垂、皱眉等。单一模态的脑电数据并不能全面、准确地表征人的情感状态,多模态情感识别就是通过这些生理反应和行为反应的多模态信息来识别和预测情感。

多模态情感识别利用多模态信号对情感状态进行交叉检测,分析语音信号、视觉信号、姿态信号、生理信号来识别人的情感状态,根据对不同模态的信号在不同阶段的处理,将多模态信号进行融合,利用多通道情感信息之间的互补性来提高情感识别的准确率,能够有力地提高情感计算的研究深度和研究准确性,才能产生高质量、更和谐的人机交互系统。多模态情感识别是人工智能领域具有挑战性的热点研究方向,多模态信息识别和融合方法面临许多新挑战,这个领域仍有许多值得研究的方向。

10.6　绿　色　计　算

"绿色计算"(Green Computing)是指采用高效、节能和低功耗的计算设备和配套设施,在保证信息服务可靠性的前提下,合理分配计算资源,保障可持续发展的低成本、低能耗的新型系统与应用。计算可理解为包含软硬件结合的终端设备、服务器和相关系统等。提及绿色计算绕不开的是数据中心,这是数字基建过程中基础设施中最核心的部分,也是绿色计算最典型的应用场景。绿色计算的目的是优化计算资源的设计、建设、使用及回收过程,实现节能、环保的目的。有关研究机构数据显示,过去十年,我国数据中心整体用电量以每年超过 10％的速度递增。截至 2020 年,数据中心约占我国用电量的 2.7％。据 IDC 的预计,到 2024 年数据中心耗电量将占到全社会耗电量的 5％以上。如何提高整个数智设备与计算的效率、降低能耗,是行业最为关注的重要问题。绿色计算不是一个新词,十年前它就被提出了。在双碳(碳达峰、碳中和)的背景需求下,绿色计算的内涵不只是数据中心,还包含更加丰富的内容。今天,GPU 和数据处理单元(DPU)正在为 AI 和网络任务以及在超级计算机和企业数据中心运行的模拟等高性能计算工作带来更高的能效。美国 NVIDIA 公司估计,如果所有 AI、HPC 和网络卸载都在 GPU 和 DPU 加速器上运行,那么数据中心每年可以节省高达 19TW 的电力,这相当于 290 万辆乘用车一年的能耗。绿色计算是一个系统的工程,涉及产业的各个领域集成、设计、应用,离不开软硬件、新的高效能 AI 计算系统的辅助。企业实现绿色计算的方式,也是通过对基础设施、软硬件设备的重新架构、整合、部署,实现运营过程中的可持续计算历程。

绿色计算的主要载体就是有关数据与算力的设备、计算机、服务器和相关子系统等。端侧设备与 AI 计算架构的模型是绿色计算中的基本组成单元,所以 AI 和物联网也是绿色计算中重要的参与角色。对于企业来说,绿色计算赋予企业成本、能耗、技术、环保等价值链的提升,主要体现在以下几个方面。

(1) 降低综合成本。对于企业来说,将数据、算力负载合并到更密集、集中的计算平台上,是降本增效的有效方法;当数百台服务器集成为几台服务器,机房或数据中心楼面空间成本、电力需求随之也会大幅降低,软硬件维护、网络管理等运维工作也可以大幅简化,企业整体在软硬件方面的运营成本也将大幅降低。

(2) 绿色降耗,承担环保责任。采用集约的绿色计算、高能效的 AI 系统技术,意味着同样的工作负载只需要更少的服务器和配套软件支撑,承担了企业应有的环保责任。

(3) 支持技术、业务的创新。采用高性能、高密度、高资源利用率的绿色计算架构,可以支持企业在现有架构的基础上灵活扩展,充分利用服务器资源,开发与部署新应用,提供新服务,从而快速响应市场要求和展开业务创新。

产业内绿色计算最热门的被关注方向,也是相对应落地最为广泛的领域。绿色计算现在主要涉及的领域有以下几个。

(1) 信息与通信技术领域。包含数据中心、新兴的智能通信网络、新一代的 AI 计算架构等,这些领域是数据与算力处理的核心领域。

(2) 传统能源与新兴清洁能源的绿色改革领域。数据显示,发电与供热的碳排放占比最高,这些产业能耗巨大,因此也是绿色计算重点着手发展与改造的领域;在碳中和的大势之下,光伏、风电、水电、核电等绿色能源将会迎来高速发展期,绿色计算在这些新兴的领域,施展的空间巨大。

(3) 制造业、工业等领域。工业、制造业本身也是高碳排能耗大户,底层的工业、制造业的数字基础设施需要绿色计算的助力。

绿色计算的落地,也包括一些新兴的绿色产业,如绿色城市、绿色园区、绿色楼宇、绿色交通等。拿交通领域来说,车路协同、自动驾驶、智能交通规划等,都是绿色计算能够覆盖的领域。

习　题

1. 什么是普适计算？普适计算的研究内容包括什么？
2. 简述计算生物学的研究价值。
3. 什么是感知计算？感知计算的研究范畴包括哪些？
4. 简述感知计算的研究价值。
5. 什么是物联网？物联网的应用领域有哪些。
6. 简述物联网的研究价值。
7. 什么是云计算？云计算具体分为哪几类？
8. 简述云计算的研究价值。
9. 什么是情感计算？情感计算具体分为哪几类？
10. 简述情感计算的研究价值。
11. 什么是绿色计算？简述绿色计算的研究价值。

第4部分

素　养　篇

第11章

信息素养

信息是当今人们经常用到和听到的一个词,包含很多内容。在第2章,我们已经对信息的定义进行了讨论:信息指音讯、消息、通信系统传输和处理的对象,泛指人类社会传播的一切内容。人通过获得、识别自然界和社会的不同信息来区别不同事物,得以认识和改造世界。在一切通信和控制系统中,信息是一种普遍联系的形式。当前是信息爆炸的时代,迈进信息世界的我们如何来应对来自信息社会的挑战呢?

11.1 信息素养概述

11.1.1 信息素养的含义

1. 信息素养的由来

信息素养的概念始于美国图书检索技能的演变,但其内容随着信息社会的到来,一直在不断地更新和变化。1974年,美国信息产业协会主席保罗·祖尔科夫斯基率先提出了信息素养的新概念,并将其解释为使用大量信息工具和主要信息来源来获得问题答案的技能。信息素养的概念一经提出,就得到了广泛的传播和使用。

1987年,信息学家帕特里亚·布雷维克(Patrieia Breivik)将信息素养定义为"了解提供信息的系统,识别信息的价值,选择获取信息的最佳渠道,掌握获取和存储信息的基本技能的能力。"

1989年,美国图书馆协会(American Library Association,ALA)定义信息素养的含义:"信息素养是一套能力,要求个人认识到何时需要信息,并有能力找到、评估和有效使用所需的信息。"

21世纪是高科技时代、航天时代、基因生物工程时代、纳米时代、经济全球化时代等,一切事业、工程都离不开信息。信息技术的发展已使经济非物质化,世界经济正转向信息化非物质化时代,正加速向信息化迈进,人类已自然进入信息时代。信息素养这个概念不再局限于信息的检索,而是扩展为和信息相关的一切必需的人们需要具备的素养。信息素养在教育界渐渐取代了"信息能力"(Information Competency)或"信息技能"(Information Skills),因为"信息素养"是较高层次方面的知识、技能与态度,而不是单单指能力或认知上的评估。而且由于互联网的出现,使信息发布和传播变得更容易,普通大众要表达自己的声音更为方便,使得我们日常可以接触得到的信息突然大幅增长。面对这高速及大量的信息,我们应该如何处理,也是学习信息素养的重点。

2. 信息素养的定义

美国教育技术 CEO 论坛 2001 年第 4 季度报告提出 21 世纪的能力素质,包括基本学习技能(指读、写、算)、信息素养、创新思维能力、人际交往与合作精神、实践能力。信息素养是其中一个方面,它涉及信息的意识、信息的能力和信息的应用。

信息素养(Information Literacy)是一种对信息社会的适应能力。信息素养由两个词组成"信息"和"素养",前一个词说明它是和信息相关的,后一个词说明它是一种基本能力。接下来就从这两个方面来讨论和认识。

1948 年,数学家香农在题为《通信的数学理论》的论文中指出:"信息是用来消除随机不定性的东西。"创建一切宇宙万物的最基本单位是信息。信息对社会的各行各业都非常重要,和它关联的概念有"数据""知识""文献""智慧"等,这些概念之间的关系可以用图 11-1 表示。

图 11-1　信息及其关联概念

信息来源于数据,因此说数据是信息的原材料。我们日常获得的数据经常是离散的、片段的,因此需要通过分析、整理,使得数据变得有组织、有关联,形成信息。通过获得对其中有用信息的理解和认识,人们可以获得知识。知识可以通过多种方式进行传播,用文字记录下来的知识称为文献。通过对文献的整理和系统分析,形成精炼的知识,即智慧。这些概念都和信息有关系,但是表达了不同层次上的信息含义,可以认为形成了信息的结构。

信息技术和信息素养。信息技术支持信息素养,通晓信息技术强调对技术的理解、认识和使用技能。而信息素养的重点是内容、传播、分析,包括信息检索以及评价,涉及更宽的方面。它是一种了解、搜集、评估和利用信息的知识结构,既需要通过熟练的信息技术,也需要通过完善的调查方法,通过鉴别和推理来完成。信息素养是一种信息能力,信息技术是它的一种工具。

素质和素养。素质主要是感觉器官和神经系统方面的特点。它只是人的心理发展的生理条件,不能决定人的心理的内容和发展水平。人的心理来源于社会实践,素质也是在社会实践中逐渐发育和成熟起来的,某些素质上的缺陷可以通过实践和学习获得不同程度的补偿。素养的英文含义为"识字""有文化"和"阅读和写作的能力"。它的广义上的含义是指一个人的修养,包括道德品质、外表形象、知识水平与能力等各个方面。它包括思想、文化、业务、身心等各个方面。总体上来说,素质是人的生理上原来的特点、事物本来的性质、完成某种活动所必需的基本条件,是人的能力发展的自然前提和基础。而素养是由训练和实践而获得的技巧或能力,是指一个人在从事某项工作时应具备的素质与修养,即一个人在品德、知识、才能和体格等诸方面先天的条件和后天的学习与锻炼的综合结果。

总之,信息素养是一种人们适应信息社会的一种能力。包括关于信息和信息技术的基本知识和基本技能,运用信息技术进行学习、合作、交流和解决问题的能力,以及信息的意识和社会伦理道德问题。

信息素养也不是短时间内就能获得的能力,而是需要慢慢培养。就好像说话及写作技巧一样,要通过不断练习,获取经验以后,就会做得更好。下面来了解一下信息素养包含哪些内容。

11.1.2　信息素养内涵

不同的人对信息素养都有不同的理解和定义,但是更重要的是我们要了解信息素养要求的能力具体有哪些。有信息素养的人应能做到以下几点:决定所需信息的范围;有效地获取所需信息;严格评价信息及其相关资源;把所选信息融合到个人的知识库中;有效运用信息达到特定目的;运用信息同时了解所涉及的经济、法律和社会范畴,合法和合理地获得和利用信息。主要可以分为以下四个部分内容。

1. 确认信息

理解问题所需要的信息,并思考如何获取。知识的来源和形式多种多样,例如,文字、视频、网页、图像等。所以,作为一个具有信息素养的人,需要知道为什么、什么时候和如何使用不同的信息工具来获取信息。

2. 有效地搜索

搜索信息方式有多种,但是不同的搜索方式或者使用方法对特定问题答案的获取效率是不一样的。作为一个具有信息素养的人,需要知道掌握哪些有效搜索方式,并正确掌握使用工具的方法。例如,在网上利用搜索器(如百度)查找所需知识;在图书馆内的分类目录中找到所需要的内容;通过问卷法、访谈法从别人身上获取第一手信息等。

如下是一些链接网址,可以进行科技文献的检索和利用。

(1) 中国知网 https://www.cnki.net/,如图 11-2 所示。

(2) 万方数据知识服务平台 http://c.wanfangdata.com.cn/。

图 11-2　中国知网首页

3. 评估信息

获取到信息后,有能力判断信息的来源的可靠性和信息本身的真伪程度;判断是否符合我们要解决问题的要求。

4. 应用信息

认知和了解信息使用的相关规定,比如了解信息著作权等;知道如何记录、摘要、改写已获取信息;并进行归纳、整理和综合,根据各方面信息的汇总,并结合自己掌握的专业知识,创造产生新知识。

信息素养是一种综合能力,涉及各方面的知识,是一个特殊的、涵盖面很宽的能力,它包含人文的、技术的、经济的、法律的诸多因素,和许多学科有着紧密的联系。它包括的内容有:对信息的反思性发掘;对信息如何产生与评价的理解;利用信息创造新知识并合理参与学习。

信息素养为学习奠定基础。它适用于各个学科、各种学习环境和教育水平。它可以让学习者掌握内容,扩展研究的范围,有更多主动性和自主性。

11.2　信息社会的伦理道德

信息社会中从事知识产出事业的人越来越多,无论是创造开发还是加工传播知识产品的人都需要遵循一定的信息开发利用规范,这样就产生了信息伦理道德的诸多要求。在传统的社会条件下,人与人的信息交流是面对面的,人对某些问题的自律或良好的道德表象都会受到社会舆论的监督。然而在信息时代,由于网络的匿名性和虚拟性,人与人的交往是隐现的,缺乏直接的舆论监督和社会压力,因此在信息时代,信息伦理道德需要进一步加强。具有良好的信息伦理道德,是具备优良信息素质的集中体现,是信息时代高尚精神风貌的直接表现。

11.2.1　信息伦理学的发展

信息伦理学的形成始于对信息技术带来的社会影响的研究。信息伦理学的兴起和发展源于信息技术的广泛应用所带来的利益冲突和道德困境,以及在信息社会建立新的道德秩序的需要。

随着计算机的普及和广泛应用,计算机在日常生活中的作用和功能变得越来越重要,甚至成为这个时代的核心之一。计算机不再是单纯的工具,它们已经融入了我们的生活。人们通过计算机建立了新的联系和新的互动,但它们使人际关系处于极不准确的状态,使得人们几千年来建立的伦理道德观念面临新的挑战。例如,闯入别人家是违法的,但通过互联网却可以进入别人的计算机;造谣、辱骂、窥视、传播别人的隐私是不道德的甚至违法,但在计算机和网络世界里提供了信息传播的各种便利条件。在现实的世界中,人们在公共生活中遵循道德准则,而在计算机和网络虚拟世界,人们如何遵循公共道德?这些公共道德是否还适用于网络世界?

第二次世界大战后,电子计算机、通信技术、网络技术的应用发展,促使西方发达国家率先进入信息社会。在研究信息化和信息社会理论的过程中,西方学者逐渐发现了新的信息技术条件下产生的一系列伦理问题,并为此开辟了一种新的应用伦理学——信息伦理学。

信息伦理的发展过程经历了从"计算机伦理学"到"信息伦理学",接下来就按照这两个阶段来进行历史回顾。

1. 计算机伦理阶段

20 世纪 70 年代,美国俄亥俄州立大学的瓦尔特·曼纳(Walter Mener)教授首先提出并使用了"计算机伦理学"这个术语。他认为,计算机伦理学应当作为哲学的一个独立学科而存在。1971 年,杰拉尔德·温伯格(Gerald M. Weinberg)在《程序开发心理学》一书中首次研究了信息技术对社会伦理问题的影响。1985 年 10 月,美国哲学杂志《形而上学》同时发表了泰雷尔·贝奈姆(Terrell W.Bynum)的《计算机与伦理学》和詹姆斯·摩尔(James Moor)的《什么是计算机伦理学》两篇论文。其中,詹姆斯·摩尔在论文中就提出了计算机伦理学需要研究由于计算机技术的应用而产生的"政策真空"问题。詹姆斯·摩尔和贝奈姆的这两篇论文被认为是计算机伦理学的经典文献。但这一时期的研究范围仅局限于计算机运用过程中的伦理问题。

在研究计算机伦理的同时,一些学者也提出进行信息伦理问题的研究。1985 年,德国信息科学家拉斐尔·卡普罗(Rafael Capurro)教授发表了题为《信息科学的伦理问题》的论文,研究了电子形式的专门信息的生产、存储、传播和使用,提出要研究信息在生产、存储、传播和使用过程中的伦理问题,认为信息伦理学要在技术、科学、经济和社会等背景下进行研究。首次将信息科学作为伦理学研究对象。1986 年,美国管理信息科学专家梅森(R.O.Mason)提出了信息时代的四个主要伦理问题:信息隐私、信息准确性、信息产权和信息资源的获取。

2. 信息伦理阶段

进入 20 世纪 90 年代,互联网的兴起标志着计算机技术走向网络时代。网络时代的到来,深刻地改变着人们的生产方式、生活方式、工作方式和交往方式。由于网络技术的广泛使用,信息活动领域产生了许多新的伦理问题,计算机伦理面对网络技术带来的新的伦理问题显得力不从心,这就从客观上促使信息伦理学的研究领域和范围发生改变。它不只注重对计算机应用过程中出现的伦理问题进行研究,而是将计算机伦理与网络伦理进行整合,将研究扩展到信息领域,探讨信息技术领域中的伦理问题。此时研究对象更明确地界定为信息领域的伦理问题,因为已经突破了计算机伦理学的研究界限,因此"信息伦理学"一词被更频繁地使用。1996 年,英国学者 R.西蒙(Rogerson Simon)和美国学者贝奈姆(Terrell Ward Bynum)共同发表了一篇题为《信息伦理学:第二代》的论文。他们认为计算机伦理学是第一代信息伦理学,研究范围有限,深度不够,只是对计算机现象的解释,缺乏全面的伦理学理论。

1998 年,在第二届信息伦理学国际大会上,与会者就信息伦理学的概念、隐私、信息鸿沟等问题进行了研讨。2000 年,拉斐尔·卡普罗教授发表论文《数字时代的伦理与信息》,分析讨论了信息时代发生巨大变化的图书馆背景下出现的伦理问题。他认为应当在科学、技术、经济和社会知识等背景下探讨信息研究、信息科学教育、信息工作领域中的伦理问题,即信息伦理学是信息社会的伦理问题而不是计算机伦理或网络伦理。卡普罗教授将信息伦理学提升到一个新的理论高度,使之成为真正意义上的现代信息伦理学。之后众多信息伦理研究专家都开始把目光转向整个信息社会的伦理问题,从而使信息伦理研究、教育以及职业伦理规范也都先后快速发展或建立起来。

随后,他发表了题为《21 世纪信息社会的伦理挑战》的论文,专门论述了信息社会的伦理问题,特别是网络环境下提出的信息伦理问题,将信息伦理与计算机伦理区分开来,强调了信息伦理。他认为,新的信息技术对伦理学提出了挑战,在虚拟现实中,传统的伦理关系受到了威胁。进一步探讨了网络环境下的信息伦理问题。至此,信息伦理研究逐渐走向成熟。

11.2.2　信息伦理学定义

1. 概念介绍

伦理学是研究道德的学问,是规范人们生活的一整套规则和原理。伦理学是以"善"(或应当)的方式来认识和把握世界的。从"善"或"应当"等价值维度考察问题,是伦理学学科视野的最显著特点。

伦理学是道德领域,因此经常研究的问题不像法律领域问题那样具有明显的判断标准,通常人们在进行伦理抉择的时候,可以按照以下五个基本原则进行判断。

(1) 尊重生命原则:最基本的原则,也是道德基础。

(2) 社会公正原则:维护正常社会秩序所不可缺的基本道德原则。

(3) 自主原则:自尊自爱并尊重他人。

（4）诚信原则：诚实守信原则，也是儒家"仁义礼智信"五常之一。

（5）知情同意原则：建立在以上原则之上，是一项基本权利。

信息伦理学，是一门具有广泛发展空间的新兴交叉学科。它由信息学、计算机科学、哲学、社会学、传播学和传统伦理学等学科相互交叉、融合，在信息技术和信息社会的土壤中产生。它作为伦理学的一个分支，一方面继承了伦理学的研究方法和基本理论，另一方面作为交叉学科也产生出了融合信息学领域和伦理学两个方面的特有问题，即由于现代飞速发展的信息技术在信息社会中产生的伦理问题。

信息伦理定义：涉及信息开发、信息传播、信息的管理和利用等方面的伦理要求、伦理准则、伦理规约，以及在此基础上形成的新型的伦理关系。信息伦理又称信息道德，它是调整人与人之间以及个人和社会之间信息关系的行为规范的总和。

2. 信息伦理学、网络伦理学和计算机伦理学的区别与联系

从前面的发展历史可以看出，计算机伦理学和信息伦理学具有密切的关系。此外，伴随着计算机网络的发展和应用，还出现了网络伦理学，下面来讨论三者之间的区别和联系。

计算机伦理学侧重于利用计算机的个体性行为或区域行为的伦理研究。网络伦理学主要关注可能有不同文化背景的网络信息传播者和网络信息利用者的行为。信息伦理学则立足于一般的信息或信息技术层面，试图概括计算机伦理学研究和网络伦理学研究的成果，扬弃其各自的特殊性以形成一种在信息领域具有普遍意义的伦理学。按照现在的发展趋势，通常可以认为信息伦理学会取代计算机伦理学和网络伦理学。

11.2.3　互联网规定和规则

1. 信息技术引发问题

计算机技术为人们的生产、生活、工作和娱乐带来了很多便利，但是在网络社会里面，由于存在法律和道德漏洞，也造成了许多的社会负面影响，引发了信息化社会的伦理问题。互联网绝不是一个脱离真实世界之外而构建的全新王国。相反，互联网空间与现实世界是不可分割的部分。以下归纳了引发的部分问题。

1）网络沉溺

网络沉溺是网络失范的一种表现。外在表现有情绪低落、脾气暴躁、思维迟缓、焦虑、沮丧、绝望；脱离现实、寡言少语、情绪抑郁、社交面窄、人际关系冷漠。

随着信息网络的普及，人们的交流变得更加便捷和多样，这极大地增加了人们的互动频率。如果善加利用，这在很大程度上可以促进人际关系更加亲密。但由于网络信息的简单化和网络空间的虚拟化，反而疏离冷漠了人际关系，现实社会中那种温情脉脉的人际关系在网络空间中异化为以网络语言和数字符号为中介、在超文本多媒体链接中实现人-机-人互动的冷冰冰的网际关系，具有了虚拟性、不确定性等特征。

2）数字鸿沟

信息富有者和信息贫困者之间的鸿沟即数字鸿沟。数字鸿沟实际上表现为一种创造财富能力的差距,挤压信息疆域,妨碍经济发展,影响社会稳定。数字鸿沟的差别已经成为城乡差别、工农差别、脑体差别外的第四大差别。

3)侵犯知识产权以及财富安全

侵犯知识产权以及财富安全是道德行为失范行为之一。表现为在网络社会中的侵权和盗版行为。由于网络上数字化的信息载体形式,使得复制和传播信息变得十分容易。还有人故意制造、传播计算机病毒,破坏他人计算机,或者窃取他人的隐私信息,网络欺诈方式层出不穷。

4)网络欺诈

网络欺诈是指利用网络技术在网络上通过非法编制诈骗程序、发布虚假信息、篡改数据资料等手段,非法获取信息、实物或金钱等网络违法行为。网络诈骗比其他诈骗更具隐蔽性和欺骗性,常见的有黑客诈骗、网友诈骗、网络钓鱼诈骗等多种形式。网络诈骗严重危害人们的生命财产安全,甚至会危及社会秩序和国家安全。

5)滥用言论自由、侵犯个人隐私

网络社会是开放的虚拟社会,使得人们可以跨越时间和空间进行交流和传播信息。有些人借口言论自由,随意在网络中散布各式谣言、进行人身攻击。谣言作为一种普遍的社会舆论现象,常以口口相传的方式进行传播。随着互联网的兴起与普及出现了网络谣言,伴随手机、即时通信工具、微博等新兴信息技术的运用,网络谣言呈激增之势。与一般谣言相比,网络谣言无须面对面传播,其具有传播速度快、范围广、途径多、危害大等特点,容易对人们的日常生活和社会稳定、国家形象造成严重影响。

总之,网络社会虽然是虚拟社会,但是会实际影响到人们的日常生活。个人需要提高自身信息素养,对网络中的不良行为有清醒认识,进行自我管理和自我约束。除此之外,我们还需要了解现实中可以消除和约束这些现象和行为的法律层面的规则和规范。

2. 信息世界管理规范

根据我国宪法第五条:一切国家机关和武装力量、各政党和社会团体,各企业事业组织都必须遵守宪法和法律。因此,网络虽然是虚拟世界,但不是法外之地,不仅是一个道德空间,同时也是一个法治空间。

网络上伦理失范造成了网络生活的失序,严重冲击了真实社会生活的伦理秩序。网络社会中出现的各种伦理失范问题,需要从现实世界中制定网络伦理规范与法律规范进行约束和教育。虽然信息伦理属于道德层面问题,但是道德往往是法律的基础,法律则是最低限度的道德。一个不违反道德的人,一般也是一个遵守法律的人。因此,治理信息伦理失范必须道德与法律双管齐下,并将法律作为最终保证。现实中,许多人对互联网这个新鲜事物缺乏必要的认识和了解,经常把网络社会生活纯粹当成一场娱乐和游戏,而不像在现实生活中认真对待。因此,作为具有信息素养的人,需要首先在思想观念上加以重视,使之在思想上意识到网络社会存在着与现实社会相同的道德原则与伦理规范。

从 20 世纪 80 年代开始,我国国务院及下属各部委先后制定了《电子签名法》《计算机软件保护条例》《计算机信息安全保护条例》《计算机信息网络国际联网管理暂行规定》《计算机信息网络国际联网管理暂行规定实施办法》《计算机信息网络国际联网安全保护管理办法》《计算机病毒防治管理办法》《计算机信息系统安全保护条例》《互联网信息服务管理办法》《互联网著作权行政保护办法》（2005 年 5 月）《互联网文化管理暂行固定》等。从法律层面对网络上的行为进行了界定，提供了人们在网络世界自我约束和保护自己合法权益的依据。

互联网上传播的消息是其更需要管理的部分，2011 年文化部正式向社会颁布了《互联网文化管理暂行规定》，列举了互联网文化单位不得提供载有以下内容的文化产品。

（1）反对宪法确定的基本原则的。

（2）危害国家统一、主权和领土完整的。

（3）泄露国家秘密、危害国家安全或者损害国家荣誉和利益的。

（4）煽动民族仇恨、民族歧视，破坏民族团结，或者侵害民族风俗、习惯的。

（5）宣扬邪教、迷信的。

（6）散布谣言，扰乱社会秩序，破坏社会稳定的。

（7）宣扬淫秽、赌博、暴力或者教唆犯罪的。

（8）侮辱或者诽谤他人，侵害他人合法权益的。

（9）危害社会公德或者民族优秀文化传统的。

（10）有法律、行政法规和国家规定禁止的其他内容的。

11.3　知识产权和学术道德

11.3.1　学术规范和学术道德

1. 学术规范

"学术"是指系统专门的学问，是对存在物及其规律的学科化，泛指高等教育和研究。"规范"一词在《现代汉语词典》中的解释为"明文规定或约定俗成的标准"。所谓学术规范，是指学术共同体内形成的进行学术活动的基本规范，或者根据学术发展规律制定的有关学术活动的基本准则。学术规范包括两方面的含义：一是学术研究中的具体规则，如文献的合理使用规则，引证标注规则，立论阐述的逻辑规则等；二是高层次的规范，如学术制度规范、学风规范等，主要表现在以下三个层面：内容层面的规范，价值方面的规范，技术操作层面的规范。

知识的积累、科技的创新、文化的创造，都需要学术的支撑。良好的学术环境、自由的学术氛围，都有利于科技的发展和知识的形成。学术规范并非指其制度及操作"行政化"，而是在学术共同体内部所建构的一种自觉的制约机制。学术只有走向规范化，才能促进学术的繁荣和发展。学术规范是一个国家和地区确保学术自由、发挥学术创造力的重要制度基础。良好学术环境和学术氛围的形成，有赖于科学合理的学术规范的保障。学术规范是世界各国学术界普遍关注的热点问题，它有利于各国的学术创新、科技发展和人才培养。

长期以来，西方国家针对高校学术规范问题进行了深入研究，并逐步形成了成熟的规范制度，搭建了宽松规范的高校学术研究平台，促进了高素质高层次创新人才的培养，产出了大量具有时代价值的科研成果。就目前而言,国外高校学术规范研究在世界范围内处于领先地位,推进了全球化、众领域、多层次的学术研究活动。在学术规范的权限配置上,西方国家主要是以行业自律和高校自治为主,以国家公权力介入为补充。美国在1974年制定《国家研究法》(*The National Research Act*)要求高校及其他学术研究中心建立机构审查委员会以审查该学术机构产出的研究成果,保证研究数据的真实性。英国对学术规范治理主要依靠行业自律来监督学术规范的人性化管理模式,如英国大学专门建立"电子文库"软件系统对高校学生提交发表的论文进行逐字逐句的扫描对照,来检查论文是否有抄袭现象,达到保障高校学术成果高质量产出的目的。

我国相继出台了一些法律、法规及规章制度,从学术规范的角度保障学术的健康发展,促进科技创新和文化创造,学术规范方面的国家相关条文如下。

(1) 法律规范:如《中华人民共和国著作权法》《中华人民共和国著作权法实施条例》《中华人民共和国专利法》《中华人民共和国专利法实施细则》等。

(2) 政策规范:如《高等学校科学技术学术规范指南》《高等学校预防与处理学术不端行为办法》《学位论文作假行为处理办法》《博士硕士学位论文抽检办法》等。

(3) 技术规范:如《信息与文献 参考文献著录规则》(GB/T 7714—2015)。

其中,《高等学校科学技术学术规范》中规定了科技工作者应遵守的学术规范基本准则如下。

(1) 遵纪守法,弘扬科学精神。

(2) 严谨治学,反对浮躁作风。

(3) 公开、公正,开展公平竞争。

(4) 互相尊重,发扬学术民主。

(5) 以身作则,恪守学术规范。

自20世纪90年代以来,国际上各国的学术自主意识不断增强,产生的学术成果不断繁荣,遵守学术规范和学术底线成为学术界的基本伦理要求。学术规范推动着科学研究的高效发展,促进学术共同体规则意识的形成,保证了优秀学术成果的不断涌现,如图11-3和图11-4所示。

2. 学术道德

道德,是指一种社会意识形态,通过行为规范和伦理教化来调整个人之间、个人与社会之间关系的意识形态,是以善恶评价的方式调整人与社会相互关系的准则、标准和规范的总和。道德主要通过社会的或一定阶级的舆论对社会生活起约束作用。学术道德是指进行学术研究时遵守的准则和规范,即行为主体在从事学术研究活动的过程,在处理人与人、人与社会、人与自然关系时,所应遵循的行为准则和规范的总和。我们可以从以下三个方面理解其含义。

(1) 人与人之间关系的行为准则。行为人进行学术研究活动势必与他人学术研究活动产生一定的联系,其行为准则主要是尊重他人成果。例如,引用他人学术成果,需如实注明转引出处;两人以上合作的研究成果,发表前要征求合作者的同意,署名也要按照贡献大小排序。

图 11-3　中华人民共和国著作权法　　　　图 11-4　高等学校科学技术学术规范指南

（2）人与社会之间关系的行为准则。行为人不可能脱离社会进行学术研究活动，必然对社会产生一定的影响，其行为准则主要是符合社会公共利益。例如，学术研究必须遵守国家法律法规，不得有任何危害国家安全和社会稳定、损害国家荣誉和利益的行为。

（3）人与自然之间关系的行为准则。学术研究活动是人类探索、认识、运用自然规律的过程，其行为准则是科学反映自然规律。例如，要坚持严肃、严格、严密的科学态度，忠于真理、探求真知，以追求真理、探索科学规律为己任，不得参与、支持任何形式的伪科学，不得伪造、修改研究数据。

学术道德与学术规范之间的关系是学者在进行学术活动时自律与他律的关系。学术规范是一种外在的、强制性的约束机制，而学术道德则是学者内在的自我修养机制。无论是古希腊的至理名言"知识即美德"，还是我国的传统观念"知书而达礼"，都说明学术与道德有着千丝万缕的联系。学术道德是治学的起码要求，是学者的学术良心，其实施和维系主要依靠学者的良心及学术共同体内的道德舆论，具有自律和示范的特性。

学术道德是在学术界约定俗成并得到学者认同和共同遵守的观念道德和价值取向，包括对待学术事业的态度、学术责任等。在学术界应当遵守下述基本学术道德规范。

（1）在学术活动中，必须尊重知识产权，充分尊重他人已经获得的研究成果；引用他人成果时如实注明出处；所引用的部分不能构成引用人作品的主要部分或者实质部分；从他人作品转引第三人成果时，如实注明转引出处。

（2）合作研究成果在发表前要经过所有署名人审阅，并签署确认书。所有署名人对研究成果负责，合作研究的主持人对研究成果整体负责。

（3）在对自己或他人的作品进行介绍、评价时，应遵循客观、公正、准确的原则，在充分掌握国内外材料、数据基础上，做出全面分析、评价和论证。

（4）尊重研究对象（包括人类和非人类研究对象）。在涉及人体的研究中，必须保护受试人合法权益和个人隐私并保障知情同意权。

（5）在课题申报、项目设计、数据资料的采集与分析、公布科研成果、确认科研工作参与人员的贡献等方面,遵守诚实客观原则。搜集、发表数据要确保有效性和准确性,保证实验记录和数据的完整、真实和安全,以备查考。公开研究成果、统计数据等,必须实事求是、完整准确。对已发表研究成果中出现的错误和失误,应以适当的方式予以公开和承认。

（6）诚实严谨地与他人合作。耐心诚恳地对待学术批评和质疑。

（7）对研究成果做出实质性贡献的有关人员拥有著作权。仅对研究项目进行过一般性管理或辅助工作者,不享有著作权。合作完成成果,应按照对研究成果的贡献大小的顺序署名(有署名惯例或约定的除外)。署名人应对本人做出贡献的部分负责,发表前应由本人审阅并署名。

（8）不得利用科研活动谋取不正当利益。正确对待科研活动中存在的直接、间接或潜在的利益关系。

11.3.2　违反学术道德规范的常见行为

学术不端行为(Academic Misconduct)是指在建议研究计划、从事科学研究、评审科学研究、报告研究结果中的：捏造、篡改、剽窃、伪造学历或工作经历,这不包括诚实的错误和对事物的不同的解释和判断。

2019 年 5 月,国家新闻出版署正式发布我国首个针对学术不端行为的行业标准——《学术出版规范——期刊学术不端行为界定(CY/T 174—2019)》(以下简称《标准》)。《标准》首次界定了学术期刊论文作者、审稿专家、编辑者三方可能涉及的学术不端行为,《标准》将论文作者学术不端行为划分为 8 种类型：剽窃(观点剽窃、数据剽窃、图片和音视频剽窃、研究(实验)方法剽窃、文字表述剽窃、整体剽窃、他人未发表成果剽窃等 7 种剽窃类型)、伪造(6 种具体表现形式)、篡改(5 种)、不当署名(5 种)、一稿多投(6 种)、重复发表(6 种)、违背研究伦理(5 种),及 12 种其他学术不端行为。

中国科协科技工作者道德与权益工作委员会提出了我国学术不端行为的 7 种表现形式：抄袭剽窃他人成果、伪造篡改实验数据、随意侵占他人科研成果、重复发表论文、学术论文质量降低和育人的不负责任、学术评审和项目申报中突出个人利益、过分追求名利和助长浮躁之风。

虽然各种定义存在差别,但实质内容大体相同,即学术不端行为是指在学术研究过程中出现的违背科学共同体行为规范、弄虚作假、抄袭剽窃或其他违背公共行为准则的行为。

违反学术道德规范的常见行为如下。

1. 伪造和篡改

在研究和学术领域内有意做出虚假的陈述,包括：编造数据;篡改数据;改动原始文字记录和图片;在项目申请、成果发表、成果申报以及职位申请中做虚假的陈述,提供虚假获奖证书、论文发表证明、文献引用证明以及虚假同行评审人信息等。

2. 抄袭和剽窃、侵犯和损害他人著作权

剽窃和抄袭指盗用他人的想法、程序、结果或语言而没有给出来源,其中包括盗用通用密码评审他人的研究建议和论文而获得的信息。

侵犯和损害他人著作权包括:抄袭和剽窃他人的学术成果,如将他人材料上的文字或概念作为自己的发表,故意省略引用他人成果的事实,或引用时故意篡改内容、断章取义。

侵犯他人的署名权,如将对研究工作做出实质性贡献的人排除在作者名单之外,未经本人同意将其列入作者名单,将不应享有署名权的人列入作者名单,无理要求著者或合著者身份或排名,或未经原作者允许用其他手段取得作品的著者或合著者身份;未经许可利用同行评议或其他方式获得他人重要的学术认识、假设、学说或者研究计划并据为己有,或将他人未公开的作品或研究计划透露给他人。

3. 一稿多投和重复发表

一稿多投和重复发表包括同一作者在法定或约定的禁止再投期间将同一研究成果提交多个出版机构出版或提交多个出版物发表;将本质上相同的研究成果改头换面发表;将基于同样的数据集或数据子集的研究成果以多篇作品出版或发表,作品间有密切的承继关系的除外。

4. 发表成果"第三方"学术不端行为

发表成果"第三方"学术不端行为主要包括:代理他人撰写论文或著作;委托"第三方"代写、代投论文或著作以及对研究成果实质内容进行修改。这方面通俗点讲就是买卖论文,找枪手或做枪手。不管是买方还是卖方,都是违反学术道德规范的行为,最终处理如同考试作弊同时处罚作弊者和帮助他人作弊者,都要受到相应的处理。

5. 采用不正当手段干扰和妨碍他人研究活动

采用不正当手段干扰和妨碍他人研究活动,包括故意毁坏或扣压他人研究活动中必需的仪器设备、文献资料以及其他与科研有关的物品;故意拖延对他人项目或成果的审查、评价时间,或提出无法证明的论断;对竞争项目或结果的审查设置障碍等。

6. 在科研活动过程中违背社会道德

在科研活动过程中违背社会道德包括骗取经费、装备和其他支持条件等科研资源;滥用科研资源,用科研资源谋取不当利益,严重浪费科研资源;参与或与他人合谋隐匿学术劣迹,参与学术造假,与他人合谋隐藏不端行为,监察失职以及对投诉人打击报复等;出于直接、间接或潜在的利益冲突对他人成果做出违背客观、有失公正的评价;采用不正当手段在各类评价中请托评审专家为自己拉票、打压竞争对手等;参加与自己专业或工作无关的评审及审稿工作,绕过评审组织机构与评议对象直接接触、收取评议对象的馈赠等。

11.3.3 知识产权

1. 知识产权定义

知识产权,也称"知识财产权",是关于人类在社会实践中创造的智力劳动成果的专有权利,它是依照各国法律赋予符合条件的著作者、发明者或成果拥有者在一定期限内享有的独占权利,一般认为它包括版权(著作权)和工业产权。版权(著作权)是指创作文学、艺术和科学作品的作者及其他著作权人依法对其作品所享有的人身权利和财产权利的总称;工业产权则是指包括发明专利、实用新型专利、外观设计专利、商标、服务标记、厂商名称、货源名称或原产地名称以及植物新品种权和集成电路布图设计专有权等在内的权利人享有的独占性权利。

各种智力创造如发明、文学和艺术作品,以及在商业中使用的标志、名称、图像以及外观设计,都可被认为是某一个人或组织所拥有的知识产权。2020年我国发布的《中华人民共和国民法典》第一百二十三条规定:民事主体依法享有知识产权。知识产权是权利人依法就下列客体享有的专有的权利。

(1)作品;

(2)发明、实用新型、外观设计;

(3)商标;

(4)地理标志;

(5)商业秘密;

(6)集成电路布图设计;

(7)植物新品种;

(8)法律规定的其他客体。

知识产权是一种无形财产权,它与房屋、汽车等有形财产一样,都受到国家法律的保护,都具有价值和使用价值。

知识产权具有如下特征。

(1)知识产权的地域性,即只在所确认和保护的地域内有效。即除签有国际公约或双力、多边协定外,依一国法律取得的权利只能在该国境内有效,受该国法律保护。

(2)知识产权的独占性,即专有性或垄断性。除权利人同意或法律规定外,权利人以外的任何人不得享有或使用该项权利。这表明权利人独占或垄断的专有权利受法律严格保护,不受他人侵犯。只有通过"强制许可""征用"等法律程序,才能变更权利人的专有权。

(3)知识产权的时间性,即只在规定期限保护。各国法律对知识产权分别规定了一定期限,期满后则权利自动终止。

(4)知识产权的客体是不具有物质形态的智力成果。这是知识产权的本质属性,是知识产权区别于物权、债权、人身权和财产继承权等民事权利的首要特征。知识产权的客体通常为智力劳动成果,智力劳动成果是指人们通过智力劳动创造的精神财富或精神产品,是与民法意义上的"物"相并存的一种民事权利客体,是一种无形的财产。

2. 知识产权的保护

知识产权保护狭义上通常被理解为通过司法和行政执法来保护知识产权的行为。但这种局限于司法和行政执法双轨制的保护体系既不能完全有效地保护知识产权,也不能构成知识产权保护所涵盖的全部内容。广义的知识产权保护是指依照现行法律,对侵犯知识产权的行为进行制止和打击的所有活动总和。知识产权保护是一个复杂的系统工程,知识产权自身涉及专利、商标、版权、植物新品种、商业秘密等领域,其保护的权利内容、权利边界等有各自的特点;保护手段涉及注册登记、审查授权、行政执法、司法裁判、仲裁调解等多个方面,客观上需要构建知识产权大保护的工作格局。

随着知识产权在国际经济竞争中的作用日益上升,越来越多的国家都已经制定和实施了知识产权战略。面对经济全球化和国际知识产权保护发展的新形势,尤其是中国加入世贸组织后,将实现中国经济与世界经济一体化,中国知识产权工作面临着巨大的压力和挑战。科技创新需要激发全社会的创新活力,需要营造创新的社会氛围,而知识产权保护正是为创新撑起了一把保护伞。保护知识产权是尊重创造性劳动和激励创新的一项基本制度,是建设法治国家和诚信社会的重要内容,坚定不移地保护知识产权,全面推动知识产权保护工作取得更大进步。

改善知识产权保护的方式和手段,加强知识产权保护的力度,健全国家和地方的知识产权工作体系。知识产权保护手段一般有以下几种。

(1)在政策上予以倾斜,从笼统扶持科技成果转化到重点支持专利项目,建设拥有自己自主知识产权的高科技民族工业群体。同时,采取得力措施,保证专利制度各项奖酬兑现,注重开发专利新产品,利用知识产权制度占有和垄断市场。

(2)在资金上予以扶持。重点支持那些有广阔的市场前景、高技术含量、高附加值的专利技术的实施,各种科技和经济计划项目资金应向高科技专利项目实施上倾斜,积极扶持和发展中国自主知识产权的高科技民族工业。

(3)在机制上予以保障。不断完善知识产权立法和执法体系,加大知识产权的执法力度,通过执法来推动全民重视知识产权法律保护,激励科技人员创造出更多的知识产权成果,鼓励建立自主知识产权产业,推动中国经济发展。

知识产权保护在中国还处于发展中阶段,中国的知识产权研究开始的比较晚,因而在知识产权保护方面显得有些薄弱。在法律上,中国知识产权保护的条文虽然已经达到相当的高度,但事实上,并不能起到相应的效果;在社会上,国民对知识产权保护的意识比较薄弱,因而单纯依靠法律还达不到完全保护知识产权的目的。但是,对知识产权的保护,归根结底还是需要全民意识提高,每个公民都有了知识产权保护意识,这样法律实施起来才能够顺利。

3. 知识产权法

知识产权法是指因调整知识产权的归属、行使、管理和保护等活动中产生的社会关系的法律规范的总称。具体说是调整因创造、使用智力成果而产生的,以及在确认、保护与行使智力成果所有人的知识产权的过程中,所发生的各种社会关系的法律规范的总称。

从法律部门的归属上讲,知识产权法仍属于民法,是民法的特别法。民法的基本原则、制度和法律规范大多适用于知识产权,并且知识产权法中的公法规范和程序法规范都是为确认和保护知识产权这一私权服务的,不占主导地位。

在经济全球化背景下,知识产权制度发展迅速,不断变革和创新,当前世界经济已经处于知识经济时代,技术创新已是社会进步与经济发展的最主要动力。知识产权越来越成为提升市场核心竞争力和进行市场垄断的手段,知识产权制度因此成为基础性制度和社会政策的重要组成部分。我国知识产权立法一直采用民事特别法的立法方式,如专利法、商标法、著作权(版权)法,还涉及反不正当竞争法等法律和集成电路布图设计保护条例、植物新品种保护条例等行政法规。

人类对知识产权的保护由来已久。为了保护世界人类社会的共同财产,1474 年 3 月 19 日,威尼斯共和国颁布了世界上第一部专利法,正式名称是《发明人法规》(*Inventor Bylaws*),这是世界上最早的专利成文法。1623 年英国的《垄断法》(*Statute of Monopolies*)是世界专利制度发展史上的第二个里程碑。1710 年 4 月,世界第 1 部关于版权的法令——英国《安娜女王法令》诞生,这也是世界上第 1 部现代意义的版权法,简称《安娜法令》。1910 年,中国第一部著作权法《大清著作权律》颁布。1990 年,新中国第一部著作权法《中华人民共和国著作权法》颁布。

从 20 世纪末开始,许多国家已经从国家战略的高度来考虑、制定和实施知识产权战略,并将知识产权战略与经贸政策相结合,知识产权战略构成了国家发展总体战略的组成部分,对实现国家总体目标具有重大意义。2005 年,中国成立了国家知识产权战略制定工作领导小组,正式启动了国家知识产权战略制定工作,同时中国政府也不断地加大了知识产权保护的力度。自 2008 年《国家知识产权战略纲要的通知》颁布之后,我国陆续出台了《商标法》《专利法》《技术合同法》《著作权法》和《反不正当竞争法》等法律法规文件。2018 年 7 月,我国国务院新闻办公室发表《中国与世界贸易组织》白皮书,白皮书就中国履行知识产权保护承诺的情况进行了专门介绍,其中指出,加强知识产权保护是中国的主动作为。

知识产权法律主要包括:

1) 著作权

著作权是指自然人、法人或者其他组织对文学、艺术和科学作品享有的财产权利和精神权利的总称。在我国,著作权即指版权,著作权的主体是指依照著作权法,对文学、艺术和科学作品享有著作权的自然人、法人或者其他组织。著作权的客体是作品,作品是指文学、艺术和科学领域内具有独创性并能以一定形式表现的智力成果。我国采取自动取得原则,当作品创作完成后,只要符合法律上作品的条件,著作权即产生。著作权人可以申请我国著作权管理部门对作品著作权进行登记,但登记不是著作权产生的法定条件。作品登记过程仅对作品的权属信息做形式审查,一般对著作权的归属只能起到初步证明的作用。

2) 专利权

专利权是指国家根据发明人或设计人的申请,以向社会公开发明创造的内容,以及发明创造对社会具有符合法律规定的利益为前提,根据法定程序在一定期限内授予发明人或设计人的一种排他性权利。专利权的主体即专利权人,是指享有专利法规定的权利并同时承担对应义务的人。专利权的客体即专利法保护的对象,是指依法应授予专利权的发明创造。我国专利法所称的发明创造包括发明、实用新型和外观设计三种。授予专利权的发明和实用新型,应当具备新颖性、创造性和实用性。

3）商标权

商标权是指民事主体享有的在特定的商品或服务上以区分来源为目的排他性使用特定标志的权利。商标权的取得方式包括通过使用取得商标权和通过注册取得商标权两种方式。商标权的客体是商标,商标是经营者为了使自己的商品或服务于他人的商品或服务区别而使用的标记。商标权的使用取得原则是指商标权的获得的依据,是商标在商业活动中被真实使用,注册只是证明享有商标权的初步证据。

习　　题

1. 简述信息素养的定义。

2. 信息素养的内涵包括哪几个部分?

3. 请简述什么是信息伦理学。

4. 请简述信息伦理学、网络伦理学和计算机伦理学的区别。

5. 简述什么是学术规范。

6. 科技工作者应遵守的学术规范基本准则是什么?

7. 举出你知道的违反学术道德的事例,并且说明你觉得例子里面属于哪种违反学术道德行为。

8. 知识产权具有什么特点?

9. 可以采取什么应对方法来加强我们国家的知识产权保护?

10. 知识产权法律主要包括哪些?

参 考 文 献

[1] 百度百科. https://baike.baidu.com/.

[2] 维基百科. https://zh.m.wikipedia.org/wiki/.

[3] 马丁·戴维斯. 逻辑的引擎[M]. 湖南：湖南科学技术出版社,2018.

[4] 希尔伯特计划[EB/OL]. [2022-06-02].https://plato.stanford.edu/entries/hilbert-program/.

[5] 冬瓜哥. 大话计算机[M]. 北京：清华大学出版社,2019.

[6] 电子计算机的发展简史[EB/OL]. [2022-12-04].https://www.wenkub.com/doc-214087394.html.

[7] 老钱. 硅谷传奇：计算机发展简史[EB/OL]. [2022-12-04].http://lao-qian.hxwk.org/2016/04/18/.

[8] 董荣胜.计算思维的结构[M]. 北京：人民邮电出版社,2019.

[9] 内尔·黛尔,约翰·路易斯.计算机科学概论[M]. 5版. 北京：机械工业出版社,2016.

[10] 龚沛曾,杨志强.大学计算机[M]. 7版. 北京：高等教育出版社,2017.

[11] 战德臣,聂兰顺,等.大学计算机——计算思维导论[M]. 北京：电子工业出版社,2013.

[12] 李凤霞,陈宇峰,等.大学计算机[M]. 北京：高等教育出版社,2014.

[13] 汤晓丹,梁红兵,等.计算机操作系统[M]. 4版. 西安：西安电子科技大学出版社,2014.

[14] 雷姆兹·H·阿帕希杜塞尔,安德莉亚·C·阿帕希杜塞尔.操作系统导论. 北京：人民邮电出版社,2019.

[15] 牟艳,陈慧萍,丁海军.计算机软件技术基础[M]. 2版. 北京：机械工业出版社,2015.

[16] 张大坤,朱郑州,孙杰.软件技术及系统现状与应用前景[M]. 广州：广东经济出版社,2014.

[17] 张小燕,中国电子信息产业发展研究院. 2021—2022年中国软件产业发展蓝皮书[M]. 北京：电子工业出版社,2022.

[18] 任伟. 软件安全[M]. 北京：国防工业出版社,2010.

[19] 全国科学技术名词审定委员会. 计算机科学技术名词[M]. 3版. 北京：科学出版社,2018.

[20] GB/T 28168—2011. 信息技术 中间件 消息中间件技术规范[S]. 国家标准全文公开系统,2011.

[21] 竺志超,陈元斌,韩豫. 非标自动化设备设计与实践 毕业设计、课程设计训练[M]. 北京：国防工业出版社,2015.

[22] 蔡建华,温秀兰,等.计算机测控技术[M]. 南京：东南大学出版社,2016.

[23] 徐光裪,史元春,谢伟凯.普适计算[J]. 计算机学报,2003,26(9):1042-1050.

[24] 李宁,徐守坤,马正华,等.面向服务架构下普适设备服务语义的描述[J]. 常州大学学报(自然科学版),2011,23(1):27-31.

[25] 于瑞云,王鹏飞,白志宏,等.参与式感知：以人为中心的智能感知与计算[J]. 计算机研究与发展,2017,54(3):457-473.

[26] 李蕊,李仁发. 上下文感知计算及系统框架综述[J]. 计算机研究与发展,2007(2):269-276.

[27] 卢文峰.人脸识别研究技术发展综述[J]. 电子世界,2017(17):97. DOI:10.19353/j.cnki.dzsj.2017.17.070.

[28] 郑成艳,王哲,严璘璘. 眼动追踪技术的研究述评[J]. 分析仪器,2021(2):141-144.

[29] 陈雅茜,吴非,张代玮,等. 手势识别关键技术研究[J]. 西南民族大学学报(自然科学版),2022,48(5):530-536.

[30] 马晗,唐柔冰,张义,等. 语音识别研究综述[J]. 计算机系统应用,2022,31(1):1-10. DOI:10.15888/j.cnki.csa.008323.

[31]　吴吉义,李文娟,曹健.智能物联网 AIoT 研究综述[J].电信科学,2021,37(8):1-17.

[32]　贾益刚.物联网技术在环境监测和预警中的应用研究[J].上海建设科技,2010(6):65-67.

[33]　梁丹,薄文浩,姜立波.生物学新兴前沿学科——计算生物学[J].中国林业教育,2017,35(S1):139-142.

[34]　程妍,刘仲林.计算生物学——一门充满活力的新兴交叉学科[J].科学学与科学技术管理,2006(3):11-15.

[35]　朱香元.大规模生物序列比对算法及其并行化研究[D].湖南大学,2014.

[36]　李涛,赖旭龙,钟扬.利用 DNA 序列构建系统树的方法[J].遗传,2004(2):205-210.DOI:10.16288/j.yczz.2004.02.015.

[37]　王芳,李洪进,李虎阳.蛋白质结构预测的方法探究[J].现代信息科技,2022,6(18):122-125.DOI:10.19850/j.cnki.2096-4706.2022.18.030.

[38]　刘子楠,黎河山,宋枭禹.蛋白质结构预测综述[J].中国医学物理学杂志,2020,37(9):1203-1207.

[39]　全国科学技术名词审定委员会.计算机科学技术名词[M].3 版.北京:科学出版社,2018.

[40]　熊航,鞠聪,李律成.计算经济学的学科属性、研究方法体系与典型研究领域[J].经济评论,2022(3):146-160.DOI:10.19361/j.er.2022.03.09.

[41]　李律成,Petra A,熊航.新熊彼特主义视角下基于主体的计算经济学研究[J].经济学动态,2017(7):137-147.

[42]　张波,虞朝晖,孙强,等.系统动力学简介及其相关软件综述[J].环境与可持续发展,2010,35(2):1-4.DOI:10.19758/j.cnki.issn1673-288x.2010.02.001.

[43]　白红义.大数据时代的新闻学:计算新闻的概念、内涵、意义和实践[J].南京社会科学,2017(6):108-117.DOI:10.15937/j.cnki.issn1001-8263.2017.06.015.

[44]　巢乃鹏,秦佳琪.从计算新闻实践到计算新闻学[J].中国网络传播研究,2018(1):53-61.

[45]　黄文森.计算方法在数字新闻学中的应用:现状、反思与前景[J].新闻界,2021(5):13-22.DOI:10.15897/j.cnki.cn51-1046/g2.20210419.004.

[46]　张帜.智媒时代对新闻生产中算法新闻伦理的思考[J].海南大学学报(人文社会科学版),2019:75-83.

[47]　罗玮,罗教讲.新计算社会学:大数据时代的社会学研究[J].社会学研究,2015,30(3):222-241+246.DOI:10.19934/j.cnki.shxyj.2015.03.010.

[48]　Lazer D,Pentland A S,Adamic L,et al. Life in the network:The coming age of computational social science[J],Science. 2009.

[49]　Lewis S C,Zamith R,Hermida A . Content Analysis in an Era of Big Data:A Hybrid Approach to Computational and Manual Methods[J]. Journal of Broadcasting & Electronic Media,2013,57(1):34-52.

[50]　Axelrod,Robert. The Complexity of Cooperation[M].Princeton:Princeton University Press,1997.

[51]　Arthur W B,Durlauf S N,Lane D A,et al. Asset pricing under endogenous expectations in an articial stock market[M]. The Economy as An Evolving Complex System II,Boston:Addison-Wesley,1997.

[52]　系统动力学[EB/OL].[2022-11-04],https://baike.baidu.com/item/%E7%B3%BB%E7%BB%9F%E5%8A%A8%E5%8A%9B%E5%AD%A6%E6%96%B9%E6%B3%95/7110343?fr=aladdin.

[53]　新技术专题[EB/OL].[2022-11-02]https://weibo.com/ttarticle/p/show?id=2309404835705745703442.

大学计算机基础教育特色教材系列　近期书目

大学计算机基础(第 5 版)("国家精品课程""高等教育国家级教学成果奖"配套教材、
　　普通高等教育"十一五"国家级规划教材)
大学计算机应用基础(第 3 版)("国家精品课程""高等教育国家级教学成果奖"配套教材、
　　教育部普通高等教育精品教材、"十二五"普通高等教育本科国家级规划教材)
大学计算机基础("国家级一流本科课程"主讲教材、"高等教育国家级教学成果奖"配套
　　教材)
大学计算机：技术、思维与人工智能("陕西省高等教育教学成果奖"配套教材 、西安交通
　　大学"十四五"规划教材)
大学计算机基础——计算思维初步
计算机程序设计基础——精讲多练 C/C++ 语言("国家精品课程""高等教育国家级教学
　　成果奖"配套教材、教育部普通高等教育精品教材)
C/C++ 语言程序设计案例教程("国家精品课程""高等教育国家级教学成果奖"配套教材)
C 程序设计(第 2 版)(首批"国家精品在线开放课程""国家级一流本科课程"主讲教材、
　　"高等教育国家级教学成果奖"配套教材、陕西普通高校优秀教材一等奖)
C++ 程序设计(第 2 版)(首批"国家精品在线开放课程""国家级一流本科课程"主讲教
　　材、"高等教育国家级教学成果奖"配套教材)
C#程序设计(第 2 版)("国家精品在线开放课程""国家级一流本科课程"主讲教材、
　　"高等教育国家级教学成果奖"配套教材)
Visual Basic.NET 程序设计("高等教育国家级教学成果奖"配套教材)
Java 语言程序设计基础(第 2 版)(普通高等教育"十一五"国家级规划教材)
Java 语言应用开发基础(普通高等教育"十一五"国家级规划教材)
微机原理及接口技术(第 2 版)
单片机及嵌入式系统(第 2 版)
微机原理·接口技术及应用
Access 数据库基础教程(2010 版)
SQL Server 数据库应用教程(第 2 版)(普通高等教育"十一五"国家级规划教材)
多媒体技术及应用("高等教育国家级教学成果奖"配套教材、普通高等教育"十一五"国家
　　级规划教材)
多媒体文化基础(北京市高等教育精品教材立项项目)
网络应用基础("高等教育国家级教学成果奖"配套教材)
计算机网络技术及应用(第 2 版)
计算机网络基本原理与 Internet 实践
MATLAB 基础教程
可视化计算("高等教育国家级教学成果奖"配套教材)
Web 应用程序设计基础(第 2 版)
Web 标准网页设计与 ASP
Python 程序设计基础
Web 标准网页设计与 PHP
Qt 图形界面编程入门